Joel Wainwright and Geoff Mann

Climate Leviathan:

A Political Theory of Our Planetary Future

CLIMATE LEVIATHAN
A POLITICAL THEORY OF OUR PLANETARY FUTURE
by Joel Wainwright and Geoff Mann

Japanese translation published by arrangement with
Verso Books through The English Agency (Japan) Ltd.

気候リヴァイアサン——惑星的主権の誕生

ジョエル・ウェインライト
ジェフ・マン

監訳・解説　隅田聡一郎

翻訳　柏崎正憲　菊地賢　羽島有紀

目次

凡例

・（　）は原書による挿入、〔　〕は訳者による注記である。
・引用文のうちすでに邦訳のあるものはそれを参照したが、文脈に応じて適宜、表記等を変更したところがある。

日本語版への序文

本書は急速な気候変動という状況下において、世界の政治的未来を考察している。私たちが主張したいのは、今後数十年間で私たちの生活を組織する社会のあり方がおおきく変化せざるを得ないということだ。このことはすでにひろく明らかなことであったとしても、あまり言及されたり考察されたりすることがない。だから私たちは、それを説明し詳述することが重要だと考えている。著者の私たちが生活している米国やカナダでは、気候変動に関する科学的事実[1]になじみのある人びとでさえ、将来が今日のただ温暖化したバージョン——珊瑚礁のないリベラル資本主義——であるかのように語り、それらしく生活する傾向にある。かれらは現在のような世界を期待しているが、それは、より高価な水害保険とより多くのエアコンを必要とするような世界であり、排煙で飛行機が遅延しているような世界である。

だが、こうした未来はファンタジーにすぎない。その可能性はすでにゼロに近いのだ。2050年か2100年の世界はただ2022年のより暑いバージョンであるはずがない。短期的にみても、人間社会の包括的な再組織化をともなわない現実的なシナリオなど存在しないのだ。種としての人類は今後数世紀にわたってほぼ確実に生存するだろう。しかし、**誰が**生存し**どのように**人びとが生活するかということは、つまり、「私たち」がこの変化し続ける惑星において自分たちの生活を維持できるかどうかに関しては、極めて不確かである。実質的な適応は、将来の炭素緩和がどの程度であれ避けることができないものだが、その負荷をどのように分配するのか、そしてその分配がどのような政治経済的制度によって決定され実行されるのか。これは、おそらく私たち全員が直面している最も重要な問題である。

現在の人間文明の基礎にある一連の諸制度におおきな影響力をもっているのが、主権的・領土的な資本主義国民国家である。グローバルでインターナショナルな、あるいは多国籍のコミュニティからローカルなコミュニティにいたるまで、公式の政治経済的組織のほぼすべての形態は、その権力と機能を資本主義国民国家から引き出しており、それに依存するほかない。国民国家なしに世界を想像することはほとんど不可能であるというわけだ。グローバルな規模での権力を主張する人びとさえ、帝国的な国民国家が領土的あるいは軍事政治的に拡大すると考えたり、より楽観的には、みんなのための「ひとつのネイション」を集団的に創設するといったように、国民国家の中心性を想定している。どちらにせよ、国民国家は今なお存続している。

近代国民国家の起源をどこに選定しようとも、この惑星において加速している気候変動は歴史上もっとも大きな脅威をつきつけている。しかし、気候変動はたんにあれこれの国民国家にたいする脅威なのではない。むしろそれは、人間集団を組織する方法としての、国民国家それ自体への脅威なのである。つまり、定義上気候変動は惑星レベルでの問題なのだ。したがって、現存する国民国家と国家間関係においてヘゲモニーを行使する人びとがどのように気候変動に対応するのか、そしてこの対応に民衆がどう反応するのかが、将来の人間生活に多大な影響を及ぼすことになるだろう。もし私たちがまったく民主主義的な帰結を望むのであれば、次のような推測を立てなければならない。すなわち、国家とエリートがどのようにして人間生活の将来の形態を規定するつもりなのかを予測する必要があるのだ。将来の人間生活における正義、自由、平等を気候正義の運動が確保しようと望むのであれば、私たちは現在の状況がどのように展開していくのかを考察し、その分析にもとづいて社会変革のための組織化を開始しなければならない。これが本書で私たちが試みたことである。

四つの未来像

本書は、現在の地政学的秩序から確実に生じる一連の未来像を考察している。現在の秩序は資本主義的な領土的国民国家によって支配されているため、私たちが予測する将来は次のような根本問題から生じることになる。つまり、急速に温暖化する世界において資本主義国民国家がどのような地位を占めるのかを問う必要があるのだ。急速な気候変動に直面するなかで、国民国家を基礎とした領土的主権のゼロサム的分割が続いていくのか、それとも世界はなおも資本の束縛を受け続けるのか。

資本主義と主権というこれら二つの問題は、大まかに四つの道を指し示している。私たちはこれらを気候リヴァイアサン、気候毛沢東主義、気候ビヒモス、気候Xと呼んでいる。気候リヴァイアサンは、資本主義の強化につながる将来のグ

四つの社会構成体の可能性

	惑星的主権	反惑星的主権
資本主義的	気候 リヴァイアサン	気候 ビヒモス
非資本主義的	気候 毛沢東主義	気候 X

ローバル秩序を意味している。気候リヴァイアサンは惑星レベルでの主権形態を組織化するものであり、そのことによってグローバルな気候変動が提起するいわゆる「集合行為問題」を克服できると考えられている。気候毛沢東主義は、同様に惑星レベルでの「解決策」になると思われるが、非資本主義的秩序の未来像である。気候ビヒモスは、排外主義的な資本主義やナショナリズムにもとづく政治に駆り立てられたグローバルな編成を意味しており、気候変動が国民的資本に提示している脅威を否定する——たんに非難しかできないのだが——ものだ。気候Xは、私たちがグローバルな気候正義に見合ったものと期待している一連の運動に与えられた名称である。すなわち、それは非資本主義的な政治経済を建設する運動のことであり、現在の主権の論理を拒絶する多様な連帯を構築しようとするものだ。

これら四つのおおまかな軌道は、同じくらい可能性のあるシナリオではない。気候リヴァイアサンは、最も好ましいものではないが最もありうるものだ。その理由は、フレドリック・ジェイムソンが「資本主義の終わりより、世界の終わりを想像するほうがたやすい」[2]と述べた際に言わんとしたことに近い。それゆえ、私たちは気候リヴァイアサンがリベラル資本主義世界の大半においてほぼ常識になると予想するし、実際すでにそれを目撃してもいる。気候リヴァイアサンは、惑星レベルでの資本主義的権力様式であり、現在のグローバルな権力と富の配分をできる限り永続化するための適応として組織されたものである。まさにこうした理由から、その背後には現職の権力のみならず、国家体制の政治経済的、軍事的、イデオロギー的権力が存在しており、これらの権力は現存の秩序を維持すべきものだと判断している。世界の大半は、コペンハーゲンやパリでの交渉において展開された出来事を集団的な絶望でもって眺めていた。このことは、「地球の命」を守るために気候主権がひろく望まれていることを示している。つまり、この気候主権によって、誰がどれだけ排出することができ、誰がどのように適応し、コストをどのように割り当てるかをコントロールし、決定できるというのだ。

なぜ「リヴァイアサン」なのか

ホッブズによれば、人間社会は放置されるとカオスや暴力へと向かう傾向にある。社会はみずからを組織化できないというわけだ。ホッブズは人間生活には秩序が必要であるということを重視したのだが、その限りで彼は、私たちがかならず絶対的な主権をもたねばならないと考えた。ホッブズはこの絶対的主権を「リヴァイアサン」と呼んだのである。この主権は社会のあらゆるメンバーが無条件に服従するような社会契約によって正統化されると彼は見込んでいた。メンバーはその見返りに安全と限定的な自由を受けとるとされたが、これらはホッブズが17世紀イングランドにおいて自分の身の回りで観察した、プロト資本主義的生活を享受するためのものだった。とはいえ、彼の主要な関心は内戦を回避することにあり、それは同時に内戦を身の回りで目撃したからであった。ホッブズの考えでは、メンバー全員が絶対的服従を差し出すような主権の制度こそが、最も安定した社会形態を保証するのである。

私たちは熱心なホッブズ主義者ではなく、マルクス主義者である。しかし、ひとつの重要な意味において私たちはホッブズ主義者として本書を執筆したのであり、ホッブズへのオマージュとして本書のタイトルを選んだ。つまり、私たちはホッブズが『リヴァイアサン』で提示した思弁的な思考様式にコミットしている。もちろん、私たちはこの点でなにも一人きりなわけではない。ドナルド・トランプからウォール・ストリート・ジャーナル、ジョージ・ソロスにいたるまで、エリートのみならず世界中の人びとがある意味でつねに人類の未来について今まさに考えを巡らせているのだ。かれらの推測の大部分は人びとを憂鬱な思考へと導くものであり、こうして私たちは好むと好まざるともホッブズ的思考の回帰を目の当たりにすることになる。だが私たちには、もっと連帯や自由、解放へ向かうような仕方で未来を推測することがより重要であった。

気候リヴァイアサンは、政治経済を組織する主要な生産様式として資本主義が残存しうるような将来に、私たちが与えた名称である。だが、このことはまた資本主義が惑星的主権というシステムにまで到達したことを意味している。気候リヴァイアサンは、ホッブズ的、言うならばマキャヴェリ的な想像において、領土的土台を超越した主権を形成するシステムであり、惑星レベルでの——すなわちグローバルな——ガバナンスの一形態である。このシナリオにおいては、私たちの知る国民国家が姿を消すわけでは必ずしもない。むしろ国民国家は再編されるか変形され、その結果として気候危機それ自体と同様に、天候や難民、食糧や水の供給といった惑星レベルでのマネジメント問題に対処する方法が中央集権化されることになるだろう。その結果、私たちの政治的なものに関する思考方法も変化することになる。これこそが「政治的なものの適応」と私たちが呼んでいるものである。リヴァイアサンとは生成中の世界システムを推測で記述したものと言えるかもしれない。

私たちはこうした未来をただ「予想」と呼ぶよりも、差し迫った可能性として描いている。この未来の種がすでに今日の世界で芽生え始めているのを目撃することもできる。この差し迫った未来は、それが現在支配的な政治的ヴィジョンであるのと同様に、本質的にヘゲモニーを獲得している。このことが意味しているのは、気候リヴァイアサンが反対できないものであるとか、すでに確立されたもので、ましてや不可避なものだということではない。しかし、世界中で相対的に権力のある人びとは、事実上このリヴァイアサンに賭けており、あたかもそれがもっともありそうな物事の進行方向であるかのようにふるまっている。気候リヴァイアサンは自己実現的な預言となる可能性があるのだ。

とはいえ、私たちはリヴァイアサンを構成するアイデアと実践がすでに内在していることを発見したものの、それが現実に存在すると主張しているわけではない。私たちは国民国家に規定された資本主義世界に生きているのであり、ここでは惑星的主権の将来が化石資本と提携した権力者たちによって隠蔽されているのだ。それゆえ、世界はいまだ私たちが気候ビヒモスと呼ぶものにより深刻な影響を受けている。

気候ビヒモスは、リヴァイアサンと同様に資本主義を現状維持する傾向をもっているが、リヴァイアサンと異なり「反グローバリズム」を打ち出しており、言い換えれば、反動的で通常はレイシズムとマッチョなナショナリズムによって特徴づけられた資本主義的秩序である。現在のところ、これらのコミットメントの大半が気候変動否定論においてもっとも凝縮的に表現されている。こうした陰謀論が懸念しているところでは、ひそかにヘゲモニーをもちつつある気候リヴァイアサンはナショナルな資本主義という理想にたいする最大の「グローバルな」脅威であり、現在の米国共和党やイギリスとカナダの保守政党の大半を突き動かしているとされる。

確かにビヒモスは、特にいまの権力の座が米国によって占められている限りにおいて、現在のグローバルな安定性にたいする重大な脅威である。私たちは本書を、ドナルド・トランプがホワイトハウスに腰を下ろしたあとすぐ、つまり2017年半ばに書き上げたが、彼がこの役割をどのようにうまく演じるのかについてまったく心づもりがなかった。トランプと同様に、ほとんどが米国大統領の追従者たちに率いられた好戦的で反動的な否定論ブロックは、グローバル・サウスとグローバル・ノースの両方の諸国家において執行権力を掌握した。もっとも注意を引いたのがブラジルのジャイール・ボルソナーロである。トランプとボルソナーロは気候変動に「でっち上げ」とレッテル貼りをする数少ない「世界のリーダー」だった。ウラジミール・プーチンとサウード家もまた、ときおり「懐疑主義」を表明しており、地球温暖化の問題を認識しているいくつかの国々においても、同様の姿勢を支持する声が少なくはない。このことは選挙制度においても明らかであり、とくにオンタリオ州（カナダで最も人口が多く、力のある州）のダグ・フォードでは、州レベルで数人のトランプ・ファンが優勢となっているほどである。

したがって、私たちは極右について他の人びとと同じように憂慮しているが、気候ビヒモスが資本主義世界において一時的に具体化する以上の支配力を維持できるとは考えていない。もちろんこのことは、気候ビヒモスを心配すべきではないとか、それと闘う必要がないといった理由にはならない。重要なことは、気候ビヒモスが政治的正統性を維持するのは困難だろうということだ。しかし、ビヒモスの正統性低下によって少なくとも予想できる悪影響の一つとして、ファンダメンタリスト集団の一部が、ビヒモスの崩壊にともなって黙示録に非常に強く訴えかけることになるだろう。福音主義キリスト教の盲目的な世界観はすでにトランプやボルソナーロにとって重要な役割を果たしており、その神学的政治が将来にもたらす影響はこの惑星の気候（環境）ではなく、終末論的な**政治**環境を呼び起こす能力に依存している。

だが現在、資本主義にたいする無条件のコミットメントは、気候ビヒモスそれ自体の崩壊の兆候でもある。というのも、気候変動に本気で取り組む政治経済において、資本主義が残存することを想像するのはほとんど不可能だからだ。私たちが地球温暖化の社会的・エコロジー的衝撃について知っていることの多くは、来たるべきものでありすでに世界中のコミュニティに影響を与えているが、流通と蓄積の相対的安定性を必要とする資本主義の経済組織にとって確実に有害である。アトム化した気候ビヒモスは、気候変動が引き起こす社会的・エコロジー的転換に対処するどころか、それを理解することもできないので、私たちはリヴァイアサンのような権威の秩序に連れ戻されるのだ。しかし、忘れてはならないことは、現在は富と権力がグローバル・ノースに集中しているのに対して、民衆の大衆的政治運動がグローバル・サウスに集中しているという点だ。例えば、すでに進行中の気候破壊に直面した南・東アジアの大衆がグローバルな気候リヴァイアサンを受け入れるということを期待すべき理由はない。というのも、気候リヴァイアサンは、少なくとも国連気候変動枠組条約(UNFCCC)のような場で現在おこなわれている不完全な形態では、すでに南・東アジアの大衆が従属しているグローバル秩序を維持することにしか関心がないからである。地球温暖化がグローバル・サウスでさらに何十億もの人びとを貧困化し、周縁化し殺害しているのだから、南・東アジアの大衆が現存する不平等を維持したり、ましてや悪化させようとするような惑星的秩序に糾合するとは思われない。

毛沢東主義

これらの地域——グローバルなヒエラルヒーの「周辺」と「亜周辺」にまとめられる——には、それぞれが利用できる政治的・経済的かつイデオロギー的な歴史が存在し、その多くはリベラル資本主義的な進歩という統制的理念に盲目的にコミットするようなものではない。これが第三の未来の軌道に気候毛沢東主義と私たちが名付けた理由である。それはリヴァイアサンのような惑星的主権の非資本主義的秩序である。たしかに将来のグローバルな気候政治のシナリオにおいて、中国が重要な役割を果たさないことなど想像しがたいが、気候毛沢東主義は「気候中国」という意味ではない。そうではなく、私たちがそう呼ぶ理由は、そのような将来の可能性が南・東アジアのラディカルな政治的伝統にあると予想しているからなのだ。これらの地域では、農村に根ざした集産主義がたんに歴史的に重要であるばかりか、実質的に組織上の資源が現在でも維持されている。もちろん特に中国では、都市において集産主義の土台も弱体化している。これらの地域は何十億もの貧困層にとっての場所であるから、気候科学が示すように、その圧倒的大多数が生活するコミュニティは気候変動による破壊という切迫した危険にさらされている。この地域は地球上の他の地域よりも多くの危険をかかえた人口が存在するので、かれらが温暖化のもたらす生活と正統性の危機という限界点を克服することで自らの政治的・イデオロギー的伝統を利用するようになると予想される。これは十分に筋の通ったことのように思われる。気候毛沢東主義は、気候変動の脅威によって国民国家を主権の中心地として受け入れることがなくなるだろうし、少なくとも国家主権は長くはつづかないだろう。逆に資本主義が、気候の破局をもたらしそれに対処する真剣な行動を妨げているかどで正当にも非難されている限りにおいて、気候毛沢東主義は惑星という舞台でリヴァイアサンに立ち向かおうとする最もありうべき非資本主義的構成体を表現しているのだ。

さまざまな多くの人びとこのような推測を議論した数年たった今でも、気候毛沢東主義が資本主義のラディカルな批判に訴えているという事実は私たちを驚かせ続けている。多くの人びとにとって、資本主義国民国家が、すべての人びとのための正義や自由といったものを実現できないばかりか、気候対策、とりわけ気候正義への大きな障害となってきたことが明らかになった。それゆえ、気候毛沢東主義への訴えはかれらにとってほとんど本能的なものだと言えるだろう。リヴァイアサンのように、気候毛沢東主義は国家の空間的・政治的限界を越えて**何か**をおこなうと約束する。しかし、毛沢東主義はリヴァイアサンと異なり、まずもって問題を引き起こしている資本主義、すなわち惑星を食らうような資本主義の現状維持にしたがうことはない。もっとも、それは一部の人びとにとってリヴァイアサンが問題に対処するには確実に不適切とみなされる限りのことであるが。

気候X

最後の政治的軌道は、国民的かつ惑星的レベルにおいて資本主義と主権を拒絶する未来であり、私たちが気候Xと呼ぶものだ。それは不幸にも、だが必然的なことに、素描するのが最も難しい軌道である。それゆえ、Xとは一連の「解決策」をしめす仮の変数である。気候Xとは、グローバルな気候正義運動が闘争の先に目指す世界をあらわす私たちの言葉なのだ。この運動は実際には多くのレベルで組織される多くの運動のことなので、Xはさまざまな形態をとりうるし、それぞれが固有の歴史的・地理的条件によって形成される。

しかし少なくとも、これらの運動は二つの大きな方向性を共有するだろうし、そうでなくてはならない。第一に、資本主義的な様式での政治経済の組織化を拒否することである。というのも、気候変動の問題は資本主義に由来しており、それに依拠したままではすべての人びとにとって公正で安全な未来が妥当な根拠に基づいて論証されないからである。第二に、国民的形態であれ最近の惑星的形態であれ、主権的な権力の横暴に政治的優位、ましてや地位を与えないことである。国民国家は、それによって「惑星を救う」ことはできないし、その意図もないことを実証してしまった。気候毛沢東主義はその可能性があるかもしれないが、元々の毛沢東主義が社会的正義を確立したように気候正義を確立することはないだろう。じじつ、正直に言うと、私たちは国民国家も、その国際的な協調と執行における悪戦苦闘も、むしろ意味ある行動の障害になってきたことを認めなければならない。グローバル・ノースでは、国民国家は巨大な妥協の機構であり、資本がつねに最初と最後の言葉をもつような名目上「民主主義的な」テーブルにすぎないことが明らかになっている。気候Xが認識しているのは、主権は正義ではない権威を約束しており、あるいは気候危機にとって正義でも適切でもない妥協を約束しているということだ。解決策は主権の彼方にあり、関連当事者である人びとの闘争や生活を基礎として多様な運動が組織されるという点に求められる。

原住民の多様で何世紀にもわたる苦闘は、現存する脅威に直面するなかでとくに賞賛すべき有益な組織モデル、コミットメント、そして政治的創造性を表現している。そこから気候Xが活用できる資源をすべて網羅することはできないが、他の多くの労働者や人種的コミュニティなどと同様に、知識、知恵そして連帯の重要な源泉となっているし、そうであり続けるだろう。たしかに左派の伝統に連なるラディカルな政治に依拠する苦闘もあれば、そうでないものもある。気候Xがもし可能であるならば、それは多くの気候正義という土台にもとづいたポスト主権的な連帯のうちにのみ存在するだろう。

グリーン・ニューディール？

それゆえ、さらに注意すべき点は、気候Xがグリーン・ニューディールの形態をとるわけではないし、そうはならないということだ。私たちは国家の政策転換にたいする要求を単なる権力者の道具として、つまり資本主義的な下降スパイラルにたいするグリーンウォッシュとして否定するわけではない。たとえば現在米国で広まっている提案（「連邦政府によるグリーン・ニューディール創設の義務を認める下院決議」）が実現すれば、それは非常に歓迎すべきことだろう。これは事実上社会正義のオムニバス法案である。たとえその目標の半分しか着手されなかったとしても、ましてや実現されなかったとしても、この提案は米国の政治経済における注目すべき転換となるだろう。しかし、その限界やいくつかの前提条件の妥当性を指摘し、したがって、どの点でどの程度すでに必要とされる事柄が欠けているのかを真剣に検討しないわけにはいかないだろう。

予想しうる現実的で否定論的な批判（「費用がかかりすぎる」「エネルギー産業とその労働者に厳しすぎる」「ユートピアにすぎない」）はさておき、グリーン・ニューディールについて最初に懸念されることは、米国経済をフルスピードで推進するタンカーを国家が転換する時間は、もう残されていないということだ。このような転換が仮にも国家主導でなされるのであれば、提案されたスケジュールで実現することはないだろう。これは特に米国において明らかなことだ。というのも、米国では化石資本が地球上のどこよりも国家に深く食い込んでいるからだ。さらに、米国の市民社会と国家の関係についても同じことが言えるかもしれない。つまり、グリーン・ニューディールの楽観論は、非国家主体が米国という国家を転換させる能力を同じく楽観的に想定している。確かにこれは賞賛すべき成果となりうるだろうが、今から2030年までの8年間というスケジュールでグリーン・ニューディールの提案が実現すると考えることは難しい。

私たちは本書の第5章で気候変動にたいするグリーン・ケインズ主義をいくらか詳細に議論した。私たちはそれをはっきりと資本主義的な気候リヴァイアサンの次元に位置づけたが、そのプロトタイプはふつう考えられているよりも長い歴史をもっている。少なくとも最近の世界金融危機以降、その支持者にはトーマス・フリードマンやローレンス・サマーズのようなグリーンウォッシャーのみならず、アン・ペティフォーやスーザン・ジョージのような鋭い批評家も含まれるようになった。グリーン・ケインズ主義は以下に見られるように、中心的なプラットフォームとなっている。影響力のある2006年のスターン報告、ヨーロッパのグリーン・ニューディール、そして世界最大の金融機関がCOP26で発足させた「ネットゼロのためのグラスゴー金融同盟」のような民間セクターによる手の込んだ提案である。

多くのひとが主張してきたように、グリーン・ニューディールは現状維持よりもはるかにマシなものであり、私たちの最善の選択肢となっている。このプログラムを最もはっきりと支持する人びとは、国民国家が現在すぐ活用できる最強の制度であり、可能であるのなら国家を利用しないというのは馬鹿げていると説得力をもって主張している。私たちはこうした議論の利点を理解している。しかし、たとえ国家が今すぐに利用できる道具であると認められるとしても、その国家はまた気候対策にとって重大な障害となってきたのである。グリーン・ニューディールのようなラディカルな提案は、現在の米国とはあまりにも対照的なので、両者の共存は国家の機能、組織、そして政治的方針において歴史的に前例のない変化を必要とするだろうし、あるいは残念ながらもっともありそうなことだが、「グリーン」でも「ニュー」でもないディールとなるだろう。私たちは、この計画の背後にある人びとのアイデアやイニシアティブを賞賛し支持するが、国家の行動を待っていることなどできない。解決策は民衆に由来し、民衆の場所やコミュニティにおいて実践され、この複雑で危険な局面において民衆の生活を理解するようなものでなければならない。

Covid-19と気候変動の出会い

本書はグローバル資本主義をスローダウンする力、つまりCovid-19のパンデミックが生じる直前に出版された。グレタ・トゥーンベリがとても創造的に夢見たグローバルな気候ストライキの一バージョンを私たちは目の当たりにしたわけだが、それは良いニュースであったと言えるだろう。しかし、悪いニュースはこのストライキが政治的闘争ではなくパンデミックによってもたらされたということだ。それでも、いくつかの望ましい効果がもたらされた。石炭火力発電所は閉鎖され、多くの空港はほとんど機能せず、石油需要があまりに急速に低下したため、ある指標では価格が一時的にマイナスとなったという。不況がもたらしたエネルギーの「需要ショック」は、人類が大規模の政治経済的変革に着手する時間を稼ぎ、惑星のエコロジー危機によって引き起こされた最悪の形態の暴力を阻止しうる可能性をもっていたのだ。このニュースはとても好ましいものだったので、ほとんど奇跡的なことのように思われた。

ダイナミックなインフレーションとウクライナ戦争はこの勢いを大幅に反転させたわけだが、コロナ危機のコストが計り知れないほど大きなものとなっている。つまり、貧困層の苦難、膨大な人口の死、反動政治の強化である。オハイオ州コロンバスでは、2019年秋に気候対策を要求する子どもたちが州庁舎前の広場を埋め尽くした。コロナ後に同じ空間でプラカードを振る人びと——「ポデモス」のローカルバージョン——は、反動的で新自由主義的なナショナリズムのゾンビのようである。かれらはガイ・フォークスのマスクを着用し、攻撃的に訴えかけ武器を帯同している。私たちはトランプ、エルドアン、オルバン、ボルソナーロ、ジョンソンなどが権力をとる以前に本書を執筆したが、気候ビヒモスに関する議論はかれらの政治を予想するものであった。それでもなお私たちは、ビヒモスにたいするリヴァイアサンの勝利を予期しているが、両者のあいだで戦争になる可能性も否定できない。

誇張でないように表現するのは難しいが、実際に私たちは世界史レベルでの経済的・環境的・政治的危機を生き抜いてきた。私たちはチアパスのサパティスタに深く恩恵を受けているが、その思想家たちはこの危機を「嵐」と呼んでいる。[3] この嵐は新しいもののようにみえるが、長い間私たちの道に吹きつけてきたものだ。そのダイナミクスはすでにマルクスやルクセンブルクによって分析されてきた。[4] かれらは急速な経済的変化がその基礎にある生産手段を何ら転換することなく社会的生産関係を変化させるかもしれないと考えた。つまり、このような局面において政治的なものの領域は、危機のただなかでプロレタリアートに新たな機会を拓くかたちで突然変化するかもしれないというのだ。かれらにとってこのような時期における決定的要因は、階級闘争の形態や組織化、国家制度の性質や統制、さまざまな国家・ネイション・階級という多種多様な相互作用なのである。

私たちはこの現在の局面を完全に分析することはできないが、少なくともその主要な要因は、気候Xの形成には好ましくないように思われる。このような状況下では、少なくとも資本主義の中心国において左派と見なされている人びとの大半が、気候リヴァイアサンのあるバージョンが示す軌道を進むことを期待している。Xへの推進力は、もし実現されなければ、その反対象限にあるリヴァイアサンに回帰するだろう。これは、ラディカルな思想家のあいだでさえ、嵐に直面して気候リヴァイアサンがヘゲモニーを獲得している理由を説明してくれる。本質的な問題は、資本主義国家の政治的領域が私たちの根本問題を解決できないと認識している人びとにとってさえ、世界を変革するためのラディカルで民主主義的で社会主義的なオルタナティブの基盤が、全く存在しないように見えるということなのだ。

それゆえ、政治的領域に関しては、私たちが本書において気候変動の政治について記したことが、Covid-19についても同じく言えることだろう。Covid-19は、既存の政治的危機を根本的に変化させるものではなく、ただそれを強化している。というのも、根本的には、政治的危機は、資本主義が形式的な民主主義的統治の範囲内では生き延びることができないゆえに引き起こされるからだ。岩石すべりが堆積物の層を露出させるように、コロナウィルスのパンデミックは、私たちの社会の階層を特徴づける相対的特権の細かいグラデーションを暴露した。サバルタンの社会集団であるほどウイルスに苦しんで死ぬ可能性が高かったように。岩盤層を垣間見れば、そこの風景が固い基盤のうえに成り立っていることは誰にでもわかる。しかし、岩盤を読み解き、どれくらい歴史が長く続いているかをただ理解するだけでも、ある種の自然史的な訓練が求められる。これはCovid-19と社会階層についても同様である。多くの人びとがパンデミックの不平等な帰結を指摘しているが、なぜこうした不平等が持続するのかを説明しようとする人は少ない。そこで私たちにはマルクスが必要不可欠なのだ。『資本論』が私たちの社会的・経済的構成体の自然史を説明するために書かれたことを思い起こすべきである。[5]こうした歴史に肉付けをするために私たちは多くの仕事をしなければならないのだ。

　しかし当面の課題は、ラディカルな思考の生き残りを含めて、集団的な生存を促進する創造的な連帯の形態を育むことにある。私たちの誰も、現在の危機から確実に何が生じるのかを予測することはできない。しかし、今日私たちが生きている世界がより強力に資本主義化することは最もありそうなことである。だから、私たちの課題は、集団的な生存・尊厳・喜びを促進する創造的な連帯の形態を育むことにあるのだ。それゆえ本書が日本語に翻訳されることに私たちは深く感謝したい。私たちのアイデアが日本におけるラディカル思想の豊かな伝統に少しでも貢献できることを願って。

2022年6月16日

ジョエル・ウェインライト、ジェフ・マン

序文

私たちは、これまでの人生において、おぼろげに見え始めた脅威として気候変動のことを考えてきた。つまり、おそらくすぐに直面しなければならない課題としてである。しかしそのような日々はすでに過去のものだ。こんにち世界中で私たちが心配している脅威は、もはやたんなる潜在的なものではなく、急速に具体化してきている。すべての大陸で気温上昇がそれまでの記録をぬりかえている。あまりに高い絶滅率は、惑星の大変動としか比較することができず、それは人類の記憶のはるか彼方にある。種やエコシステムは自らの地理学的範囲を変化させており、それらはサンゴ礁の場合のように、すばやく移動することができない場所では完全に消滅している。海水面の上昇、森林の炎上、氷河の消滅、大規模で破壊的な嵐。その根底にある原因はよく知られたものだ。地球の大気圏において、いくつかの微量ガスの割合が（概数では、二酸化炭素が100万あたり250から400の割合に、メタンが10億あたり700から1700の割合に）増加している。これは、太陽エネルギーの大部分が地球の海や陸地そして大気圏に残存していることを意味しており、そのことによって世界の気候システムをつらぬく熱エネルギーの運動が変化している。[1] 地球の気温が上昇するにつれて、天候も変化する。現在地球の至るところで都市を苦しめている厳しい夏日のみならず、洪水や干ばつをもたらす非常に不安定な降水量、移り変わりの激しい気温変動、そしてより強力な暴風雨などを挙げることができる。これらはすでにみなが被っている損害ではあるが、その最も深刻な重圧は相対的に貧困で弱い立場にある人びと、そして私たちがこの惑星を共有している他の生物にふりかかっている。気候変動によって引き起こされる災難は、あまりに加速度的に進行しているため、私たちはそれを算出できる帳簿をもっていない。

私たちは長いあいだ、気候変動に取り組むために何をなすべきか知っていた。それは、地殻から炭素（二酸化炭素やメタンに含まれる「炭素」）を取り出し、それを大気圏へと排出するのを止めることである。つまり石炭や石油、ガスを抽出して燃焼させるのをやめてしまうというものだ。私たちは化石燃料を、それが形成された地殻のなかにそのままにしておく必要がある。牛の飼育数をかなり減らし、森林伐採をやめるならば、それもまた大きな変化をもたらすだろう。そのような対策がそうする能力のある人びとによってとられていたならば、私たちはおそらく気候変動のすさまじい影響を回避することができただろう。しかしそうはならなかった。歴史的に温室ガスの大部分は、一般大衆の選択と行為によって排出されたものではなく、むしろ世界の富裕な少数者の選択と行為の副産物であった。なぜ富裕な少数者が何もしなかったのか、そしてこのことが私たちの政治的未来にとって何を意味するのか、これらが本書で私たちが取り組む重要課題である。

私たちは現在の気候変動と闘っているが、その最も重要なエコロジー的かつ政治的帰結は、未だ到来してはいない。その帰結を分析し予測するという課題は巨大なものである。その理由の一つは、惑星のエコロジーと政治の両方が並外れて複雑で、ほとんど無限の種類の影響を被っていることだ。そしてもう一つの理由は、気候変動が地球上の人類の意義を変化させていることにある。[2] この意味で、「人新世」という言葉は、私たちが立っている場所を示すのに役立つものだ。すなわち、私たちは、人間の行動がエコロジー的にも地質学的にも決定的な要因となっている自然史上の新時代への移行、あるいは新時代という断絶に直面しているのだ。[3] しかし、別の意味で「人新世」という言葉は役に立たない。なぜなら、気候変動はまた次のことを明らかにしているからである。すなわち、この地球史上の新時代を招いた普遍的な「人間」主体など存在せず、「私たちがみな」その新時代を理解し経験しているといった共通の観点など存在しないのだ。むしろ、もっぱら様々な人間のコミュニティが存在しているのであって、私たちは様々な方法で自分たちの時代をつうじて自分たちの歩みを判断しているのである。

本書は、地球の未来に関する政治理論を提示しようとするものだ。このアイデアに関する作業は、2009年のコペンハーゲンにおける気候サミット直前の高揚した時期、すなわち私たちがそれぞれこの問題について公的に議論していた時期に始まった。このプロジェクトはもともと、気候正義運動の内部における自己批判と問題の解明を試みたものである。私たちは政治哲学と資本主義的政治経済の批判という強力な伝統を活用して、なぜ資本主義社会が地球の緊急事態を生み出し、気候変動を緩和するのに失敗してきたかを説明している。しかし、このプロジェクトは、資本主義のエコロジー的帰結に関する、もう一つのマルクス主義的批判では決してない(これらの貢献は価値のあるものだが)。むしろ、私たちの関心はエコロジー的帰結の政治的効果にある。急速な気候変動は、グローバルな政治経済を転換するだろうし、世界の基本的な政治的編成、すなわち私たちが「政治的なものの適応」と呼ぶ過程を変化させるだろう。私たちの主張は、地球温暖化がたんにすべてを変化させたり崩壊させたりするだろうというものではない。そうではなく、気候変動の圧力のもとで、既存の課題が、現存するグローバル秩序に集中することによって、既存の主権形態が、私たちが「惑星」と呼ぶものへと変更を迫られると主張したいのだ。私たちはこれらの議論を進めるために、「古典的な」原典と、より「最近の」哲学的アプローチの両者に射程を広げることで、自然や政治経済そして主権を把握することを試みた。その結果が地球の気候変動に関する政治哲学への貢献であり、これが私たちの情況にかなうものであることを期待している。第1部では、私たちのプロジェクトの地平を概観し、急速に温暖化する世界において展開していく潜在的な政治的・経済的方向性を素描する。第2部では、私たちが「気候リヴァイアサン」と呼ぶ、もっともあり得ると私たちが考えている方向性をより詳細に検討する。最後に第3部では、ラディカルなオルタナティブについて概略を述べたい。

これは根本的には理論的なプロジェクトだが、その基礎にある政治的賭け金が明快で具体的であることを私たちは望んでいる。現在までのところ、先進資本主義諸国によって実質的な炭素緩和はほとんど行われてこなかった。グローバルな炭素排出量は本書の執筆中にも毎年上昇しており、減少する兆候はほとんど見られない。私たちは、2015年12月のパリで世界の先進諸国が同意した、平均1・5度の気温上昇限度を実現するために必要な規模の変革に近づいてすらいない。じじつ、パリ条約は、温暖化を促進する炭素排出量にたいしていかなる実質的な制約も課していない(そしてもちろん、トランプは「パリから」米国を離脱させ、この条約の見通しを弱めた)[4]。世界はますます急速に温暖化しており、世界が必要とする急速で大規模な炭素緩和は、既存の政治的・経済的構造においてラディカルな変革を行うことなしには不可能なのである。

私たちは、多かれ少なかれ炭素緩和によって急速な気候変動に制約をかけるために闘う一方で(そうしなければならないのだが)、将来の政治的帰結に関して注意深く思考しなければならない。というのも、気候科学が示唆しているような急速に変化する世界の環境は、地球上の人間生活が組織化される方法に巨大なインパクトを与えるであろうからだ。これらの問題は、小説家から物理学者に至るまで、そして軍事戦略家からサバルタンの社会的グループにおける有機的知識人に至るまで、多くの人びとの頭から離れない。しかし、これらの問題に関する政治理論は、大気圏に関する化学や海洋熱に関する物理学に比べてはるかに後れをとっている。これは深刻なギャップである。政治的なものに関する安定した概念は、相対的に安定した世界の環境においてのみ保持しうるのだ。すなわち、世界が大変動のただ中にあるならば、私たちが「政治的」と呼ぶ人間生活の領域に関する定義や概念もまた大変動のただ中にあるというわけである。したがって、政治理論は自然史に根ざし、自然史に関する批判的反省によって自らの意味を見いだすものなのだ。私たちの思考は、自覚していようがいまいが、それが自然に反抗するときでさえ、環境的なものである。

不幸にも、急速な環境的変化の見通しにたいして、主流の「進歩的な」思想家は概して不十分な理論的応答にとどまっている。そのほとんどが、敬虔なユートピア主義（「地球を救うためのシンプルな10の方法」）や、市場的解決へのアピール（「キャップアンドトレード方式」）、あるいはニヒリズム（「もうお手上げ」）である。[5] これらは誤った解決策である。嘆かわしくも、左派はそれよりマシなことをほとんどおこなってこなかったし、しばしば気候を民主主義、自由、平等、正義のための闘争にとって周縁的なものとして扱ってきた。まさにこれらの理想が気候闘争を非常に根本的なものにしているにもかかわらず、である。それらは核心的な目標であり、まさに気候変動によってラディカルに転換される世界において、正義のための闘争が掲げるべきものなのだ。したがって、私たちの目標は気候を**より**政治的なものにすることである。そのためには理論が必要である。すなわち、私たちの情況を概念化しそれを明確にするために使用する諸カテゴリー間の関係を理解するための方法のことだ。これによって、私たちは温暖化した惑星と、これから明るみになる不可避的な政治的・経済的変化を切り抜けることができるだろう。このような理論は、科学による環境的変化の分析を含むべきだが、そこからあまりに多くのことを政治的に期待すべきではない。すなわち、環境的な決定論に陥ることなく、世界の政治的・エコロジー的な未来を理解しようと試みるべきなのだ。そして、来たる社会的・エコロジー的な転換を自然史における移行の一契機として予測すべきである。私たちは、本書が理論と、それが影響を与える闘争に貢献することを期待している。たとえもし私たちの理論が誤りだとあとでわかっても、誤った希望に訴えることなくオルタナティブのヴィジョンを提供しているのであれば、それは価値のあることだろう。

私たちは気候政治について長いあいだ考えてきたので、その過程で多くの人びとから助けてもらった。ここですべての人びとの名前を挙げることはできない。多くのインフォーマルな会話、そして一連の詳細な読書会や批評のおかげで、もはや私たち自身のアイデアと私たちが関わった人びとのそれとを区別することができないくらいである。

本書のもとになったアイデアは最初に「気候リヴァイアサン」という論文（*Antipode* 45, no. 1, 1–22）で公表された。その刊行をサポートしてくれたジャーナルに感謝したい。私たちは続いて「気候変動と政治的なものの適応」（*Annals of the Association of American Geographers* 105, no. 2, 313–21.）の執筆に取り組んだ。これら二つの論文は、大部分が本書のなかに断片的に散りばめられている。ワイリー・ブラックウェルとラウトレッジはそこで展開された思想を本書で転載する許可を認めてくれた。記して感謝したい。私たちが執筆した他の論文ではより限定的な資料しか活用できなかったが、それらは本書でも引用されている。

私たちの議論についてはもともと、バックネル大学、ペンシルベニア州立大学、ブリティッシュ・コロンビア大学、カリフォルニア大学バークレー校、オハイオ州立大学、クラーク大学、サイモンフレーザー大学、ビクトリア大学、ケンタッキー大学、ハーバード大学、アリゾナ大学、ウプサラ大学、ウエストバージニア大学、そしてバンクーバー社会研究所で精力的に討論が行われ、私たちはそこから多くのことを学ぶことができた。また、本書の刊行を可能にしただけでなく、かれらなしではありえないほど本書を優れた著作にした幾人かに、深い感謝の意を表したい。Versoのみんな（特にセバスチャン・バッジェン、ダンカン・ランズレム、アイダ・アウデ）、ダン・アドルマン、キラン・アッシャー、ジョシュ・バーカン、パトリック・ビガー、ミシェル・ボナー、ジェイソン・ボックス、ブルース・ブラウン、ブラッド・ブライアンに。エミリー・キャメロン、ブレット・クリストファーズ、ローズマリー・コラード、グレン・クルタード、セレナ・クチュール、デブ・カラン、ピーター・カーティス、ジェシカ・デンプシー、ニコール・エチャート、ジョン・フォラン、ヴィナイ・ギドワニ、ジム・グラスマン、ジェシー・ゴールドスタイン。マーカス・グリーン、マット・ヘルン、ニック・ヘイネン、アム・ジョハル、ウィル・ジョーンズ、柄谷行人、マーク・キア、インディ・ケント、ブライアン・キング、ポール・キングスベリー、ジェイク・コセック、マゼネ・ラバン、フィリップ・ルビヨン、ラリー・ローマン、イ・スンオク、ベルンハルト・マルクムス、ジェームズ・マッカーシー、クリスティン・マーサー、サンジャイ・ナラヤン、マリアンナ・ニコルソン、シリ・パステルナーク、シャリーニ・サトゥクナンダン、ジャネット・スタージョン、ステファニー・ウェイクフィールド、マリア・ウォールスタムに。すべての印税は、グラスルーツ・インターナショナルの気候正義イニシアティブに寄付される（grassrootsonline.org）。

気候変動やそれが生みだしている世界の政治について、自らの時間を費やして思考している人は誰であれ（そして、そのような人びとは大勢いる）、現在の情況がしばしば厳しく、未来は非常に暗く、夜には時々眠れなくなるほどだということを知っているだろう。時には、身を隠したくなることもある。このような情況を知れば知るほど、そして奈落の底を見つめるほど、すべての希望を捨て去りたくなるかもしれない。幸運なことに、私たちは毎日そうしないですむ理由に目覚めている。そう気づかせてくれたイネス、シェーマス、そしてフィンに本書を捧げる。

第1部

1

私たちの時代のホッブズ

真理ではなく権威が法律をつくりだす。

——トマス・ホッブズ

I

カール・シュミットはかつてこう書いた。「国家と革命、リヴァイアサンとビヒモスはつねに存在し、潜在的にはつねに活動している」——「歴史の状況が思いがけない方向に向かえば、リヴァイアサンの像を呪文で呼び出した者にとっても予想外の方向に発展する」[1]、と。シュミットにとって、近代の思想家のほとんどがトマス・ホッブズとその著作『リヴァイアサン』に深く関係しているのだが、このことは些細な問題などではなかった。旧約聖書であれもっと古い神話であれ、そこで登場するリヴァイアサンは呪術師の意志に囚われることがない。それは今日においても逃走中であり、自然と超自然のあいだ、そして主権者と臣民のあいだでうろついている。しかし、リヴァイアサンはもはや東地中海の多頭ヘビを意味しているのではない。

そうではなく、メルヴィルの白鯨やホッブズの主権者、つまり「一人の人格に結合したマルチチュード」が「コモンウェルス」を形成しているのだ。

これが、あの偉大なリヴァイアサン、むしろ（もっと敬虔にいえば）あの**可死の神**の生成であり、われわれは**不死の神**のもとで、われわれの平和と防衛についてこの可死の神のおかげをこうむっているのである。すなわち、コモンウェルスのなかの各個人がかれに与えたこの権威によって、かれはみずからに付与された非常に大きな権力と強さを利用できるので、その威嚇によってかれらのすべての意志を、国内における平和とかれらの外敵に対抗する相互援助へと形成することができるのだ。［…］そしてこの人格をになうかれは、主権者と呼ばれ、主権者権力をもつといわれるのである。つまり、他のすべてのものは、かれの臣民である。[2]

こうした主権的権力の姿は、どのようにしてリヴァイアサンと呼ばれるようになったのだろうか。ホッブズは論じていないが、ここで言及されているのは明らかに『ヨブ記』である。サタンの仕業によって苦境に陥ったヨブは、信者におとずれた不正義にたいして強く抗議する。しかし、神の答えは優しくもなく慰めにもならなかった。というのも、神はヨブに自らの正義のみならず、自らの力を思い起こさせただけであったからである。神はリヴァイアサンをつうじてヨブを嘲笑するわけだが、それは自らの世俗的権威とヨブの無力の象徴であった。


君は鉤でリヴァイアサンをつり出し、紐でその舌をしばることができるか。

君は紐をその鼻に通しそのあごに鉤をつきさすことができるか。

彼は君に願いを重ね、やさしい言葉で君と語るであろうか。〔…〕

見よ、君の望みは空しく、彼を見ただけで人は打ち倒される。

彼を目覚めさせたらひどいことになる。誰が彼の前に立つことができよう。

誰かわたしに先に与え、わたしの返礼を待つであろう。

天が下のすべてのものはわたしのものだ。〔…〕

地の上に〔リヴァイアサンに〕比すべきものもなく、彼は恐れを知らぬものに作られた。

すべての高ぶる者も彼の前に恐れ、彼はすべての誇り高き獣の王である。[3]

この世俗的な王への言及は、ホッブズにとってリヴァイアサンのメタファーを意味していたわけだが、これはきわめてラフな転用である。[4] シュミットがその説明に苦労しているように、国家主権の新たな形態をホッブズがリヴァイアサンとして人格化したことは「とくに神話的考察から導き出されたものではない」[5]。むしろ、その名前を冠したテクストにおいて、リヴァイアサンは別の目的のために機能するように設定されている。リヴァイアサンはまさに自然の残忍さを具現化したとされる海の怪獣なのだが、ホッブズにとってそれは自然状態を**回避する**ための手段であった。シュミットが指摘するように、ホッブズの主権者は機械式の反怪獣である。そして、ヨブを嘲笑する神とは異なり、主権者は単なる恐怖に根付いたものではなく、社会契約に基礎付けられているのだ。

シュミットの主張によれば、みずからのリヴァイアサン論（1938年）は、ヴァルター・ベンヤミンの、とくに「いまだ注目されていない」作品である「暴力批判論」（1921年）への応答であった。実際にこの主張の要点は、ジョルジョ・アガンベンが「ベンヤミン＝シュミット関連資料における決定的文書[6]」と呼んだ、ベンヤミンの「歴史の概念について」第八テーゼに凝集されている。

抑圧された者たちの伝統は、われわれが生きている「非常事態」は実は通常のものだと教えてくれる。われわれはこれに対応する歴史の概念に到達しなければならない。そのとき、真の非常事態を引き寄せることがわれわれの課題であるとはっきり思い描くことになるだろう。[7]

米国がその最近の非常事態を対テロ戦争と経済危機によって切り拓いて以来、ベンヤミンの第八テーゼは多くの注目をあつめてきたが、それは当然のことだった。本書の大半はアガンベンのテーゼ、すなわち「例外状態の宣言は、通常の統治技術としてのセキュリティというパラダイムの先例なき全般化によって徐々に取って代わられつつある」[8]という主張にインスパイアされたものだ。残念ながら、エコロジー危機はこうした議論からしばしば排除されてきた。というのも、例外状態のもとでセキュリティを調整することが、ますます惑星上の問題となっているからだ。経済危機よりもグローバルな気候変動こそが、「通常の統治技術としてのセキュリティというパラダイム」をこれまでに考えられないほどの規模と範囲で要請しているのだ。それでは、惑星上の危機という状況下において、主権的セキュリティに相当するものは何なのだろうか。リヴァイアサンを「目覚めさせた」のは温暖化した惑星なのか。それともリヴァイアサンは「慈悲を請う」のだろうか。

これはおそらく誇張のように聞こえるだろうし、炭素排出量という魔神はビンに詰め戻すことができるかもしれない。しかし炭素緩和のスイッチはどこにあるのだろうか。最も明白な兆候を示す長期的傾向ははっきりしている。つまり、イングランドで化石燃料資本主義が誕生して以降、炭素排出量がたえず上昇し続けてきたのだ。この資本主義という社会構成体が拡大し世界を改革するにつれて、排出量は急速に拡大してきた。図1−1に見られるように、大気中における二酸化炭素量は、人類が誕生したおよそ20万年前から19世紀前半に至るまであまり変化がないようにみえる。人類史のわずか0・01%に該当する最近になって、すべてが変化したの

図1-1　過去1万年の大気中における二酸化炭素量。悪名高い「ホッケー・スティック」

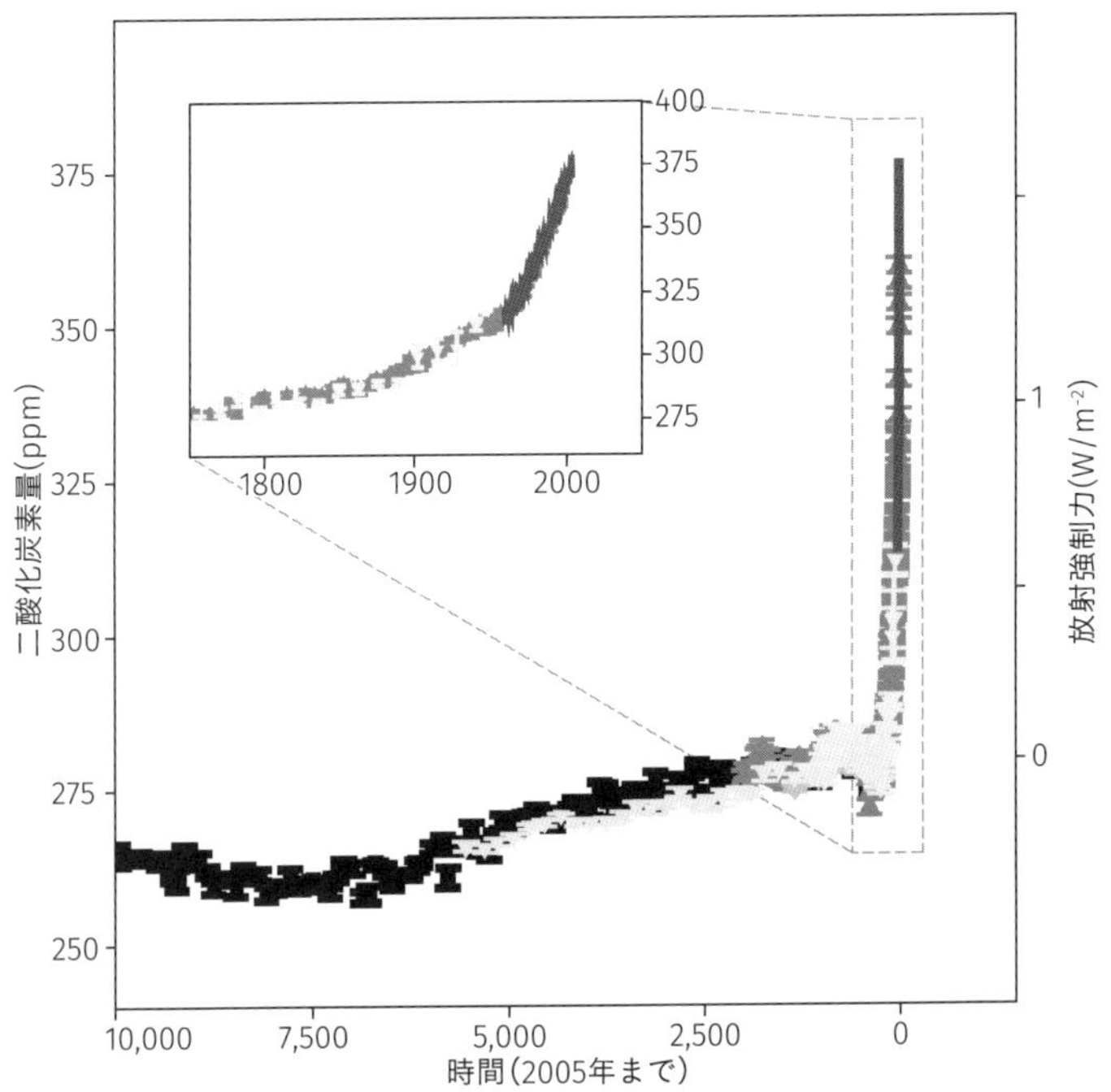

出典：Intergovernmental Panel on Climate Change, Fifth Assessment Report, Working Group I, 2013, available at ipcc.ch.

だ。世界はなんとかして、この図に見られるいわばホッケー・スティックをへし折らなければならない。しかし今はまだそうなってはいない。

図1-2に見られるように、2007年以降のあまりに緩やかな経済成長においてさえ、グローバルな炭素排出量は2000年と2010年のあいだで2・2%も上昇した。[9] これは10年単位の記録で最も急速な排出量の上昇であったが、おそらく2010年から2020年にかけて乗り越えられてしまうだろう。というのも、グローバルな二酸化炭素換算量は上昇し

図1-2　1958年から2017年にかけてマウナロア観測所で測定された月平均の大気中二酸化炭素

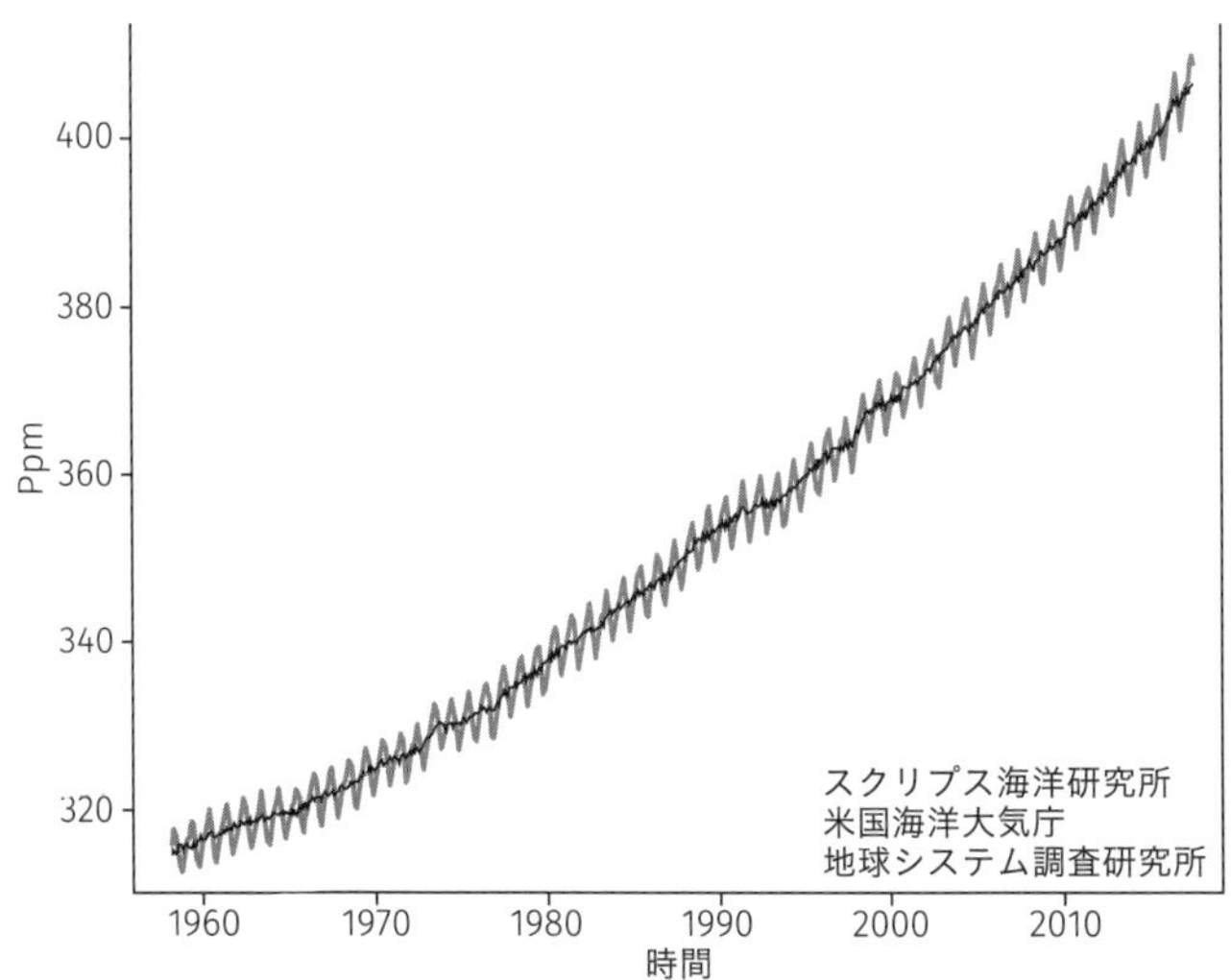

出典：Earth System Research Laboratory, Global Monitoring Division, National Oceanic and Atmospheric Administration, July 2017, available at esrl.noaa.gov.

続けており、世界の商品生産の中心地である東アジアにおける排出量の増加によって促進されているからだ。[10] 利潤をもとめる資本の衝動は、コストが何であれ成長を目指す政策を捕らえて放さない。２００７年から２００８年にかけての一つのはっきりした兆候だが、エリートたちはみな緩やかな経済成長の見通しに直面した結果、景気のてこ入れをすべく迅速に行動し底なしの公的資金を注入しようと試みた。利潤を求めた結果として、気候破壊的な結果をもたらすインフラストラクチャーが建設されるほかないのだ。２０１２年に国際エネルギー機関（ＩＥＡ）は、革命的な組織ではないにもかかわらず、次のような警告をおこなった。すなわち、今後の方向性が変化しなければ、世界は２０１７年までにある程度の規模での排出を「余儀なくさせられる」エネルギー・インフラを持つことになり、地球温暖化を非災害的なレベルにとどめる可能性が「閉ざされる」だろうと。こうしたインフラはそれ以降も建設されてきた。[11] 国際機関の警告と同様に、気候や生態系への影響が大きくなるにつれて、科学者の報告もますます途方もないものとなってきた。

私たちは読者に基本的な知識があると考えているので、誇張を避けるために科学的報告書の恐ろしい見出しに訴えることは控えたい。さらに言えば、気候変動に関する科学的コンセンサスを理解したとしても、政治的・経済的転換の必要性を把握するために科学的リテラシーが必ずしも求められるわけではないし、科学を理解した多くの人びとが私たちの味方であるわけでもない。私たちが直面している政治的問題は、ただ大衆に科学を伝達することで改善できるようなものではない。気候変動に取り組むうえで良いデータとモデルだけが必要だとしたら、1980年代に政治的な反応が見られたはずだろう。私たちの課題はむしろ想像力とイデオロギーの危機と言うべきものだ。つまり、人びとは新しいデータを提示されただけでは、世界観を変化させるわけではないのである。多くの差し迫った兆候にもかかわらず、グローバル・ノースの大半の人びとは今なお次のような考えに慰めを見いだしている。つまり、最悪の帰結——食糧や水不足、政情不安、洪水やその他のいわゆる「自然災害」——は、かなり遠く彼方にあるものだし、だいぶ先のことだから、自分たちはそうした経験をするまで生きていることはないだろう、と。

倫理的に正当化することはできないが、このような反応は理解できる。というのも、気候変動の否定的影響はシンクロしない二つのリズムで響いてくるからだ。[12] 一方には、海面の上昇と食糧価格の上昇というほとんど感知できないバックグラウンド・ノイズがあるが、他方では確率論的な出来事がときおり爆音を鳴らすことでノイズが何度も中断されるのである。私たちが本書を書き始めた2010年には、北半球が記録的な暑夏を経験した。ところが、本書が完成した2017年にはこの記録は塗り替えられてしまい、さらに毎月続けて更新されていった。世界のなかでこのように劇的な変化のあった地域はない。しかし、予期せぬ出来事——ロシアやカナダでの山火事、パキスタンやイングランドでの洪水、オーストラリアやベリーズでのサンゴの白化、各地での種の減少――が起こるやいなや、それらは何であれ次の出来事によって日々洗い流され失われてしまうのだ。こうした大きな出来事は、それ固有の非常事態として甲高い叫びを上げている。しかし、バックグラウンド・ノイズが結局のところ緊急事態の潜在的形態**にすぎない**という理由で、気候変動という真のトーンは今なお正確には聞こえてこない。つまり、ベンヤミンが「真の非常事態」と呼んだものとなっていないのだ。この点については第8章で立ち返ろう。

こうした間にも世界のエネルギー供給においては戦争が続いており、その戦線はますます拡大している。私たちの危機のあらゆる矛盾が一つの地理上の地域に集中している北極圏を考えてみよう。温暖化は北極の氷冠をあまりに急速に減少させたため、2030年までに氷のない航行が可能になると考えられている。[13] このように悲惨なかたちで現れた惑星上の非常事態は、化石燃料の開発を急いで中止するといったことよりも、新しい地政学的闘争を生じさせている。つまり、北方からの資源、とりわけ化石燃料エネルギーの流れをコントロールするために、ロシア、中国、米国、そしてカナダによっておこなわれた闘争である。こうして先進資本主義国家は、当の問題を深刻化させることで自ら生み出した問題に対処しているというわけだ。[14]

こうした傾向に直面すると、落ち着いて将来を熟考することは難しくなる。私たちは危機をただ目の当たりにするだけで、恐怖で麻痺してしまう。マイク・デイヴィスが述べているように、「私たちが目の前にある証拠にもとづいて人類の将来に関する「現実主義的な」見方をとるだけでは、メドゥーサの頭を見るように石になってしまうだけだろう」[15]。私たちはその恐怖に打ち勝つために最善を尽くし、気候変動がもたらす可能性の高い政治的・経済的な未来について考えるために本書を執筆した。こうした私たちの試みは確かに限界があり、当てずっぽうだと言われるかもしれない。だが、それは私たちの危機の大半の原因となる政治的・経済的構成体に根ざしたものである。何よりも私たちは困難な問題を問うことを恐れてはならないのだ。

II

手始めに、二つのとても難しい一連の問題を考えてみよう。第一に、私たちが必要だと考えるグローバルな炭素排出量の大幅な削減を世界で達成しようとするなら、どのようにしてそれは実行されるのだろうか。果たしてどのような政治的な過程あるいは戦略によって、しかもなるべく公正な仕方でそれを達成することができるのだろうか。言い換えれば、私たちは**気候正義**の名のもとに（諸）革命を考えることができるのだろうか。もしできるとすればそれはどのようなものなのか。第二に、炭素排出量が十分に減少することなく（以下でその理由を説明するように、これが私たちにとって最もありうるシナリオだが）、そして地球上で気候変動をもはや無視したり反転させることができないような限界点あるいは転換点に私たちが到達してしまった場合に、どのような政治的・経済的な帰結が待っているのだろうか。どのような過程、戦略、そして社会構成体が生じて優勢となるのだろうか。現代世界を規定している政治的・経済的構成体——資本主義国民国家——は、気候変動というカタストロフを生き延びることができるのか。もしできるとすれば、どのようにして、どのような形態においてなのか。私たちは**惑星レベル**での変化の帰結として、資本主義国民国家がどのように転換するのかについて、理論的に考えることができるのだろうか。

私たちは現在のところ、これらの問題にたいして、あるとしてもわずかな回答しかもちあわせていないと言わざるをえない。私たちの課題は、現在の状況に見合ったポリティクスを展開することだが、そのためには新しいグローバルな気候正義運動に共鳴する私たちが一丸となってこれらの問題への応答を練り上げなければならない。これはもちろん簡単なことではないだろう。首尾一貫した回答は、たんに理論の問題であるばかりか、政治的闘争がどのような形態をとりうるのかという問題である。つまり、社会的・エコロジー的転換にとってどのような見通しと障害があるのかを探り当てる必要があるのだ。

多くの人びとがこれらの問題を考え抜いてきた。気候変動と将来の政治的変化については近年多くの研究が存在する。とりわけ重要な成果が、環境社会学、批判的人文地理学、国際関係論から生み出されてきた。[16] しかし、気候変動が複雑で学際性の高い問題であることを考えると、将来のラディカルな変化について最も刺激的な著作の大半がアカデミアの外部で執筆されてきたことはおそらく驚くべきことではない。例えば、ナオミ・クラインの『これがすべてを変える――資本主義VS.気候変動』は私たちの第一の質問――私たちは**気候正義**の名のもとに（諸）革命を考えることができるのだろうか。もしできるとすればそれはどのようなものなのか――への回答である。彼女は肯定的に、私たちが「抵抗地帯」からグローバルな運動を構築することによって、資本主義と気候正義との闘争における膠着状態を克服できると主張している。

> 抵抗地帯は地図上の特定の場所ではない。露天掘り炭鉱であれ、シェールガスの水圧破砕であれ、オイルサンド石油パイプラインであれ、採掘プロジェクトが事業を行おうとするところではどこでも、複数の国を巻き込んだ衝突が次第に頻度と激しさを増して発生している場所のことである。相互のつながりを強めつつあるこれらの抵抗地帯をひとつに結びつけているのは、採掘・化石燃料企業の飽くなき野望だ。こうした企業が高価格の資源、高リスクの「非在来型」燃料を求めて、地元生態系（とくに水系）への悪影響など少しも考慮せず、無数の新たな土地に遠慮会釈なく踏み込んでいるからである［…］。抵抗地帯

に共通することはもうひとつある。運動の最前線にいる人びと――地元議会に詰めかけたり、首都で抗議デモをしたり、警察の護送車に押し込まれたり、あるいはブルドーザーの下に体を横たえさえする人びとが、従来の典型的な活動家らしくなく、互いに似通ってもいないということだ。かれらはそれぞれの土地の住人らしい容貌の、ごく普通の人たち――地元商店主、大学教員、高校生、孫のいる女性たち――［…］なのだ。リスクの高い極端な採掘への抵抗を通して、環境保護運動ではほとんど経験のない、裾野の広いグローバルな草の根ネットワークが築き上げられている。［…］その最大の原動力は、より深い民主主義――水と大気と土壌という、人間の生存に不可欠な資源の真の支配権をコミュニティに委ねるもの――を追求することにあるからだ。その過程で、地域に根ざしたこうした抵抗が、現実的な環境破壊の犯罪を食い止めようとしているのである。こうした成果とともにトップダウンの環境保護運動の失敗も目にしてきた、気候変動を憂慮する若い世代の多くは、巧妙に立ち回る環境保護団体や国連主導の大がかりなサミットには興味を示さなくなっている。そのかわり、かれらは大挙して抵抗地帯のバリケードにやって来る。[17]

私たちは『これがすべてを変える』のすべてに賛同しているわけではない（私たちは資本主義とその歴史にたいするクラインのアプローチに難があると考えている）が、抵抗地帯からの運動というこのユートピア的ヴィジョンをつよく支持したい。それは、コミュニティと環境の新たな関係の名のもとに、化石燃料と資本主義的政治経済を転覆しようとするものだ。予示的ポリティクスに関するクラインのヴィジョンは、「ブルドーザーの下に体を」横たえさせるという集団的行動によって民主主義を再起動させるものだが、気候正義の革命とは何かという問題について感服すべき鮮やかな回答を与えている。このような理由から、クラインは正当にもインターナショナルな気候正義運動の最前線に立ってきたのだ。

最近の文献にみられるもうひとつの批判的潮流は、将来の社会的・エコロジー的転換に関するより暗いヴィジョンである。クラインとは全く対照的に、哲学者のデール・ジェイミーソンは抵抗地帯によって推進される変革の猶予がすでに過ぎてしまったと論じている。私たちが人新世にたいして倫理的に応答しようとするならば、自分たちが歴史的にどのような場所に立っているのかを受け入れなければならないと彼は主張する。私たちの場所とは、かつては気候科学の洞察によって劇的な政治的・経済的変化を生み出すこともできたが、実際にはそうならなかったという時代の終わりである。

1992年のリオの地球サミットでは史上最大規模で各国首脳の会談が行われ、NGOのオルタナティブ・フォーラムには1万7千人以上が参加した。これは真にグローバルな環境運動の始まりを告げるものだった。［…］リオの夢は北と南の国々が手をとりあって、地球環境を守り、世界の貧困層をすくい上げることだった。約20年間もの闘争のあと、2009年のコペンハーゲンでの国連気候変動枠組条約締約国会議（COP15）において、リオの夢は終わったことが明らかとなった。世界の人びとがグローバルな価値観の転換によって気候変動問題を解決するという希望はついえたのである。私が理解したいことは、この間に何が起こり今日に至っているのかということだ。これを理解することが、未来を生き延びるための鍵である。[18]

ジェイミーソンの議論の力点は、その断固としたリアリズムにある。意味のある緩和（災害を回避しうる排出量削減）が今なお可能かどうかという議論をかれは括弧に入れている。つまり、その議論のかわりに彼は私たちがなぜ失敗してきたのかを説明しようとするのだ。彼の説明の中心には次のような重要な要素がある。すなわち、政治的・経済的政策にたいして気候科学の複雑性を伝達することが困難であること、米国において問題への注目が欠落していること、歴代の米国政府当局を国際協定にコミットさせることができなかったこと、等々である。しかし彼の説明には私たちが重要と考えるいくつかの観点が欠落している。というのも、資本主義あるいは資本主義と自然の関係がまったく分析されていないからだ。彼は、主要な論点において「イデオロギー」概念に依拠してはいるが、気候政治におけるイデオロギーの内容についてほとんど分析していない。そして、彼が歴史を詳細に扱った章は、用語についてはおおむね説得力があるとはいえ、気候科学の発展にともなって19世紀後半から物語を始めることの正当性はほとんど見いだされない。[19] たとえ人類が19世紀後半にようやく気候変動を**理解し**はじめたとしても、私たちはそれをもっと前から**引きおこし**てきたのだ。私たちの気候政治の状況がどのような哲学的ルーツをもっているかを理解するためには、もっと深く掘りさげることが必要である。

ロイ・スクラントンの『人新世での死に方を学ぶ』(未邦訳)もまた、気候変動への取り組みがなぜ失敗してきたのかを歴史的に説明している。これはまた、「西洋的文明化」の起源にまでさかのぼるナラティブであるが、この「文明」が滅びる運命にあると信じる人びとにとって鮮烈なマニフェストとなっている。

> 私たちは手に負えない地球温暖化を予防することに失敗してきた。[…]私たちが知っているグローバルな資本主義文明はすでに終わった。[…]もし私たちが根本的な真理として人類の限界と儚さを受け入れ、私たちの集団的文化遺産の多様性と豊かさを育むよう努力するならば、人類は人新世という新たな世界を生き延びそれに適応できるだろう。個人

として死に方を学ぶことは、私たちの素質や恐怖を手放すということだ。文明としての死に方を学ぶということは、この特定の生き方やそのアイデンティティ、自由、成功、そして進歩という考え方を手放すことにほかならない。[20]

世界のあらゆる課題に直面すると、確かに私たちは生き方全体を「手放す」衝動も認めることができるかもしれない。しかし、私たちに「死に方を学ぶよう」求めるスクラントンは何ら政治的方向性を提示しておらず、それはただの厭世にすぎない。各地で左派がともに生きる方法を刷新しなければならない時代に、私たちは死の受容を私たちの願いとすることはできない。私たちもまた気候変動がリベラル資本主義の課題をより困難なものにするだろうと考えているが、一方でスクラントンは「だれも本当の答えをもっていないし」、「問題は**私たち**である」[21]と述べる点で誤っている。将来の危機は「手に負えない」ものではなく、すでにここに存在しており、リベラル資本主義によって（かなり悪い仕方だとしても）すでに対処されているのだ。じじつ、まさにこの危機の「対処可能性」こそが私たちが直面する問題の一部をなしている。この危機に取り組むために、私たちは死に方を学ぶ必要などなく、むしろ生きて考え、反抗しなければならないのだ。さらに、あたかもこのカタストロフが人間本性に組み込まれているかのように、抽象的な「私たち」が問題となっているわけではない。問題の大半は「私たち」のうち、特に少数者に関係するものであり、この少数者の「文明」がどのようにして惑星全体の運命を規定してきたかということなのだ。「文明」が死んだという考えを受け入れるよりも、真に文明化したものを創造するために私たちは闘争する必要がある。

これらすべての著作——そしてここで言及できないほど膨大な文献——の核心には、歴史と自然に関する議論がある。つまり、私たちはどのように歴史を研究し、その教訓を学ぶべきなのかというものだ。惑星上の危機を克服するという希望をもつために、私たちはこの危機を理解しておく必要がある。そして、この努力は自覚的に歴史主義的でなければならない。つまり、危機を歴史的瞬間として分析し、危機の形成要因をできる限り理解する必要があるのだ。歴史的解釈につきまとうポリティクスは自然や人間、そして人間以外の存在という問題によってさらに複雑になる。人間の生活は何を求めることができ、また何を求めるべきなのか。気候変動の物語を伝えようとする際に、私たちはどこまでさかのぼるべきなのか。クラインのように、多くの人びとはこの危機を、気候変動への取り組みが失敗した1970年代にもとめている。ジェイミーソンは気候変動の科学に焦点をあて、資本主義の中心国におけるエリート政策立案者と科学との対決を論じているが、彼はその際に19世紀後半までさかのぼっている。いわゆる「エコマルクス主義」の文献は、私たちの歴史的軌道についてより深い認識を提供してくれる。その教訓のひとつは、18世紀イングランドにおいて自然史が決定的な転換を経験したということだ。つまり、都市と農村のあいだ、そして社会（大衆）と自然（地球のマテリアル・フロー）のあいだで物質代謝の亀裂が生じたのである。[22] 最も豊かな著作のいくつかは、こうした過程の政治的側面を検討し、地球の自然史における出来事として、近代の資本主義国民国家システムが勃興してきたと論じている。エコマルクス主義は、惑星上の危機に関する批判的な自然史、つまり将来の政治的帰結を理論化する試みを枠付けてくれるものだ。

確かに、私たちもマルクスの資本主義分析が根本的なものであり、エコマルクス主義が重要な貢献を果たしていると考えている。しかしこれらの著作もまた、私たちのプロジェクトにとっては限界があると言わざるを得ない。それらはしばしば、政治的分析の基礎として、資本主義の成長傾向にたいする「自然的限界」の不可避性を仮定しているにすぎない。すなわち、いわば資本の「第二の矛盾」（生産力と生産関係のあいだの矛盾が「第一」）という仮定である。しかし、気候変動は、政治的問題として固有の複雑な性質——私たちの将来を診断する科学の中心性、原因と結果の空間的不均等、今日取り組まざるをえない「明日」という逆説的時間など——をもっており、マルクスの資本主義批判だけに依拠した分析では説明も克服もできないだろう。じじつ、資本主義を批判する人びとさえも、資本主義に固有のダイナミズムと耐久性を認めざるをえない。つまり、資本主義は、「不可避」だとされた一連の危機を、しばしば言われるように内在的なデッドラインを、はるかに先送りしてきたのだ。私たちの知るところでは、どのエコマルクス主義者も気候変動の将来の政治的帰結について理論化してこなかった。じじつ、いくつかの著作では、資本主義が超克されなければならないと主張するだけで、政治的なものに関する厄介な問題がほとんど全部回避されてしまっているのだ。しかし、資本主義が克服されない場合には一体どうなるというのだろうか。

III

私たちの理論枠組みを基礎付けるために、議論の土台となる四つの中心的命題を確認しておくことが有益だろう。

1．気候変動それ自体の議論を正当化するような根拠は存在しない。気候が変動しているのは、私たちの大気圏の化学的組成が人為的に変更させられたからである。この変動に関する私たちの知識は、科学的研究によるものだが、私たちの将来を理解するうえで重要であり、引き続き科学的分析が支援されるべきだろう。それと同時に、私たちは科学について、あまりにも多くのことを政治的に期待しすぎてはならない。[23]

2．急速な気候変動は確かに悲惨でしばしば致命的な帰結をもたらすにちがいないが、それはとりわけ相対的に弱い立場にあって周縁化された存在（人間と人間以外の両方）にたいしてである。それゆえ、政治的あるいは倫理的分析が最も急を要する課題となる。[24]

先ほど引用した著者たちはみな、これらの二つの点には同意するだろう。重要な違いは以下の2点にある。

3．気候変動について決断がなされた（そして今後なされる）際の政治的・エコロジー的条件は、根本的に不確実性と恐怖によって特徴づけられる。つまり、気候に関する真の**決断**など存在せず、あるのはただ反応だけである。人類には劇的に炭素を緩和し、気候変動を遅らせるための時間が残されているかもしれないし、そうではないかもしれない。しかし、世界の気候システムの複雑性を考えるならば、私たちはこのことを後からしか知ることができない。私たちは、急速な気候変動が抑制できなくなる時期がまだ訪れてはいないと想定している。しかし、以下で詳述するように、私たちがこの運命を回避できないだろうと考えるのには大きな政治的・経済的理由がある。言い換えれば、私たちはジェイミーソンやスクラントン——その他、アリッサ・バッティストーニやアンドレアス・マルムのような人びと――に同意する。つまり、今こそ急速に温暖化する世界を予想する（それに対抗しさえする）分析が必要なのだ。[25]

4．世界の資本主義国民国家を支配しているトランスナショナルなエリート集団は、確かに気候変動を和らげ、それに適応しようとしている。少なくとも、かれらの特権を生み出す条件を安定化させる限りでのことだが。しかし、現在に至るまで、かれらは対応策をうまく調整することができなかった。[26] こうして気候変動は、かれらのヘゲモニー、蓄積過程そして統治様式に直接的・間接的な課題を設定することになった。このことを考慮すると、私たちはエリートが、不確実性と懐疑の航路を航行するあいだにも、自分たちの対応策をますます調整しようとするだろうと予想せずにはいられない。

「ますます大きくなる環境的・社会経済的動乱によってエリート層はより熱狂的にその他の人類にたいして壁を築こうとするだけかもしれない」[27] というマイク・デイヴィスの主張が正しかろうとそうでなかろうと、私たちはそのような権力がどのように行使されうるかを考察する必要がある。そして私たちは、これらの可能性について、ますますありふれたものとなっている「崩壊」の物語をこえて思考しなければならない。[28] ときには正当化されるように思われるとしても、世界の破滅を予想して、その恐怖だけが非常口を見つける手助けになるなどと期待するだけでは不十分である。どのような政治的力が崩壊の可能性を生み出すかを分析し、さらにどのように政治的力が転換されうるのかを見定める必要がある。というのも、そのことによってのみ、将来の「力関係[29]」の理解が可能となるからだ。これらの力関係は一定の諸形態をとりうるだろう。私たちが効果的にエリートの対応策に対抗しようとするのであれば、これらの可能性を検討することが急務である。

こうした目的のために、本書は理論的な資料、社会階級的土台、諸矛盾などを考慮することで、政治的可能性の範囲を理解するための枠組みを練り上げた。私たちの狙いは、**偶然性**の産物にほかならない**必然的な**状況に直面して、いかに世界が運動しているのかを把握することにある。この「必然性」は歴史的発展の神聖不可侵な法則とは全く関係のないものだ。それは決して「不可避性」と言い換えられるようなものでもない。むしろ、それは完全にヘーゲル的な意味での「必然性」であり、私たちの状況を他ではなくそうさせているような条件、ダイナミクス、性質そして力を表現するようなものだ。惑星的主権の内在的論理は、それが自己実現しているかどうかは別にして、すでに作用しており、すでに私たちの世界を形作っている[30]。私たちが生きている不安定な世界の必然性は、自然本性が作りだしたものではなく、ニコス・プーランザスが「現時点」と呼んだものの決定的特徴にある。私たちは惑星の状態、権力作用の仕方、私たちの政治的チャンスなどについて議論しなければならない。しかし私たちはまた、暫定的で部分的なものになろうとも、こうした結論を私たちが行動する際の「必要」条件として受け止めなければならない。そのことによって、どのような将来が到来するのかを予想する必要があるのだ[31]。方法論的に言えば、私たちは目的論ではなく状況的分析によって、既存の社会的力がどのように配列され、今後どのように展開していくのかを記述するつもりである。このような分析にはそもそも限界があるが、私たちが別の政治的・エコロジー的編成を求めようとするならば必要となるものだ[32]。

このプロジェクトを実行するために、私たちは二つの大きな哲学的伝統にコミットする。第一に、私たちは主としてマルクス、グラムシ、プーランザスに由来するポリティカル・エコノミー批判を拡張することで、惑星レベルの気候変動という課題に資本主義社会(とその国家)がどのように反応するかを検討したい。この目的のために、私たちは資本を社会的・自然的生活を組織する形態として簡潔に説明し、この形態がブルジョワ的想像力における「適応」概念をどのように形成しているかを検討する。これは決して資本主義社会が気候変動に適応できないなどと論じるためではない――じじつ資本主義社会はすでに適応しつつあるのだ。むしろ私たちが論じたいことは、資本主義的社会関係を守ろうとする衝動が世界を「気候リヴァイアサン」へと向かわせ、資本主義のエリートたちが惑星上の危機において自らの地位を安定化させるべく適応プロジェクトを開始するということだ。私たちの仮定では、このシナリオは主権の特徴と形態が転換することを意味している。つまり、地球上の生命を守るという名のもとに例外状態が宣言され、こうした例外状態によって定義される**惑星的主権**が新たに立ち現れるというわけだ。私たちが言いたいのは、単一の人格によるいわば君主的な統治によって主権が特徴づけられることになるといったことではない。むしろ私たちは、ホッブズ自身、あるいはシュミットさえ少なくとも1932年以降認識していたとされるように、ほぼ確実に惑星的主権が、「地球を救う」ために調整された一連の権力によって行使され、地球上の生命のためにどのような措置が必要で、何と誰が犠牲にされなければならないかを決定することになると考えている。

これらの概念を練り上げるためには、ホッブズ以降の主権理論にたいして部分的にでも批判的に取り組む必要がある。私たちにとっての導きの糸は、ラディカルに資本主義**ならびに**主権を検討できる理論こそが今日の私たちを方向づけるような希望をもたらすだろうという確信だ。私たちが革命的な気候正義を実践できるようになるためには、どのような存在やポリティクス、そして世界のために闘うのかに関する、より強力な概念が求められている。[33] 気候正義のための闘いには、誤った解決策への批判が必要だが、それ以上のことも求められるのだ。それゆえ、私たちは結論において、変革に向けた自分たちの予測を提示しようと考えている。本書での私たちの使命は、以下のような確信から来るものだ。すなわち、資本主義を超越すると同時に新たな気候リヴァイアサンと惑星的主権を打破した世界においてのみ、気候変動への公正な対応が想像されうるというものである。第7章で私たちは革命的な政治戦略、つまりエリートの反応を阻止しうる手段について考えるが、それがどのような形態をとりうるかはまだ分からないし、規定することもできないので「気候X」と呼んでいる。それでは、気候Xが私たちの結末であるのに、なぜ本書のタイトルは気候リヴァイアサンなのだろうか。

Ⅳ

ホッブズの『リヴァイアサン』は巨大な広がりをもつ、しばしば謎めいた作品であるが、主権と法律の性質からイングランドと内在的な神の国にいたるまでのすべてを説明したものである。ホッブズの議論はなおも激論の対象となっている。『リヴァイアサン』では、自然状態のカオスに対抗するための唯一の保証として絶対主義が擁護されていると主張する者もいれば、ブルジョワ自由主義という所有を基礎とする社会秩序、ましてや「ラディカル・デモクラシー」[34]が見いだされると考える者もいる。また、『リヴァイアサン』を「権力にもとづく共同体に内在する不安定性の、哲学的相関物[35]」にすぎないと考える者さえいる。

1651年に刊行された『リヴァイアサン』は、ホッブズの時代のイングランドという激動の政治的状況を反映している。議会とチャールズ一世の対立は何年にもわたって生じてきたものであり、王は11年（1629―1640年）ものあいだ議会を解散しつづけた。1640年の議会招集はすぐさまさらなる闘争を呼び起こし、1642年には内戦が勃発した。ホッブズは当時パリで自発的な亡命状態にあったが、それは自著が王党派支持のものとして普及していたため、報復の対象となることを恐れて1640年に渡仏していたからであった。こうして『リヴァイアサン』は最終的に9年にわたる内戦の末期に出版されたが、その内戦によって（ホッブズが予想したように）議会派「清教徒」は大勝利を得ることになり、終戦のわずか2年前にはチャールズ一世の首を落としたのであった。しかし、ホッブズも予測したことだったが、この勝利は政治的不安定性を終結させるものではなかった。1653年には議会が再び解散され、オリバー・クロムウェルがイングランド全土にたいする独裁的な「護民官」の地位を掌握した。しかし、これは5年間しか続かず、クロムウェル死後の混乱を経て、1660年に王党派がチャールズ二世の王政復古を成し遂げたのであった。

以上のことから分かるように、ホッブズが1640年代後半と1650年代前半にパリで執筆した際、彼の世界はとりわけ不確実なもので、暴力と変動性に満ち溢れていた。当時の見通しは悲惨なものであったし、新しい持続的な社会秩序の登場を期待する根拠などほとんどなかった。『リヴァイアサン』は、このようにほとんど理解できないような状況に対するホッブズの応答である。そこで彼は、ヘーゲルが1世紀半後に「思弁的」と呼んだ説明方法をとったのである。いわゆる「コモンウェルス」の章で、ホッブズは世界の根本的な政治的・社会的構造を記述し正当化したが、それは(彼自身の世界と違って)彼の状況下の課題にうまく対処した、言い換えれば内戦に陥ることなく政情不安を抑制しえた世界であった。彼の分析は、(彼自身の世界と同様に)まだその課題を解決できていない世界を判断するためのものであったが、その意味において思弁的なものである。おそらくホッブズは思弁を受け入れざるをえなかったのだ。というのも、まだ存在しないものを理論化することが自分の世界を理解するための唯一の方法であり、そうすることで今後の世界について希望を捨てずにすむことになるからだ[36]。

それゆえ、私たちは『リヴァイアサン』をユートピア的である——ホッブズのヴィジョンが私たち自身のユートピアとどれほど異なっていようとも——とか、目的論的である——つまり、不可避の終着点を想定している——として退けるべきではない。これらはヘーゲルやマルクスにたいしてもよく見られる批判であるが、すべてのケースにおいて根拠のないものである。ホッブズの希望は、私たちが今ではプロト資本主義的な市場社会と考えているものに基礎づけられているが、それは今日ほとんどの人びとが支持しないような絶対主義の前近代的形態によって統治される社会である[37]。カントの『永遠平和のために』、ヘーゲルの『法の哲学』、そしてマルクスの『資本論[38]』——その他の思弁的著作——と同様に、『リヴァイアサン』は、既存の条件を理解するために、その基礎にある傾向や方向性を示そうとしたものである。さらにその分析は、新たな秩序の生成を手助けすることによって、何が生じつつあるのかを説明しようとしたものであった。こうした試みにおいては、「失望することなく、しかも虚栄をはることなく[39]」状況を検討することが必要なのだ。

ホッブズ自身は17世紀のキリスト教徒であった。つまり、彼は神の国における歴史の最終目的を疑うことはなかった。しかし、自然史がその軌道をたどるわけでも、約束をすることもないと彼は十分に気付いていた。世俗の事柄がそれ自体うまくいくことがなく、ひどく間違った方向に進みうることをよく知っていたのだ。このことは、「自然状態」において人間生活が「つらく残忍でみじかい[40]」と語る人物からすれば、十分に明らかなことであった。そういうわけで、ホッブズは生成するかもしれない力とまだ不在の世界について思弁せざるを得ないと感じていたのだ。じじつマルクスも同様に闘っていた。彼とエンゲルスが『共産党宣言』の最初の頁で論じているように、「抑圧者と被抑圧者」のあいだの歴史的な敵対的過程においては革命的な社会的転換が保証されているわけではない。そうではなく、革命は二つの起こりうる結果のうちの一つにすぎず、もう一つが「闘争しあっている両階級がともに没落すること」である。マルクスとエンゲルスにとって、まさにリヴァイアサンのコモンウェルスと同様に、プロレタリア革命は「思弁」の対象なのであり、それは自己実現していくような理論だったのだ。

本書では、ホッブズとマルクスに依拠する仕方で思弁的方法を取り上げたいと考えている。私たちははっきり言えば、「万人に対する万人の闘争」という文字通りの意味ではホッブズ主義者ではない。むしろ私たちは、未だ確立していないが**潜在的には**存在している権力あるいは政府の一形態を理解しようとしたホッブズにしたがうという理由で、私たちの将来における権力形態を「気候リヴァイアサン」と呼ぶのである。ホッブズと同様に、私たちはたとえ気候リヴァイアサンがまだ実現されていないとしても、それを作りあげようとする権力が集まりつつあると考えている。その出現可能性がすでに将来の期待を組織化している限りにおいて、気候リヴァイアサンは消えることなく現実を形成しているのだ。しかし、ホッブズと異なり、私たちはこのリヴァイアサンという見通しを望んでいるわけではない。それゆえ私たちはまた、生成しつつあるがまだ実現されてはいないグローバルな運動を理解し、その実現、つまりグローバルな気候正義革命に向けたわずかな道を切り拓こうと試みる。マルクスはプロレタリアートを資本の墓掘り人と特徴づけたが、私たちは、何らかの特定の社会集団あるいは階級を革命的主体**そのもの**（あるいは「反リヴァイアサン」）として特定するつもりはない。[41] 権力の多様な種類と形態が現在の状況を構成しているのであり、私たちは立ちはだかるものに対峙するための基礎を特定したいのである。つまり、それは惑星的ガバナンスの資本主義的様式であり、地球上の生命のために行動すべく主権的権威を我が物にしようとする不安定な気候リヴァイアサンである。現在では、いまだ生成したばかりの権力に対抗するために、いまだ形成過程にある運動の理論が求められている。両者の幽霊がすでに姿を現しつつあるのだ。

　私たちはこうした思弁的要求と、それに応えようとする試みを典型的に政治的なものと考えている。このことは不要な留保のように思われるかもしれない。というのも、潜在的な気候リヴァイアサンとグローバルな気候正義運動について語るのであれば、それが政治的なものであると言う必要などほぼないからだ。たしかに、支配者と被支配者との関係が構築される社会的なアリーナとして「政治的なもの」を定義するならば、ある形態の思弁は、楽園と現状とのギャップを省略する（ユートピア主義）か、歴史はそれ自体の論理にしたがって私たちを連れて行くことになると示唆する（目的論）限りにおいて、そもそも脱政治的なものであるだろう。[42]じじつ、こうした根拠によって、多くの人びとがマルクスを絶望したユートピア主義者として、ヘーゲルをプロイセンの王政復古の哲学者として退ける。どちらの非難も全くの誤りであり、思弁的な政治思想の歴史は――少なくとも私たちが依拠する、ホッブズからカント、ヘーゲル、そしてマルクスに至る潮流――単にユートピア的とも反動的とも見なすことができないものだ。

V

こうして私たちは、シュミットの政治思想とその影響力のあるホッブズ読解を再検討する必要に迫られる。シュミットは、政治的なものを、特定の行為領域（例えば立法あるいは司法）によってではなく、純粋な主権的決断（つねに現実的あるいは潜在的な暴力の文脈において行使される）という領域や、友と敵の特定として定義した。友／敵という区別の規定は不可逆的に存在するものであり、究極的には主権者の戦略的自己利益によってのみ制約されている。主権者だけに求められる義務――つまり、それは臣民の保護であり、これこそが決断の存在を保証するのだが――を除けば、倫理的あるいは法的な枠組みは、その決断を阻害したり、いったんなされた決断に異議を申し立てることもできない。この意味で、主権者の行為は文化、義務、伝統、名誉そして歴史といった足かせから解放されている。その唯一の根拠は、非業の死という取り返しのつかない可能性にある。つまり、それは対内的なものであれ対外的なものであれ、戦争のことである。それゆえ、主権的決断という政治的なものは、敵の特定と敵との対決という不可避の行為を意味するのであって、その唯一の法律は何ら法律がないということだ。それは、カントが緊急権と呼んだものの主権的なヴァリエーション、つまり必然性という法律であり、（カント自身が述べたように）必然性は法律をもたないのである。[43] これはシュミットが合法性にたいして正当性を特権化する理由である。なぜなら、法律は正当な主権的権力の源泉ではなく、その産物にすぎないからだ。ホッブズが述べているように、真理ではなく権威あるいは権力が法律をつくりだすのである。[44]

こうして主権は、そもそも逆説的なことだが、文脈的でありながら非偶発的なものであり、特殊歴史的だが外観上歴史貫通的なものである。それは、本来無条件に行使されるものであり、それ自身のうちにのみ根拠をもつ。ホッブズやシュミットはヨーロッパ近代の歴史を型通りに素描しているが、それによれば、主権者としての国家（人間と自然の区別にもとづく必然的な友／敵の区別によって生み出された状態）は、次のような政治的劇場を作動させる。すなわち、それは、主権的権力や国内秩序、つまり市民社会において私的自由（貨幣によって媒介され、所有によって保証される）が繁栄する前提条件をつうじて、一般的利害を促進するとされる。このような絶対主義国家、つまり政治的なものの全体的支配によってブルジョワ市民社会を保護することは近代化への重要なステップである。こうして私たちが今日「市民社会」と呼ぶものが生成してきたとされる。というのも、国家は、宗教を含む私的な倫理観を政治的領域から追放したからである。政治的領域においては、正義ではなく権力にもとづいて決断がなされる。生か死かというわけだ。シュミットにとって、政治が真に政治的なものになるのは、国家行為者**としての**政治的社会が主権者の利害を促進する場合のみである。しかも、ここでの主権者は、

（安全や保護と引き換えに）喜んで自らの服従を差しだす市民社会によっては制約されないのだ。

シュミットの弟子であるラインハルト・コゼレックは、ヘーゲルにならって歴史学の領域で以上のような議論を展開した。彼によれば、政治に関する概念と実践によってもたらされた原動力は、主権の破滅にその萌芽があった。[45] この原動力は、市民社会が相対的に自由に発展しつつ絶対主義が可能となる安定的な秩序を土台にして、それに見合う形で政治的生活の「非政治的で」道徳的な概念を育んだ。この概念は、現実世界の政治的制約という厄介な語用論を無視して、抽象的で「非現実的な」基準から主権を判断するものであった。コゼレックが論じているように、絶対主義国家を単に思弁的な根拠にもとづいて攻撃することは、国家理性という強固で決断的かつ暴力的な領域の正統性を掘り崩すことになった。なお、この国家理性においては倫理がつねに政治に従属しており、あるいはもっと正確に言えば、「国家を基礎づける必要性が、善と悪との道徳的な二者択一を平和と戦争の政治的な二者択一に変える」[46] ので、倫理と政治の差異が「主題的に無意味」となっている。国家の保護によって服従が確保されることでますます自律的になっていく私的領域は、啓蒙と「批判」を育み、最終的にはこの私的領域を可能とした国家秩序そのものを危機に陥れたというわけだ。「非政治的な役割を果たすよう運命づけられていた市民は、ユートピアのうちに避難所を見いだした。ユートピアが彼に自信と力をもたらした。ユートピアはまさに間接的に政治的な力であったが、その名のもとに絶対主義国家は覆されたのである」[47]。

その結果、主権という観点から見ると、思弁は非政治的なものというよりも反政治的な政治を意味しており、したがって、思弁では政治的なものの本質を把握できないとされた。思弁は、抽象的な原理を基礎として具体的な状況を拒否するという理由で脅威となる。コゼレックによれば、リベラルあるいはラディカルな歴史——ルソーやカント、そしてマルクスのような人物に体現され、革命と民主主義に至るような歴史——が、民衆の政治的生活において批判が強化されたと主張するのとは対照的に、絶対主義の革命的終結と公的領域の繁栄は、しばしばルソーと関連づけられてきたものだが、解放的なものでは**なかった**。逆にそれらは、政治的なものを定義する主権者の存在的優位性を拒絶することで、ナチズムやスターリニズムを含む、あらゆる形態の思弁的な政治的不安定性とイデオロギー的な熱狂への歴史の扉を開くことになった。こうして、コゼレックを含む何人かの保守的な社会思想家は、ナチズムに啓蒙の危険な極地をみたアドルノやホルクハイマーといったマルクス主義者たちに予期せぬ同調者を見いだした。この発見は偶然的なものではなく、ポピュリズムに対するエリートによる軽蔑の産物でもなかった（たとえアドルノとコゼレックがそうした軽蔑を共有していたとしても）。悪とそのデマゴーグの究極的な源泉は、私的道徳と「イデオロギー」のウイルスが政治に代わって普及したことにあると考えられたのだった。このことは、少なくともヨーロッパと北アメリカといったリベラル資本主義の中心部において、特にエリートたちのあいだで（それ以外でも）ホッブズ的常識が根強く浸透していたことを反映している。

20世紀において、労働者、反植民地、公民権そしてフェミニズム運動その他の不断の闘争によって政治的領域が再構築されたにもかかわらず、こうした根本的に絶対主義的な政治概念は、支配的でないにしてもいまだに強力である。ホッブズのリヴァイアサンは、実際に主権的権力とは何なのか、あるいはいざという時にどのようにして現実に主権が機能するのかを考える際に幅広く想定されている。つまり、リヴァイアサンだけがまさに**政治的な**政治を反映しているというわけだ。何らかのオルタナティブを提起あるいは構築する試みは、どれほどそれが説得力のあるものであったとしても、歴史の「自然な」軌道を修正するために提案されている限りにおいて、多かれ少なかれ空想的なものと見なされている。例えば、ラディカル・デモクラシーやコミュニズムに対する批判は、左派の政治が倫理的に正当化できないといったことではない。そうではなく、左派は根本的にナイーブでユートピア的で非現実的である云々といった批判なのである。こうした暗黙の絶対主義は多くの人びとにとって説得力のあるものとなっている。それは、シュミットやコゼレックをへて、いわゆる国際関係論の「リアリスト」に至るまで、右派ホッブズ主義の系譜をなしている。このようにして、例えばシュミットが、ホッブズの議論が機能しないと見るや（このことはあながち不当なことではないが）、ヘーゲル――毎年

7月14日にバスチーユ陥落に祝杯をあげていた――を受け入れてリヴァイアサンを弁護するのである。これは逆説的なことのように思われる。というのも、主権的例外の擁護者であるシュミットは、自身が自由主義の「中立化と脱政治化」から真の自由を救出する者であると称するからである。[48]

しかし、絶対主義の背景には反動的な理論的伝統だけが存在するわけではない（シュミットは彼自身の系譜をボダン、ド・メーストル、ボナールそしてドノソ・コルテスに見いだしている）。[49]私たちは、アーレントが「全体主義の起原」をおそらく常識的に評価したことに、はっきりとした例証を見いだすことができる。第一次世界大戦の地政学的副産物を彼女は次のように考えている。

「多民族の混合地帯」〔中央ヨーロッパ〕において未解放民族たちのあいだに残っていた最後の連帯は、中央集権的官僚制が拡散する憎悪と対立する民族的主張の集中的対象となることで相互衝突を回避していたにもかかわらず、その官僚制の消滅とともに蒸発した。今や誰もが他の誰にたいしても、そしてとりわけ身近な隣人にたいしても敵対するようになった。[50]

アーレントは予見的に、この条件——彼女はそれを「無国籍の人びと」の「国籍剥奪」と特徴づけた——が「全体主義的政治の強力な武器」になったと考えていたが、それはオーストリア・ハンガリー帝国の解体とツァーリ体制の崩壊がもたらした「権力の空白」において強化された武器であった。[51] アーレントの分析はホッブズを異なるかたちで(「今や誰もが他の誰にたいしても敵対している」)繰り返しているが、私たちは、政治的反応を予見するのであれば、何億人もの気候難民が、気候難民としてではなく、単に国籍を剥奪された無国籍の人びととして、おそらくただの「自然災害」の犠牲者として認識されるような世界を予想すべきだろう。リヴァイアサンを抑制する制度と社会関係を無事に構築できたとしても、私たちは暗黙のうちにリヴァイアサンが不可避なものであると仮定している。そして、このような不可避性が論駁できないように思われるのは、何らかの形態でリヴァイアサンがいつも回帰してくるからである。つまり、非常事態、例外状態、危機、「今や誰もが他の誰にたいしても敵対している」といったものは、政治的な羅針盤を磁北へと、すなわちリヴァイアサンへと引き寄せる力のことなのだ。それゆえ、シュミットの政治的なものについての概念(「主権者は決断する者である」)は、プロト・ファシズムあるいはノスタルジックな君主制論を声高に主張したものと見なすことはできない。残念ながら、シュミットはまさにホッブズと非常に類似のもの(真理ではなく権威が法律をつくる)に気づいていたのだ。例外状態を決断する——何が危機で何がそうでないかを決定する――行為は、その国民的・民衆的で民主主義的な形態においてさえ、近代を主権的に裏付けするものである。[52] そう、リヴァイアサンは決して死んでいるわけではなく、ただ冬眠しているだけなのだ。

VI

私たちの現在の状況が、特に不安定で恐ろしく黙示録のようにさえ思えるのであれば、このような感情が広まったのは歴史上初めてのことではないのだと思い返すとよい(そうすると少し勇気づけられる)。じじつ、アーレントが「破滅の可能性の自覚」と呼んだものは、とても一般的なものであり、それ自体歴史をもっている。[53]

現代の悲劇は、その規模において未知で十戒では予想できない犯罪の発生によって初めて、今世紀初頭から群衆(モブ)が理解してきた事柄を私たちが認識したことにあった。つまり、政府のあれこれの形態がたんに時代遅れになったとか、ある価値観や伝統が再考されなければならないといったことではなく、私たちが比較的途切れることのない伝統的潮流のなかで知っていた約3000年にわたる西洋文明全体が崩壊したこと、その暗黙の信念、伝統、そして判断基準などを含めて西洋文化の全体構造が私たちの頭上に崩れ落ちてきたことである。［…］確かに、この状況を認めたくないという気持ちほど理解できるものはない。なぜなら、それは次のことを意味しているからである。すなわち、私たちは多くの伝統をもち、以前のどの世代よりもそれをよく知っているにもかかわらず、どの伝統にも頼ることができないということ、そして私たちは経験をたくさんして以前のどの世紀よりも高い解釈力をもっているにもかかわらず、それを一つも使うことができないということである。[54]

アーレントがこの文章を書いたのは1951年であるが、それは総力戦と大恐慌の30年後であり、ホロコーストというジェノサイドと、広島や長崎における完全破壊のあとであった。つまり、あまりにも強力で聖書に書かれているような絶滅技術によって、終結が見いだされた時代である。これらの技術は、それ以降、彼女やその他多くの思想家に立ちはだかることとなった。

『リヴァイアサン』は同じような課題にホッブズが応答したものであり、戦争の時代に生み出されたものであった。コゼレックは次のように述べている。

ホッブズにとってはイングランドで差し迫っていると彼が考えていた内戦を防ぐか、またはそれがひとたび勃発した後はそれを終わらせること以外にいかなる目的もなかった。［…］歴史とは、ホッブズにとっては内戦と国家および国家と内戦との不断の入れ替わりの関係である。人間は人間にとって狼であり、人間は人間にとって神である。[55]

内戦の終結がホッブズを駆り立てた絶望的な希望であったが、彼の貢献を特徴づけるもの——単なるユートピアとは異なった思弁という性質の一つ——は、希望の欠落を彼が認識していたことだった。パルチザンの内戦を回避するという課題が道徳の問題と見なされる限り、その回避は不可能である。ホッブズが仮定したリヴァイアサン、あるいは国家権力としての主権者は、あらゆる当事者の上にそびえ立ち、かれらを統一体に引きずりこむことで、この問題を先送りするのである。つまり、かれらの特殊性を複雑な全体性へと転化し、内戦を終結させ、政治と道徳を融合させることによってである。こうして覇権が勝ちとられるのであり、政治はあらゆる人びとが利害をもつような「公的意識」となるのだ。

内戦と内戦を終わらせるという理性の最高の命令を考慮にいれてはじめて、このホッブズの体系は論理的に完結したものとなる。道徳は支配者に服従することを命ずる。支配者は内戦を終わらせる。したがって、支配者は道徳の最高の命令を遂行するのである。主権者の道徳的資格は、秩序を作り出し維持するという政治的機能のうちに存在している。[56]

それゆえ、ホッブズの論理では、内戦において主権者の道徳的資格は（その再主張によって）更新されるし、（戦争が政治体を破壊しうるので）挑戦されることになる。

気候変動は、いくつかの内戦と同様に、現在の秩序が回答を持っていないような政治的問題を提起している。ホッブズと同様に、私たちが生きている時代は、内在的で覇権的な世界観が新たな種類の主権者、つまり新たな秩序の生成――いまだ実現されていないものだが――を要請し前提としているのだ。[57] 逆説的に思えるかもしれないが、根本的な問題への回答を欠いているにもかかわらず、かなりの期間にわたってエリートがヘゲモニーを維持して統治し、非常に不平等で一見矛盾するような社会的・政治的秩序が存在した例（典型的には暴力的な帰結をともなったものだが）は歴史上多くある。かつて戦間期にグラムシはこう述べていた。「危機は、まさしく、古いものが死に、新しいものが生まれることができないという事実にある。この中間的空白期には、様々な病的現象が現れてくる[58]」。

2

気候リヴァイアサン

人類は今、過去にも未来にも起こりえないような
大規模な地球物理学的実験を行っている。

——**レヴェル・スース、1957年**[1]

国際エネルギー機関は2012年の「世界エネルギー展望」において次のように警告した。

グローバルなエネルギー地図が変化しつつあり、エネルギー市場や貿易にも非常に大きな影響をもたらす可能性がある。それは、米国における石油・ガス生産の復活によって塗り替えられつつある。2020年ころまでに、米国は世界最大の石油産出国になると予想されている。[…] その結果、米国の石油輸入は今後減少し、北アメリカは2030年頃までに純輸出国となると考えられる。[…] 温暖化を2℃上昇に抑え込むという気候目標はより困難になりつつある。[…] 2035年までに許容される二酸化炭素排出量のほぼ5

分の4は、すでに既存の発電所、工場、建物などで占められている。二酸化炭素排出量削減に向けた行動が2017年までにとられない場合、許容される二酸化炭素排出量すべてがその時点で存在するエネルギー・インフラによって占められることになるだろう。[…]世界が2℃の目標を達成するためには、二酸化炭素回収貯留（CCS）技術が広く普及しない限り、2050年までに化石燃料の確認埋蔵量の3分の1以上を消費してはならない。[…]地理的には、北アメリカ、中東、中国、そしてロシアが〔確認埋蔵量の〕3分の2を占めている。こうした知見は、CCSが二酸化炭素排出量を緩和するための重要な選択肢であることを示しているが、その普及速度はなお極めて不確かなものである。[2]

エネルギー生産・消費の地勢図における急速かつ大規模な変動は、現在すでに始まっている。エネルギー安全保障と利潤の還流をもとめて、世界最大のエネルギー消費国のなかには、「より都合のよい」、つまり理想的には自国の供給者に目を向けている国もある。ビッグオイルの視線は、北（北極圏）へと、より深く（沖合へ）、より汚く（タールサンドへ）向けられてきた。中東はいまだ世界の石油備蓄の大半を占めているが、現在のグローバルな石油生産の約3分の1を占めているにすぎない。[3] 他方で、水圧破砕法（フラッキング）は「非慣例的な」炭化水素資源を大量生産できるようにした。「石油ピーク」がしばしば語られてきたにもかかわらず、世界は化石燃料であふれている。大手エネルギー企業にとってより大きな問題となっているのは、供給ではなく需要なのだ。

こうした求心力は、世界の政治地理学を再構成しつつあり、少なくとも二つの重大な展開を特定することができる。第一に、こうした地政学的ゲームの「勝者」は、すでに世界の強国となっているものの、政治的・経済的権力、軍事力、エネルギー資源の集中によってさらに支配力を強める可能性がある。米国と中国は、世界有数のフラッキング産業のうち二つを発展させており、両国が保有するシェールガスは潜在的に巨大な埋蔵量となっている。第二に、こうした転換は実質的な炭素緩和にたいする希望が絶たれることを意味している。フラッキングとそれに関連する抽出プロセスは、サウジアラビアの石油掘削よりもはるかに炭素集約的であり、新たな炭化水素の爆発的増加は温室効果ガスの排出をさらに増加させるだろう。[4] そして、これらの資源の地理的かつ政治・経済的な配分は、富と権力のグローバルな対立を促進し、地政学的な不平等を悪化させ、さらに気候関連の問題でわずかに確保されてきた国際的な交渉と協力さえも不安定化させている。

国際エネルギー機関は緩和がもはや不可能だと述べているわけではなく、確かにいくつかの部門、企業、そして地域は排出量を削減してきた。「グリーン・エネルギー」は多くの場所で拡大してきたのだ。中国やヨーロッパにおいて新たな太陽光パネルが、そして熱帯の河川では多くのダムが建設されるといったように。これらの形態のエネルギーにかかる環境コストはさておき、グローバルな電力需要は急増してきた（そして、その勢いは衰えていない）。今のところグリーン・エネルギーのブームも来ていない（図2−1を参照）[5]。そのうえ炭素排出量は増加しつづけている[6]。国際エネルギー機関は次のように説明している。

非化石エネルギー（原子力、水力、その他の再生可能エネルギーなど）の増加にもかかわらず[…]世界のエネルギー供給に占める化石燃料のシェアは、過去40年間ほとんど変化してこなかった。2014年では化石燃料はグローバル

図2-1　1971年から2014年までの、世界のエネルギー消費量における化石燃料と非化石燃料の割合

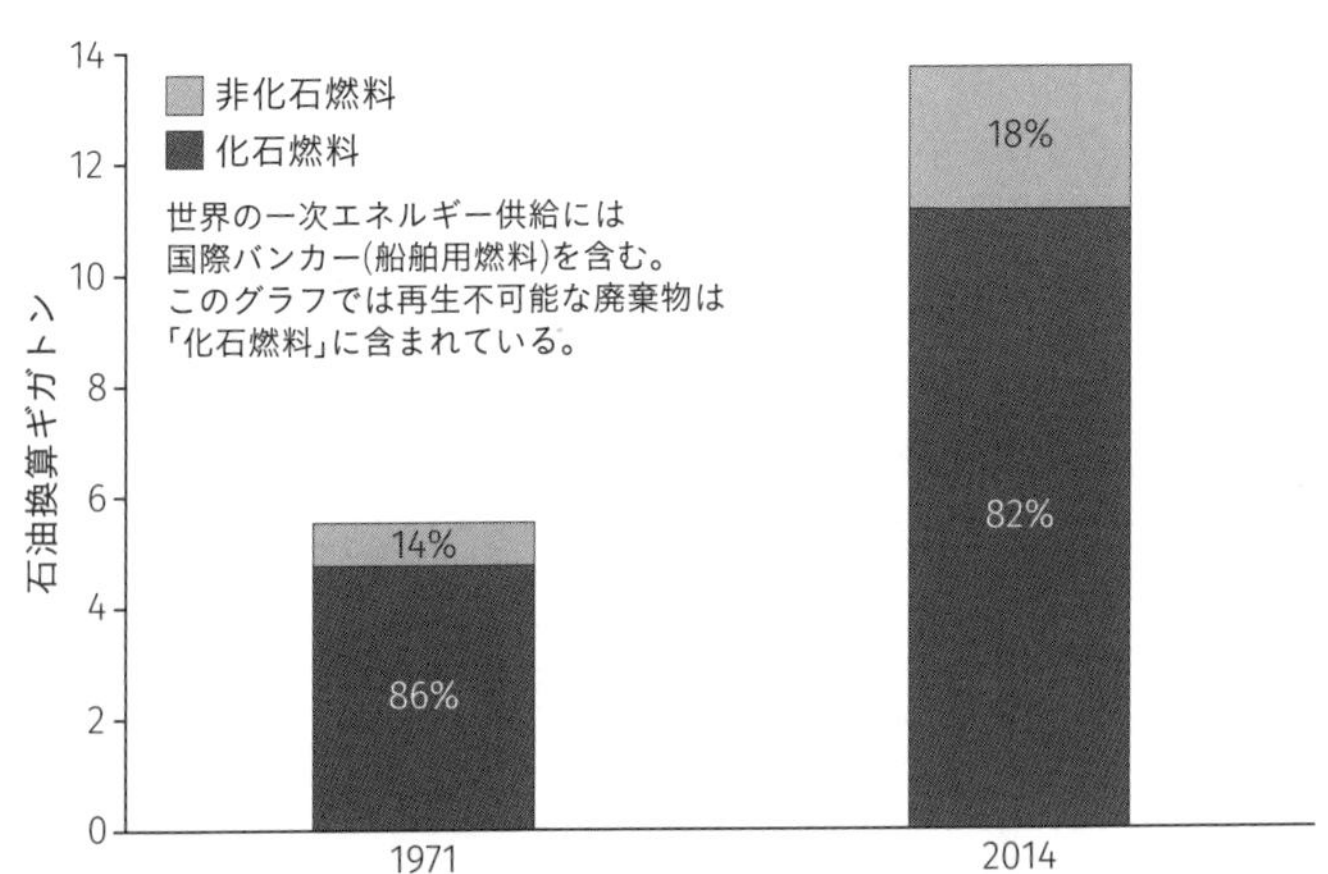

出典：*International Energy Agency, "CO_2 Emissions from Fuel Combustion," 2016, 10.*

な［エネルギー供給］の82％を占めている。[7]

以下で詳述するように、国際的な炭素**緩和**において実質的な進展はほとんどなかった。ラディカルな変化がなければ、世界の大気中の二酸化炭素濃度が400ppm 以下になるのは人新世以降になってしまうだろう。国際エネルギー機関は二酸化炭素回収貯留の必要性を非常に強調しているが、確かにこの機関は、スケジュール上（つまり「2017年以前に」）二酸化炭素排出量を削減するには、克服できない障害があることを認識している。[8]

気候変動を抑制する戦略として、急速かつグローバルに炭素緩和を行うことはもはや不可能となった。少なくとも世界のエリートは、たとえそれを真剣に考えているとしても、この取り組みを放棄したように思われる。2010年に、マイク・デイヴィスは「あり得なくもないシナリオ」を想像したが、それは緩和が「暗黙のうちに放棄され［…］地球のファーストクラスの乗客のための選択的適応にますます投資がなされていくだろう」というものだった。彼の予想は先見的なものだったかもしれない。

ゴールは、将来荒廃した地球上に、緑とゲートに囲まれた永久に豊かなオアシスをつくることであろう。もちろん、条約や炭素クレジット、飢餓救済、人道的曲芸がなおも存在するだろうし、ヨーロッパの都市や小国が代替エネルギーへと全面的に転換することも予想できる。しかし、気候変動への世界的適応は、貧困国や中所得国における都市および農村のインフラに何兆ドルもの投資がなされ、アフリカやアジアから何千万もの人びとが移住を強制されることを前提にしている。これは、所得と権力の再配分においてほとんど神話上の規模におよぶ革命を必然的に要求することになるだろう。[9]

この将来見込まれる悲惨なシナリオは、今日の政治にとってどのような意味をもつだろうか。この問題は次のことに焦点を当てることを意味している。デイヴィスが言及している——そして、グローバルな気候正義運動がそれに対抗して「ほとんど神話上の規模におよぶ革命」を起こすかもしれない——巨大な社会的・エコロジー的転換は、惑星の自然史における危険な転換局面として最も適切に把握することができる。このことが意味しているのは、問題が政治を超越したものであるということでは決してない。逆に、こうした変化のただなかにおいて緊急の問題となるのは、たんに政治**における**転換——例えば、より代表的な手続主義あるいはより予防的な環境政策の立案——のみならず、政治的なもの**の**転換である。公正で住みやすい惑星に求められる政治的転換を私たちがどのように実現するのかを考えるうえで、「神話上の規模におよぶ」革命を達成するためにどのような政治的な手段や戦略、戦術が必要なのかを問うだけでは不十分である。そればかりか、政治的なものの領域に関するどのような概念が、政治的な手段、戦略そして戦術を想像可能とするのかが問われなければならない。政治的なものに関するどのような概念が温暖化規範を正当化し、どのようなオルタナティブが真のオルタナティブの根拠となりうるのだろうか。

II

私たちの想定では、二つの条件が将来の政治的・経済的秩序を根本的に形成することになる。第一は、支配的な経済的構成体が資本主義的であり続けるか否かである。諸資本主義社会には極めて大きな多様性を見いだすことができるが、これらの社会はすべてマルクスが資本の一般的定式と呼んだもの（M-C-M'）によって形作られている[10]（「資本の一般的定式M-C-M'」については第5章を参照）。この資本の循環が拡大し続けるかどうか、つまり価値という形態が社会生活を形成し続けるかどうかが、将来の秩序を規定する根本的要因である。第二の条件は、一貫した惑星的主権が生成するかどうか、つまり主権が惑星のマネジメントという目的のために再構成されるかどうかである。私たちが気候リヴァイアサンと呼ぶものは、次のような主権が存在する限りで存在すると考えられる。すなわち、例外状態を呼び起こし、緊急事態を宣言し、誰が炭素排出を許され誰がそれを禁止されるのかを決断できるような主権である。こうした主権は二重の意味で惑星的でなければならない。つまり、惑星レベルで（というのも、気候変動は大規模な集合行為問題であると理解されているので）かつ惑星のマネジメントの名のもとに、地球上の生命を守るために行動する能力が求められるのだ。それは、聖書に書かれた仕事、つまり「風にその重さを与え、水を秤で量る」[11]ように、地球上のすべてを計算するというほとんど実行不可能な仕事である。

この二つの二項対立は、気候変動にたいする四つのグローバルな政治的対応の可能性を示している。四つの類型は、特殊なブロックのヘゲモニー、つまりヘゲモニーがどのような領有・配分様式において行使されるのかによって規定される。すなわち、資本主義の気候リヴァイアサン、国家中心主義的で反資本主義の気候毛沢東主義、反動的資本主義のビヒモス、反主権の気候Xである（図2-2を見よ）。なお、上の二つの項は資本主義の将来を反映しており、左の列は惑星的主権が確立し構築されるシナリオを表現している。

私たちのテーゼは世界の将来がリヴァイアサン、ビヒモス、毛沢東主義、X、そしてこれらの対立によって規定されるというものだ。だが、あらゆる将来の政治が気候だけに規定されるわけではない。むしろ、気候変動という課題はグローバル秩序にとってあまりに根本的なものなので、気候変動に対する複合的で多様な反応が、これら四つの道のどれかにそって世界を再構築することになると私たちは主張したい。少なくとも、既存の資本主義的なリベラル・デモクラシーのヘゲモニーが続くだろうと単純に想定することはできないのだ。

繰り返し述べてきたように、私たちの目的は世界の将来を分類し、どこに賭けるべきか決断することではない。むしろ、将来の重要な局面がこれらの幅広い軌道においてどのような意味をもつのかを理解することで、偶然性の産物でしかない必然的状況に直面して世界がどのように動いているかを把握する必要があるのだ（というのも、歴史の経過はあらかじめ規定されているわけではないのだから）。これらの政治的将来は、ヴェーバー的な意味

図2-2　四つの社会構成体の可能性

	惑星的主権	反惑星的主権
資本主義的	気候 リヴァイアサン	気候 ビヒモス
非資本主義的	気候 毛沢東主義	気候 X

での「理念型」である。つまり、それは「可能な限り最良な」という意味で「理念的」だが、歴史的で政治的・経済的力の相互作用によって生み出されるため、概略的にしか特定できない類型なのである。気候政治が辿りうる道を説明することで、私たちは特定の地理的条件において気候政治がどのような経験的形態をとるのかを詳細に予測したいわけではない。そうではなく、私たちが記述する原理的特徴は、気候政治の一般的ダイナミクスを規定しようとするものである。気候正義の世界を構築するためには、こうしたダイナミクスがどのような政治的意味をもつかを議論しなければならない。

私たちが想像できる道のなかで、気候リヴァイアサンが現在のところ指導的ではあるが、それは確定されたものでも確実に成功するものでもない。近いうちに気候リヴァイアサンが支配的になる可能性があるため、それ以外にありうる将来は主として気候リヴァイアサンに対応するようなものだと考えられる。ビヒモスはリヴァイアサンにとって最大の直接的脅威である。それは、おそらくヘゲモニーを獲得することはないかもしれないが、リヴァイアサンが新しいヘゲモニー秩序を確立できないほどに混乱をもたらすことは十分ありうる。もしリヴァイアサンが持続可能な資本主義を現状維持するという夢を本質的に反映しており、ビヒモスがその保守的反動だとすれば、毛沢東主義とXはこの世界の劇場において競い合う革命家のようなものだ。Xは私たちの観点では倫理的・政治的に優越しているものの、毛沢東主義は舞台の左側から登壇する可能性が高い。以下でそれぞれ順番に考察していこう。

III

気候リヴァイアサンは惑星的主権という夢によって定義される。それは、技術的権威を科学的問題に結びつけながらも民主主義的正統性を兼ね備えた統制的権威であり、パノプティコンのような能力によって新しい将来世界の重要な粒子を監視することができる。つまり、淡水、炭素排出、気候難民などである。グローバルな炭素排出量の削減が失敗したとはいえ、気候変動枠組条約（UNFCCC）を前進させるための国連締約国会議（COP）年次会合は、惑星的調整という夢を最初に制度化したものである。このプロセスは、蓄積と政治的安定性が気候によって破壊されるという緊急性が高まるにつれて、支配的な資本主義国民国家によって強化されていくだろう。コペンハーゲンやカンクンでは拘束力をもったコンセンサスが達成されえなかったが、2015年のパリ協定はあらゆるグローバルな合意が可能な現状を明らかにした[12]。まずもって、資本主義は問題そのものではなく、気候変動の解決策として扱われた。じじつ、COPのレンズというフィルターがかかると、気候変動は資本にとっての好機と映ってしまうのだ。つまり、排出権取引（「キャップ・アンド・トレード[13]」）、「グリーン」ビジネス、原子力発電、企業のリーダーシップ、二酸化炭素回収貯留（CCS）、グリーン・ファイナンス、そして究極的には気候工学である。これらはリヴァイアサンの生命線である。

なぜ「リヴァイアサン」と呼ばれるのか。気候リヴァイアサンとは、ホッブズの原典からシュミットの主権者に至る、直系の子孫である。つまり、気候に関してはリヴァイアサンが決断するだろうし、リヴァイアサンはまさに決断という行為において構成されるのだ。気候リヴァイアサンが表現しているのは次のようなものに対する欲望と認識である。すなわち、惑星的主権が指揮権を掌握し、非常事態を宣言し、生命を救うという名目で地球に秩序をもたらす必要があるというものだ。「例外状態の宣言が、通常の統治技術としてのセキュリティというパラダイムの先例なき全般化によって徐々に取って代わられつつある」と述べた点でアガンベンが正しいとすれば、気候リヴァイアサンの強化は、惑星の安全保障を包括したり惑星上の生命を確保するために「通常の統治技術」を再拡大することを意味している。[14] これが達成された場合、自然状態と国家の本性は自己権威化する結びつきを形成することだろう。

少なくとも地理的には、気候リヴァイアサンはみずからの系譜を超越するものだ。というのも、ホッブズやシュミットにとっては国家をベースとする領土的コンテナが基本的なものであったが、気候リヴァイアサンはそれを何とかして克服しなければならないからだ。[15] ナショナルな自律性を最も重視する国家にとってさえ、炭素排出量を大幅に削減するというグローバルな課題には、独立した調整レジームでは対応できないことがますます明らかになっている。こうした矛盾――それはUNFCCCのプロセスに深い亀裂をもたらしているが――は、その他の「公共財」に関する集合行動問題と同様に、名目上「グローバルな」枠組みを構築することにつながるかもしれないが、実際には現存するヘゲモニー・ブロックの統治を政治的・地理的に拡大するものである。つまり、資本主義的グローバル・ノース（その同盟国や時には中国と協同で）による統治である。しかし、これは決して確かなことではない。実現可能な惑星レベルの気候リヴァイアサンは、グローバル・ガバナンスから以前は排除されてきた様々なアクター――とりわけ中国やインドだが、このリストはまだ続いていくだろう――の承認にもとづいて構築されなければならない。何らか拘束力のある気候調整レジームには中国の支持を確保する必要があるが、このことはリヴァイアサンにおける資本の役割を複雑にしている（この点については第5章で立ち返る）。

私たちはリヴァイアサンが大きく分けて二つの形態のうち一つをとりうると推測している。一方では、おそらくホッブズ自身のヴィジョンにより忠実である権威主義的な領土的主権が存在しており、それは政治的・経済的条件が資本を克服しうるような国や地域で生じるだろう。私たちはこの可能性を「気候毛沢東主義」と呼ぶ。他方では、北部のリベラル・デモクラシー資本主義国家という既存の統治体制を永続化させるために、リヴァイアサンが生成すると考えられるだろう。最も可能性のあるシナリオ（第5・6章で詳述するが）は、今後数十年で、米国主導のリベラル資本主義ブロックが衰退し、中国と協同して惑星的レジームをつくりだすことだと考えている。このレジームは、政治的・エコロジー的危機を考慮しつつ、最初で最後の防衛線として自らがすすんで人類の未来を守るという名目で、いかなる反対も容認しない体制となるだろう。[16] 動員のパターンは、おそらくよく知られたものになるだろうが、国連やその他の国際フォーラムが監視と規律の攻撃的手段を正当化する手段として機能する可能性もある。それゆえ、気候リヴァイアサンの構築は、米国のヘゲモニーを救出するための重要な手段となりうるだろう。もっとも、米国のヘゲモニーを強化する可能性がもっぱら高まるだけではあるが。[17]

今後、資本主義的な気候リヴァイアサンはどのように自らの外交的解決策を要求するのだろうか。それを求める議論は、元ハーバード大学の物理学者でオバマ大統領の上級顧問を務めたジョン・ホルドレンの共著書において見いだすことができるだろう。[18] ２００８年の就任以降、右派メディアはホルドレンを気候警察国家の兆候だとして嘲笑した。あるウェブサイトでは、彼が「惑星を救う」ために「強制妊娠中絶と集団不妊手術」を主張していると言われた。[19] これは確かに偏執的な誇張表現だが、その根底にある批判は全く間違ったものだとはいえない。ホルドレンは早くから気候リヴァイアサンを見抜いていた人物なのだ。例えば１９７７年の資源管理に関する教科書の結論において、彼は新しい主権を「惑星的レジーム」と呼んでいる。

惑星的レジームへ向けて。〔…〕おそらくこれらの機関は、〔国連環境計画〕や国連人口機関とともに、最終的には人口、資源そして環境に関する国際的な最高機関のようなもの、つまり惑星的レジームへと発展していくかもしれない。このような包括的な惑星的レジームは、あらゆる自然資源の開発、管理、保全そして配分を統制することができるだろう。〔…〕こうして、このレジームは大気や海洋の汚染のみならず、国境を越えたり海洋に流れ込む河川や湖水といった、淡水域の汚染を管理する権力をもつことができるだろう。さらにこのレジームは、〔先進国〕から〔発展途上国〕への援助や、国際市場のあらゆる食糧を含め、すべての国際貿易を調整する中央機関としても適切なものとなるだろう。惑星的レジームは世界と各地域の最適な人口を決定し、各国のシェアをその地域的制約において仲介する責任を負うことになるだろう。人口統制は各政府の責任に委ねられるだろうが、このレジームは合意された制約を強制する権力をいくらかもつことになるだろう。[20]

共著者であるエーリック夫妻は新マルサス主義者としてよく知られている。しかし、ここで提起されたレジームはマルサスよりもシュミットに多くを負ったものだ。

私たちは、こうした要求が訴える気候リヴァイアサンの、とりわけ**資本主義的な**特徴を強調したい。シュミットが構想した主権者としてのリヴァイアサン――ここでは資本はせいぜいその随伴者にすぎない――とは対照的に、資本主義的な気候リヴァイアサンは、国民社会主義というよりも、1929年以降に資本主義文明を救おうとした様々な努力――これは後からみると「ケインズ主義」という包括的用語のもとに集約できるものだが――を彷彿とさせるような仕方で生成する。つまり、それは国民規模で集権化した政治的権力を国際的な調整機関と組み合わせることで、リベラルなヘゲモニーを安定させようとする試みであり、国連に見られたように、資本の支配に対して特定の制約を許容するものであった。「グリーン・ウォッシュ」という概念では、現在主張されているグローバル・グリーン資本主義への移行を正しく評価することはできない。エドワード・バービアが「グローバル・グリーン・ニューディール」――「グリーン・ケインズ主義」（第5章を参照）の洗練されたスキームの一つにすぎないが――の概説書で記述したように、グローバル・グリーン資本主義には次のことが必要となるだろう。すなわち、惑星的主権という制度的・法学的構造が成立すると同時に、「有価証券」として機能することがまだ明らかではない一連の新しい環境金融商品が高度で流動的なグローバル市場において流通するということである。[21] にもかかわらず、気候リヴァイアサンは近い将来において、エリートを動機づける基本的な統制的理念となるだろう。未だそれは不可避なものでも確固たるものでもない。つまり、それは強力で一貫したものだが、反抗できないようなものではないのだ。気候リヴァイアサンは、多数の蓄積戦略によって分裂した、通常の国家資本主義的プロジェクトによってもすでに脅かされており、気候リヴァイアサンが実際に気候変動を反転させる事態などほとんど想像することはできない。資本の存在理由である絶え間なく拡大する蓄積衝動、惑星の生産手段への絶えざる転化、そして資本が機能するための物質的スループットとエネルギー強度を考慮すると、資本主義は事実上その惑星的限界にぶつかりつつある。もしこの矛盾に「空間的回避」が存在するとしても、それはまだ利用可能なものではない[22]。

さらに、富と権力の不平等を深化させる資本主義の傾向は、私たちに立ちはだかる気候変動という課題に深く結びついている[23]。惑星の炭素排出量を削減するための取り組みは何であれ、犠牲とトランスナショナルな同盟を必要とするだろう。国内および各国間の深刻な不平等は、そのような試みにとって重大な問題である。というのも国内的には、不平等が存在することで、犠牲をシェアするために階級を超えた連合が形成される可能性が失われ、炭素集約型経済からより持続可能なオルタナティブ経済への転換を阻止する富裕層の権力が強化されるからである。また、国際的にも、世界における富と権力の圧倒的な不平等がトランスナショナルな調整を阻害し、リヴァイアサンが有効に統治する可能性を小さくするからだ。こうして、たとえ気候リヴァイアサンが——エコロジー的・経済的主権のグローバルな強化と、強制や同意の何らかの組み合わせによって——成立しうるとしても、それは確固たるヘゲモニーを確保することはないだろう。しかし、私たちは気候リヴァイアサンが早死にしたり静かな最期を迎えると想定するべきではない。今日その提唱者たちは必死になって敵の封じ込め戦略を探し求めているのだ。

2015年12月のパリ協定は、気候リヴァイアサンの形態を法律的・政治的に予見したものである。第21回締約国会議（COP21）について特筆すべき点は、それが実際にはパリではなく、北部郊外のル・ブルジェ旧空港で開催されたことだ[24]。そこは都市の周縁にある奇妙な場所だった。その光景は、安っぽい映画のセットか、あるいは難民キャンプのようだった。それは豪華につくられているが、ただのキャンプにすぎず、外交のために確保されたベニヤ板と警察の包囲網による仮の都市であった。ル・ブルジェ空港の内部には、「関係者」と「企業」用の別々な建物が存在し、「市民社会」にも独自の建物が割り当てられ、防御壁で隔たれていた。空港の中心には「関係者」用のスペースがあり、それは資本と社会を媒介する国家のようであった。

この外交の目的はなんだったのだろうか。「地球を救うために」と何度も言われたが、それは理由のないことではなかった。代替案がないために世界はパリに注目したのだ。あらゆる方面からCOPのプロセスには欠陥があると言われた。しかし、多くの当事者はCOPを気候変動に対する国際的な外交プロセスだと認識しているので、私たちもそれに協力しなければならないと考えられた。これは理解しうる立場だが、左派にとっては不十分なものである。UNFCCC・COPのプロセスは、国際交渉の主要な結節点であり、気候政治が避けることのできない通過点である。しかし、だからといって、このプロセスが表現するものを私たちが分析すべきではないという理由などない。つまり、形成途上にあるリヴァイアサンのことである。

ある意味で、外交官たちはパリで成功したのであった。2015年12月12日正午に署名された協定は、気候変動に関する新たな国際法である。当時のフランス大統領フランソワ・オランドはパリ協定を「人類にとっての大きな飛躍」と呼んだ。一方で英国首相のデービッド・キャメロンは、エリートたちが「将来の多くの、多くの世代のために私たちの惑星を守った[25]」と主張した。主要な報道機関もこれにしたがった。ニューヨークタイムズは、この協定が「気候変動への取り組みを二期目の中心事項とする、オバマ大統領の決断が正しいことを示すもの」だと論じた。ガーディアンは、パリ協定を「化石燃料の段階的廃止を加速させ、再生可能エネルギーの流れを拡大させ、各国に排出量取引と森林保護を可能にする新しい炭素市場を強化するための最初の普遍的な気候条約」と呼んだ。[26]

これらの表現は言い過ぎである。ジョージ・モンビオット（ガーディアンの執筆者でもある）はもっとバランスのとれた評価を与えている。「想像しうる姿と比べれば、COP21は奇跡だった。［しかし］あるべき姿と比べれば、それは大惨事である[27]」。この見方における「奇跡」とは、気候変動に関する最初のグローバルな協定が結ばれたということだ。「大惨事」とは、この協定が悲劇的な失敗にほかならないということである。というのも、炭素排出量に拘束力のある制限がなく、化石燃料を地殻にとどめておくという絶対に必要な事柄を約束しなかったからだ。これは明らかに、31頁におよぶパリ協定の第4条第1項で示された基本的な立場のことである。

締約国〔すなわち、実際にはあらゆる政府〕は、第2条に定める気温に関する長期目標を達成する〔すなわち、産業革命以前と比較して、世界の平均気温の上昇を1.5℃～2℃までに抑える〕よう、公平に、そして持続可能な開発と貧困撲滅への努力という文脈において、今世紀後半に人為的な温室効果ガスを、排出源による排出量と吸収源による除去量とのあいだで均衡させるべく、開発途上国における温室効果ガスの排出量が最大量に達する時期がより長期化することを認識しつつ、世界の温室効果ガス排出量が最大量に達する時期をできる限り早くするものとし、今後は利用可能な最良の科学に基づいて早期の削減に取り組むことを目的とする。[28]

1997年の京都議定書では、いわゆる附属書Ⅱ国（OECD加盟国）は、自国の目標達成と技術移転の促進に加えて、「途上国が義務にしたがうよう資金提供することが期待されていた」が[29]、パリ協定では富や所得におうじて異なる義務を課すような形で締約国が分類されてはいない。パリ協定第4条の文言は、(米国と欧州連合を中心とする)中核的資本主義国と(実際には中国やインドに代表される)発展途上国との妥協を示している。あらゆる国が削減を約束する――「世界の温室効果ガス排出量が最大量に達する時期をできる限り早くする」――とされるが、その程度やスケジュールは未定のままである。公平性や貧困、そして途上国の排出量が最大限に達する時期が長期化するという文言が含まれているが、これは中国やインドとそのブロックが「炭素容量」や「排出権」を守るのに成功した結果であった。

ここで重要な要素は、協定の目標として「今世紀後半に人為的な温室効果ガスを、排出源による排出量と吸収源による除去量とのあいだで均衡させる」という文言が掲げられていることだ。ここでは世界が2050年から2100年のあいだにカーボンニュートラルになるだろうと言われている。これはよく見積もっても不可能なことで、現在の軌道とは異なっている。化石燃料に関する文言が欠落しているわけで、そもそも無理難題なのだ[30]。ボリビア出身の元UNFCCC大使パブロ・ソロンはレトリックと行動のギャップを次のように揶揄している。

パリで発表された排出量削減の「おかげで」、2012年に53Gtだった世界の温室効果ガス排出量は、2030年までに約60Gtにまで上昇し続けるだろう。もし各国政府が本当に気温上昇を2℃未満に抑えたいのであれば、2030年までに世界の排出量を35Gtにまで削減していくべきだろう。各国政府はこのことを知りながら反対のことを実践し、「勝利だ！地球は救われた！」と叫びさえする。これはある種の精神分裂病ではないだろうか。[31]

ナオミ・クラインはより鮮やかなメタファーでこう述べている。

パリ協定は次のような感じのものだ。「血圧を徹底的に下げなければ心臓発作で死んでしまうことを私は知っている。［…］だから、私は週1回運動してハンバーガーを5個ではなく4個食べることにしよう。［…］私は一度もこれを行っていないけれども、あなたは私がかつてどれだけ怠け者だったかを知らないわけだから、私をヒーローと呼ばなければならない[32]」。

ラディカルな批評家であるニクラス・ヘルストレムによれば、グローバル・ノースが排出削減や適応のための資金調達を拒否しているが、それは「私たちが夢遊病にかかってうっかり気候カオスに陥ってしまうことを意味している[33]」。気候学者ジム・ハンセンの言葉を借りるならば、パリ協定は「詐欺」である。[34]

こうした非難はそれぞれ正しく、その根底にある怒りは全くもって正しい。しかし実際には、パリ協定は精神分裂病や意志の弱さによってもたらされたものではないので、こうした非難には何かが欠けていると言わざるをえない。世界のエリートは実際に「夢遊病にかかり」カオスに陥っているわけではないし、そのすべてが手の込んだペテンというわけでもない。どんなに有効力がないとしても、パリ協定は世界の国民国家のエリート代表によって作り出された新たな国際法なのである（そして、ドナルド・トランプが米国を離脱させるという決断をしても十分強力に生き延びている）。パリ協定は有効力がないのだが、締約国がいかに二枚舌であろうとも、世界を欺くためにすべてが演出されたわけではなかった。むしろそれは、リベラル資本主義社会において気候変動に対する政治的・経済的反応がどれほど根本的に矛盾した性格をもっているかを示している。つまり、この協定が（驚くべきことに）自らその不十分さを認めているのだ。

〔パリ会合は、〕目標の国別寄与度から生じた2025年と2030年の温室効果ガス排出総量の推定値が、最小コストの2℃シナリオに収まらず、むしろ2030年の55Gtという予測値におよぶことを懸念している。さらには、世界平均気温の上昇を産業革命以前のレベルから2℃未満に抑えるために、目標の国別寄与度に関わる排出削減努力よりもはるかに大きな努力が必要になるということが留意されるべきだ。[35]

このようにパリ協定は自らの失敗を認めているのだ。

そのため、パリ協定は世界の理性――深刻な矛盾によって動かされる世界と理性――がまったく「合理的に」顕現したものであると（ヘーゲルにならって）言ったほうが適切だろう。世界のエリートはこうした矛盾を認識しており――かれらは決して何をなすべきかについて合意はしないが――、自らを「失敗」に導いた状況に限定的ではあれ取り組もうとしている。根本的な失敗は、パリ協定が化石燃料を地殻にとどめておくよう定めなかったことだが、これは、燃える地球上で適応のための土台を作り出すつもりがないということを意味してはいない。それとは反対に、いわゆるパリの「失敗」は、政治的なものの適応という重大な適応を可能にするものであり、その一部をなしているのだ。炭素問題においては不十分だが、パリ協定は惑星的主権――図2-2（97頁）の左半分――の生成に向けた重要な一歩を踏み出している。すでに述べたように、この主権は、将来の主権が資本主義を維持しようとするのか、それとも克服しようとするのかによって、二つの異なる形態をとりうる。ここでは後者を考えてみよう。

気候リヴァイアサンの二つのうち、一つはロベスピエールからレーニン、毛沢東に至る赤い糸の末尾にある。気候毛沢東主義は、毛沢東主義の路線に沿った非資本主義的権威の成立によって特徴づけられる。資本主義的な気候リヴァイアサンが今後展開していくヨーロッパや米国のリベラル・ヘゲモニーにおいて炭素ガバナンスをおこなう準備ができている一方で、気候毛沢東主義は次のような集団の将来のために正当な恐怖が必要であることを示している。つまり、惑星的主権の必要性を主張しながらも、資本**に抗して**この権力を行使するような勢力である。例外状態は、誰が炭素を排出してよいかを決断するわけだが、それは不当な浪費、不要な排出そして顕著な消費を犠牲にして行われなければならないのだ。

資本主義的なリベラル・デモクラシーが現在利用できる制度的手段と、「コンセンサス」のためのみじめな試みに比べると、この軌道は大気中の炭素濃度に関していくつかの明らかな長所がある。とりわけ、それは大規模な政治的・経済的再構築を迅速かつ包括的にまとめあげることができるのだ。「どのようにして私たちは必要な排出削減を実現できるのか」という私たちの問題からすると、この気候毛沢東主義の特徴は、大半の人びとによって推奨されているという点にもとめられる。気候正義運動が必死に耳を傾けてもらうために闘争しているように、グローバル・ノースのほとんどのキャンペーンは、一方的でエリート主義的なリベラル手続主義を信頼し暗黙の前提としている。そのため、必要な変化の規模と範囲を考えると、それらは失敗が定められていると言わざるをえない。気候科学の予測がその半分でも正しいのであれば、民主主義のリベラルなモデルは良くても遅すぎるものであり、悪ければ破壊的な気晴らしと言うべきものだ。気候毛沢東主義は、今日の私たちには迅速かつ革命的な、国家主導の転換が必要だということを反映している。

じじつ、まさにこうしたレジームに類似したものを求める声が左派のあいだでも高まっている。マイク・デイヴィスとジョヴァンニ・アリギは多かれ少なかれ気候毛沢東主義の側についており、それを資本主義的な気候リヴァイアサンへのオルタナティブとして描いている。[36] 毛沢東主義思想（アラン・バディウのそれも含めて）に対する熱狂が再び高まっているが、それはエコロジー的・政治的想像力の危機が広がっていることの表れとして解釈できるかもしれない。[37] リー・ミンチーは、おそらくこうした考え方を最も展開した人物だが、アリギと同様にグローバルな気候史の中心を中国に置いて、気候毛沢東主義が今後の唯一の道だと主張している。

中国が排出削減の義務を果たすために真剣かつ有意義な行動をとらない限り、グローバルな気候の安定化が達成されうる望みはほとんどない。しかし、〔現在の〕中国政府が排出削減に必要な行動を自発的にとることはほとんどありえないだろう。必要とされる経済成長率の急速な低下は、中国政府には受け入れがたく政治的にもその余裕がないだろう。このことは人類の滅亡を意味しているのだろうか。いや、それは中国国内と世界全体における政治的闘争にかかっている。[38]

リーは毛沢東にインスパイアされつつ、中国革命における新しい革命――毛沢東主義の政治的伝統の再活性化――が中国を変革し、人類を滅亡から救出するだろうと述べている。彼はこの可能性が高いと主張しているわけではない。中国における高速道路の大規模拡張、自動車消費の加速、そして補助金をつうじたスプロール現象を考慮するだけでよいだろう。[39]しかし彼は次の点で正しい。すなわち、もし反資本主義的な惑星的主権が成立し、世界の気候軌道を変化させるとすれば、その可能性が最も高いのは中国なのである。

今日でさえ、非毛沢東主義の中国国家は、その完全に統制的な権威を行使しているが、リベラル・デモクラシーでは想像できないような政治的偉業を達成している。国家主導の気候権威としておそらく最も顕著な例は、２００８年のオリンピック期間中に北京の大気が改善されたことであろう。都市の至るところに花が植えられ、交通は遮断され、砂漠に木が植えられ、工場や発電所が閉鎖された結果、大会期間中は青空が広がることになった。[40]こうした権力のもう一つの効果は、中国国家が２０１０年初めにガソリンを大量消費するＧＭのハマーを事実上つぶしたことである。というのも、中国政府は同部門の騰中重工への売却をその排出レベルを理由に阻止したからだ。[41] また、完成すれば中国北部の４４８０㎞を横断することになる砂漠化防止の「緑の長城」や、２０５０年までに森林被覆率を42％にするとされる様々な植林計画を列挙することもできるだろう。[42] そして、２０１０年夏に「厳格に」排出量を削減すると宣言して以降、中国共産党は２０１１年3月までに製鉄所や炭素を排出する工場を２０００以上閉鎖している。[43] ２０１６年半ばには、政府は新たな食のガイドラインを発表し、一日の食肉消費量を75ｇ以下にするよう推奨している。[44] 食肉消費の減少は、健康と環境上の理由から正当化され、気候活動家によって歓迎されてきた。こうした政策は、もし中国がグローバルな覇権国になり、革命的な圧力のもとで変化した場合に、気候毛沢東主義の可能性を予想させるものだ。しかし、明らかにこれは非常に大きな「もし」である。天安門広場には毛沢東主席の顔があり、すべての人民元紙幣にその顔が描かれているが、中国は決して気候毛沢東主義への道を歩んでいるわけではない。少なくとも今日、中国共産党は資本主義的な気候リヴァイアサンを構築しようとしていると思われる。[45] パリ協定における中国の中心性は、まさにこの点を証明しているのだ。

それでも私たちは、理論的かつ地理学的理由から気候ロベスピエール主義や気候レーニン主義ではなく、気候毛沢東主義について語る必要がある。毛沢東は、大衆の信念と前衛党の結合を主張したレーニン主義者であった。しかし、毛沢東がマルクス主義的伝統において果たした偉大な理論的貢献は、中国の小農における特徴的な階級分派を分析し、都市プロレタリアート（１９３０年代の中国においては相対的に周縁的な階級）のみならず、貧農と中農（の一部）に革命的実践の基軸を再設定したことであった。毛沢東は、完全にプロレタリア化した階級だけが革命の土台となるという議論をはっきりと否定し、「貧農」や「半プロレタリアート」でさえもマルクス的な意味で革命的な階級意識に到達しうると主張した。[46] 控えめに言っても、ブルジョワジーとプロレタリアートの区分にうまく当てはまらない社会集団が大きく拡大している時代において、毛沢東の一般的考察は再考する価値のあるものだ。

気候毛沢東主義は近い将来、特にアジア的な道、すなわちアジアからしか切り拓くことのできないグローバルな道となるだろう。サハラ以南のアフリカやラテンアメリカとは対照的に、アジアにおいてのみ――そして中国に由来する革命的リーダーシップがあればこそ――、気候毛沢東主義を実現しうる一連の諸要素を見いだすことができる。つまり、巨大な周縁化した小農とプロレタリアート、歴史的経験と革命的イデオロギー、そして大規模経済を統治する強力な国家である。ここで重要なのは、ボリビアのエボ・モラレスと比較することだろう。彼はかつてＵＮＦＣＣＣ・ＣＯＰにおいて左派の最も強力な主張を代表し、コチャバンバ協定（もともとコペンハーゲン合意に対抗するために起草された）を促進した人物であった。コチャバンバの見解は、素晴らしいほど明確にラディカルなものだが——それは炭素クレジットや「先進国の消費パターン」を拒否し、２０１７年までに温室効果ガスの50％削減を要求している——、それがいかにしてグローバルな転換につながりうるのかを考えることは難しい。[47] これとは対照的に、気候毛沢東主義はアジアにおいて不可能なわけではない。というのも、何百万もの人びとがますます気候変動の圧力をうけて貧困化する一方で、毛沢東主義の生きた遺産は言うまでもなく、まさにその圧力を助長するような政治的構造が人びとに対立しているからだ。まさに今現在、アジアの歴史的・地理的状況が気候変動のカタストロフに直面しているため、あまりにも多くの人びとがあまりにも急速にあまりにも多くのものを失ってしまうのだ。これはまさに革命の定式である。毛沢東は次のように述べている。「異質的な諸矛盾はただ異質的な方法によってのみ解決することができる。［…］社会と自然のあいだの矛盾は生産力を発展させる方法によって解決される」。[48] 気候毛沢東主義の論理とは、戦闘的な民衆の動員に根ざした革命的国家権力のみが、世界の生産力を転換し、したがって私たちの惑星における「社会と自然のあいだの矛盾」を解決できるだろうというものだ。

私たちは、気候毛沢東主義がインドや中国の小農たちのエコロジー的覚醒によって生成すると言いたいわけではない。アジアの小農（と最近になって都市化した旧小農）は、炭素排出それ自体に反応するのではなく、おそらく気候変動による不安定な状況に直面した際に、物質的危機（水、食料、住居の不足など）やエリートの収奪に対して国家が行動を起こさないことに反応するだけだろう。しかし、現在の中国国家は気候リヴァイアサンへの道を進みつつある。私たちが現時点からどのようにして気候毛沢東主義に至るのかは、主には中国のプロレタリアートと小農に依存するだろう。よく指摘されるように、中国の排出量は日々増大しているが、炭素排出に関連する経済成長は中国の国家と支配エリートが享受する正統性の大きな土台となっている。[49] もし中国の労働者階級が気候変動による成長の大混乱に反応するならば、気候毛沢東主義が高まる可能性は大きくなるだろう。また、気候毛沢東主義の成立条件は、すでに存在しており、ある場合には強化されつつある。つまり、中国の毛沢東主義的伝統それ自体の外部で、インドの「赤い回廊」という毛沢東主義的ナクサライト〔インドの極左武装闘争主義集団の総称〕がインドの石炭マフィアと活発に武力衝突を引き起こしている。さらに、ネパールでは現在毛沢東主義者が実際に権力を掌握しており、北朝鮮は厳密には毛沢東主義ではないが、いまなお消滅してはいない。[50] 確かに、アジアの小農とプロレタリアートからすると、資本主義的リヴァイアサンという西側のヴィジョンが幅広く容認されることはありそうにないことだ。[51] むしろ、その反対の事態の方がより見込みが高いと思われる。つまり、より権威主義的な国家社会主義が急速に台頭し、この体制がグローバルな炭素排出量を大きく削減し、気候由来の「非常事態」において、統制を維持するための権力を行使するというものだ。

もし可能性があるとすれば、グローバルな転換にとって気候毛沢東主義が確かな土台となる要因は何であろうか。図2−3は二つの点を不快な仕方で明らかにしている。第一に、最富裕国（米国、カナダ、西ヨーロッパ、そして一部の石油産出国）において、気候変動の否定的影響に直接晒される人はほとんどいない。第二に、世界のリスク人口が極めて地理的に不均等であるということだ。こ

図2-3　2010年における一人当たりの二酸化炭素排出量

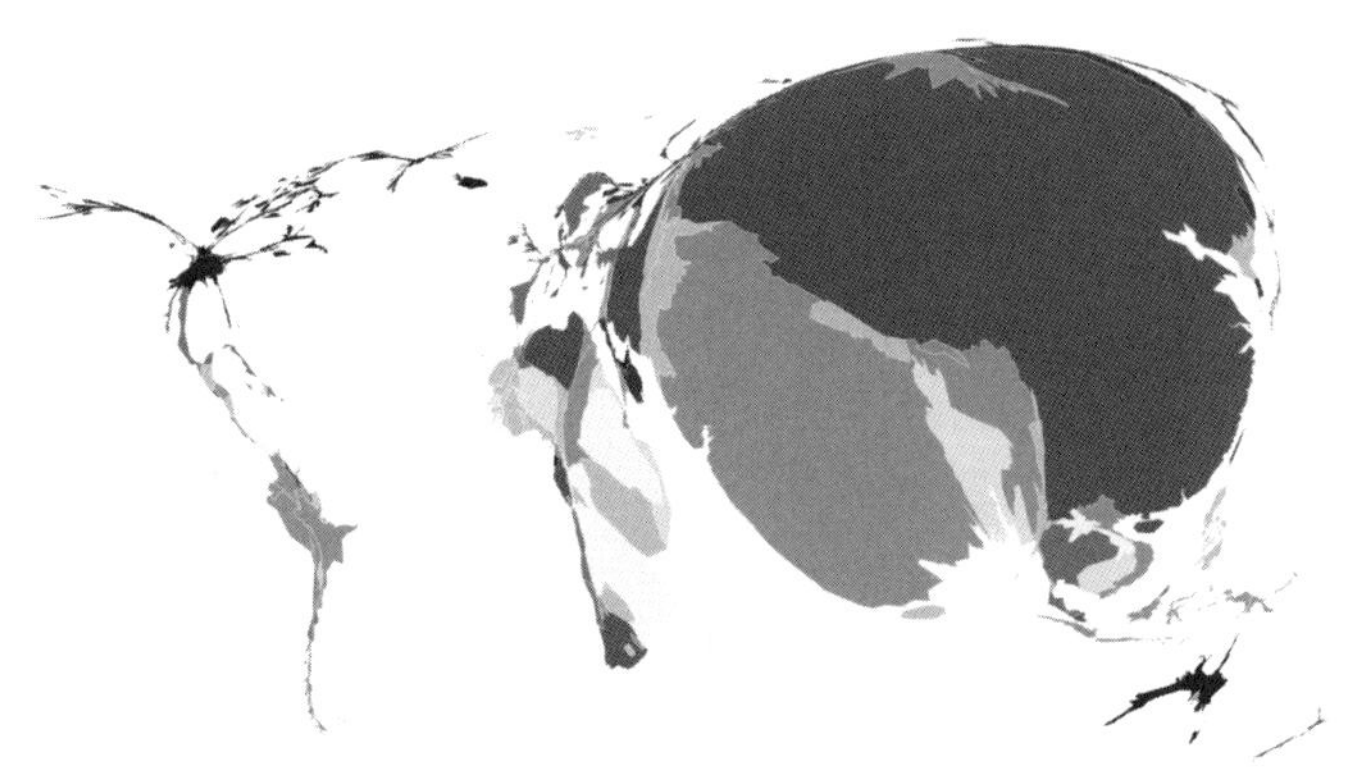

エネルギーとセメントによる一人当たりの二酸化炭素排出量(2010年)(トン)

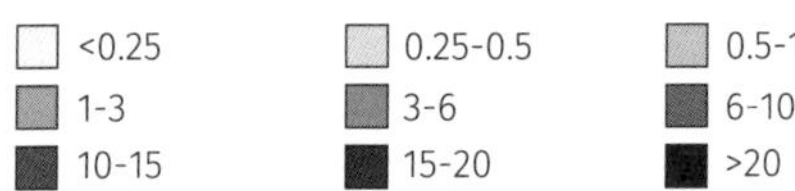

注：2000年から2009年までの干ばつ、洪水、そして異常気温に晒された人びとの数を示したカートグラムによる推定（2010年の人口データを使用）。

出典：KILNによるカーボンマップ、carbonmap.orgを参照。二酸化炭素排出量のデータについてはG. Peters, G. Marland, C. Le Quéré, T. Boden, J. Canadell, and M/ Raupach, “Rapid growth in CO_2 emmissions after the 2008-2009 global financial crisis”, Nature Climate Change 2, 2012, 2-4.、リスク人口のデータについては、the OFDA/CRED International Disaster Database, a project of the Université Catholique de Louvain and the World Bankを参照。EMDAT.be.で閲覧可能。

れらの人びとは主にパキスタンと北朝鮮のあいだ、南アジアと東アジアに生活しており、それは潜在的に革命的変革が起きうる地帯である。アジアは単に人類の大半が住む地域であるだけでなく、資本の経済地理学の中心にある。つまり、商品の生産および消費（そして炭素排出）の世界的ハブなのだ。それゆえ、私たちの予想によれば、世界のあらゆる資源の消費と分配をますます巨大な力で再構築しうる地域において、気候による社会的動乱が集中すると考えられる。結局のところ、気候毛沢東主義の出現を例えばラゴスやラパスで想像するよりも、アジアのラディカルな社会運動がどのようにして気候リヴァイアサンに挑戦しうるのかを問うことの方が、興味深い思考実験であるといえるだろう。

V

気候毛沢東主義がアジア中に登場し始めるなか、今日の世界において中核的資本主義国で姿を現した幽霊とは、反動的な保守主義である。この反応はその最も重要な形態の一つとして気候ビヒモスの様式をとっているが、これは図2-2（97頁）の右上に該当するものだ。ビヒモスは、惑星的主権に向けたリヴァイアサンの衝動に対抗しているのだが、そのこと自体は悪いことではないと私たちは考えている。シュミットが「国家と革命、リヴァイアサンとビヒモス」はつねに潜在的に存在していると述べた際、彼はビヒモスに革命的役割を当てたのである。ホッブズの著作において描かれた、大衆の姿としてのビヒモスの機能（ビヒモスはアラム語でベヘマ（ふつうの牛、もしくは怪獣のこと））を考えれば、シュミットがそう述べた理由も理解できる。[52] しかし、ビヒモスがリヴァイアサンに立ち向かう大衆を象徴しているとはいえ、革命は単純な歴史的メカニズムによってもたらされるものではない。ナポレオンは、サンキュロットと同様に、フランス革命の産物なのだ。

ビヒモスは、リヴァイアサンへの大衆的反応の二つの可能性を少なくとも示している。つまり、反動的ポピュリズムと革命的な反国家的民主主義である。その反動的形態――ポピュリズムが資本（上流階級の右派に代表されるような）へと集結する場合――において、気候ビヒモスは、気候リヴァイアサンの惑星的主権にとっての、最も強力でシュミット主義的な対立物である。今日、こうした反動的傾向の証拠を見いだすことは難しくない。例えば、とりわけ米国に見られるように、主流の政治的言説において気候変動否定論がずっと影響力をもってきたことはその典型である。この構成体の千年王国的なヴァリエーションは、理性を受け付けなくさせるようなイデオロギー構造をもっている。じじつ、この点が重要である。こうした誇り高き非理性的な少数の人々に不釣り合いなほど大きな影響力は、富が一握りの人びとによって不正に得られていると扇動されることで、少なくともしばらくのあいだ続いていくだろう。

それでは気候ビヒモスの階級的基盤とは何なのだろうか。おそらく、その主導権（と資金）は、化石燃料に紐付いた資本家階級の分派に由来するだろう。この分派はイデオロギー形成において極めて大きな役割を果たしているが、形式的民主主義の社会において選挙で絶えず勝ち続けるには数の面であまりに小さい。気候変動否定論のエリート後援者は、サバルタンの社会集団においても同盟者を必要としている。資本主義の中心国――とりわけ化石燃料エネルギー部門が大きな国々（米国、カナダ、オーストラリア）――では、かれらは最も積極的な同盟者をプロレタリアートの次のような階層に見いだしてきた。すなわち、こうした階層は、気候変動が単に自分たちの仕事や安価なエネルギーにたいする脅威であると考えているだけではない。それればかりか、かれらは気候変動が、エリート専門家の権限を高め、国民（主義的）主権の行使を阻害するための洗練された手段であると理解している。それにもかかわらず、資本主義社会における階級構成は多様なので、グローバルな規模については言うまでもなく、国民国家を横断するような一般化は難しい。例えば、オハイオ州やミシガン州のトランプ支持者は様々な層に広がっており、大きな点でテキサス州の支持者とは異なっている。また、インドのナレンドラ・モディ首相の支持者、あるいはブレグジット支持者などにも同様のヴァリエーションが存在する。

しかしながら、ある種の大きなトレンドを見いだすこともできる。右派運動は、２０００年代以降着実に成長してきたが、エスノ・宗教的なナショナリズムという（また、しばしば超男性優位主義的な）イデオロギーのもとに集結し、権威主義的で新自由主義的な指導者の大きな政治的勝利をもたらした。インドからブラジル、トルコ、エジプト、そしてロシアからイングランドと米国に至るまで、「ポピュリズム」のエネルギーが伝染した結果、資本主義国家は右派に旋回してきた。こうした運動の多くは特に、移民問題や、特権的な人種および宗教集団の「安全」に取り組んでいるが、大半のケースでは、気候変動に対する国際協調の否定が、政権交代とともに生じてきたり（ポスト・ブレグジットのイングランドのように）、政権交代を可能にしてきた（トランプ政権下の米国のように）。確かに、これらの政治勢力が気候ビヒモスに向けてトランスナショナルな同盟を作り出すような社会的土台は存在しないだろう。しかし、かれらは、まさに権威主義とナショナリズムにもとづく右派ポピュリズムという特徴的な潮流を支持することによって、同時に気候リヴァイアサンの実現を阻害するようなグローバルな政治運動に貢献しているのだ。この意味において、ビヒモスを支持する多種多様な社会階級はその強さの一つでもある。トランプ支持者やモディ支持者は様々な社会的集団および階級から構成されうるし、人種的・国民的・ジェンダー的偏見の特殊な形態のもとに集結するだろう。しかし、かれらがほぼ全員一致で反対するのは、とりわけ国際レベルでの政治的領域における正統性である。これは特に、国際的領域が（国民）資本を規律訓練するような能力を持っている場合に言えるだろう。

しかし、結局のところ、リベラル資本主義の危機に対してビヒモスが一貫したオルタナティブを提供できない（トランプ政権やテリーザ・メイ政権の政治的惨事を見よ）ことで、歴史上すべてのビヒモスがそうであったように、気候ビヒモスの中・長期的な政治的力は制限されることになるだろう。今日のビヒモスは、説明の代わりに、自由市場、ナショナリズム、そして福音主義のレトリックを使っている。それは真に反動的なものだ。そのマイルドな現れ方として、気候変動の事実が認識される一方で、人間あるいは人間以外の自然を理由にして気候変動が私たちの手には負えないと言われることがある。そうした場合においてさえ、環境変化に対処するために政治的・経済的な再組織化を求める「アラーミスト」を嘲笑するような声が支配的である。こうした「合理的」ビヒモスは、世界が終わりに近づいているとすればそれは神の意志に違いないと断言する千年王国論者に比べると、自己中心的でも厭世的でもないが、気候科学による規制の傲慢さをそれに劣らず激しく非難している。私たちの用語で言えば、ビヒモスは、その世俗的な革命への信頼を理由に毛沢東主義を嫌悪し、その合理的な世界政府へのリベラルな主張を理由にリヴァイアサンを嫌悪する。さらには、ビヒモスは、炭素排出量の減少のために「自由」を進んで犠牲にするという理由で毛沢東主義とリヴァイアサンをともに嫌悪するのだ。

しかし、こうした嫌悪の背後にある恐怖には大きな境界線がある。一方には、リヴァイアサンが国民国家を攻撃すると予想してそれに対抗するような右派を多く見いだすことができる。かれらにとって、ナショナリズム、ミソジニー、そしてレイシズムこそが、正当でトランスナショナルな(ましてや惑星的な)秩序という考え方を拒否することを可能にする。米国共和党に見られるようなナショナリズムにもとづく気候変動否定論は、いわゆる自由市場の観点から、気候変動という「デマ」が不正な国家の「干渉」の隠れ蓑として活用されているとしばしば主張する。しかし、その論理は、レッセフェール的条件における効率的な資源配分を論じる古典的リベラリズムに決して依拠するようなものではない。そうではなく、「自由市場」という概念は、個人的自由を誇張して表現するリバタリアン的な記号にすぎないのだ。しかし、リヴァイアサンに強く反対するアクター——自然資源セクターの巨大部門を含む——には、国防のような他の領域でトランスナショナルな協調を歓迎する勢力も多く存在する。かれらは束縛のない資本主義市場の名のもとに、気候変動の脅威と国際的調整を退ける。[53] このことが意味するのは、気候ビヒモスが必ずしも調和することのない二つの原理に基づいているということだ。米国では、反動的右派の特色のある提携関係——市場フェティシズム、安価なエネルギー、白人ナショナリズム、銃器そして福音主義の信仰——が反動的ビヒモスを支えている。結果として、ご都合主義的だが矛盾した不安定な原理主義が混在することになった。つまり、祖国の安全、市場の自由、神の正義である。

こうした組み合わせが米国の行政権力をどれほど長く支配するかはまだ分からない。確かに気候危機は、トランプの当選によって暴露された共和党の混乱を説明する、数ある理由のうちの一つである。米国の覇権が今後も手頃な価格の化石燃料を必要とし続ける限り、リヴァイアサンの生成は、ビヒモスを活気づけ、リヴァイアサンの惑星的可能性を――今のところは――牽制するほどの脅威を生み出だろう。しかし、リヴァイアサンの生成を不可能と考えるような、まとまった政治的想像力にもとづく行動がなければ、この状況が続いていくこともないだろう。じじつ、トランプ大統領の誕生にもかかわらず、米国はまだリヴァイアサンの中心地になる可能性があるのだ。

VI

ホッブズやシュミットが恐れていたように、「自然状態という本質的自然、すなわちビヒモスは内戦以外の何ものでもなく、国家の強大な力、すなわちリヴァイアサンによってのみ抑止することができる」ものだった。[54] しかし、これは今日の私たちが気候ビヒモスと呼ぶ構成体においてに直面している事態ではない。そうではなく、私たちの前に立ちはだかっているのは、おそらく極限状態にありながら以下の二つの道の一つを自らで実現しうるような革命的人びとである。第一の道は、上述したように反動的ビヒモスという悪夢のような帰結である。それは、フランツ・ノイマンが『ビヒモス――ナチズムの構造と実際』において早くも1942年に描きだしたように、ナチ国家において実現された恐るべき可能性である。[55] 第二のビヒモスは、ホッブズによっても予兆されていたが、議会において「民主政を支持する紳士たち」が「君主政からかれらが自由と呼ぶ人民政へと統治を変更する」という「恐ろしい計画」――そしてホッブズ曰く「人民会議くらい残酷な専制君主は未だかつて存在しなかったが[56]」――という記述に見られるように、いくぶん軽蔑された存在である。この紳士たちに対するホッブズのシニシズムは、現在で言えば欧米の政治体制におけるその体現者、すなわち自らの富と権力を補助するために「人民の自由」を擁護する富裕層を目の当たりにすると、確かに正当化されるかもしれない。

「ほとんど神話上の規模」におよぶ革命はもちろんのこと、これまで述べた軌道はどれも正しい気候革命の可能性を含んでいないが、私たちは気候リヴァイアサンに対立する非反動的な足場を探し求めている。これは、左派の大半が、理解できることではあるが、ひるんでしまうような課題だ。というのも、たとえ効果的なヘゲモニーがすぐさま確立されそうにないと思われるとしても、気候リヴァイアサンの成立が唯一の、あるいは最もプラグマティックな道だと結論づけてしまう傾向があるからだ。今日のリヴァイアサンの主な長所は、――コペンハーゲン、ニューヨーク、パリでの大規模な民衆の動員が示しているように――それが世界の未来について合意する上でリベラルな常識にかなったものであり、それだけに最も無理がなく、最もプラグマティックな気候生存戦略を提示しているように思われることである。しかし、もし私たちが注意深く観察すれば、こうした動員の場面は不気味に思えることだろう。群集の多くは希望に満ちた横断幕を掲げているが、重苦しい気分につつまれている。つまり、意志の楽観主義（炭素緩和計画への希望）と知性の悲観主義（その将来的な失敗を「知っている」）である。[57] これはグラムシのよく知られた政治的定式であり、フレドリック・ジェイムソンは現在の状況にふさわしい、より見通しの暗い仕方でそれを把握している。今日では、「資本主義の終わりを想像するよりも、世界の終わりを想像する方が簡単だ[58]」という有名な定式である。

私たちはまだ何ら一貫した対応策をもつことなく巨大な課題に直面する際に――こうした外観上の対策不可能性が気候リヴァイアサンに少なからず「プラグマティックな」正統性を与えているのだが――、忘れてはならない二つの事柄がある。第一に、もちろん想像力はそれだけでは不十分であり、実際に世界の終わりを想像する方が「簡単」だが、私たちが資本主義の終わりを想像することは可能であるばかりか、必要不可欠なことである。私たちは、そのような世界についての効果的な概念、オルタナティブな連帯の拠り所、そして気候正義のための革命的戦略を集めるよう努力しなければならない。第二に、現在提起されている問題は、大気化学や氷河の融解速度をつうじて新しく登場したとはいえ、けっして新しいものではない。何世紀も左派を苦しめてきた基本的な事柄——主権、民主主義、そして自由のあいだの関係という問題、つまり、交換価値ではなくみんなのために社会的富と尊厳を生み出すような人間生活の様式がいかにして政治的に可能なのか——が今なお問題となっているのだ。現在の問題の深刻さを特徴づけているのは、エコロジー的デッドラインの存在である。地球温暖化が要求する緊急性は、私たちを過去から切り離すのではなく、まさに過去を現在において再生させているのだ。

忘れてはならないことだが、私たちには、リヴァイアサンの神秘的な列車とビヒモスの一般意志の反動的ヴァリエーションを脱線させる能力がないわけではない。ベンヤミンは、「歴史の概念について」第一〇テーゼにおいて、「ファシズムに対抗する者が希望をおいていた」社会民主主義者たちを次のように強く非難している。

これらの考察が目指しているのは、政治において俗世に生きる人びとを、この裏切り者たちがかれらを絡めとっている網から解放することである。この政治家たちのかたくなな進歩思想、かれらの「大衆基盤」への信頼、そして最期に、制御できない機構のなかにかれらが追従的に組み込まれていること、これらは同じことがらの三つの側面であったということが、ここでの考察の出発点となっている。この考察が行おうとしているのは、この政治家たちがあいかわらずしがみついている歴史観とのあらゆる共犯関係を避ける歴史の観念にとって、われわれのいつもどおりの考え方がどれほど高い代償を払わなくてはならないかをわかってもらうことだ[59]。

第一〇テーゼは基本的に、より有名な第九テーゼ（「歴史の天使」）をはっきりと政治的な形態で再定式化したものである。ベンヤミンがここで非難している政治——進歩思想、大衆基盤への信頼、機構に追従的に組み込まれること——は、まさに将来の闘争における私たちの三つの対抗相手である。つまり、リヴァイアサンのエートスは進歩思想であり、毛沢東主義のそれは大衆への信頼であり、反動的ビヒモスは資本と恐怖の安全機構への統合を意味している。これらは、気候正義に向けた、オルタナティブな連帯の拠り所と革命的戦略を——私たちの仕事は明らかにユートピア的なものだが、こうした取り組みを「気候X」と呼ぶ（第3部で詳述）——阻止するような三つの選択肢である。これらはどれも「政治家たちがあいかわらずしがみついている歴史観とのあらゆる共犯関係を避ける歴史の観念にとって、われわれのいつもどおりの考え方がどれほど高い代償を払わなくてはならないか[60]」を認めようとはしないのだ。

私たちはこの共犯関係のコストを測定できるのだろうか。気候リヴァイアサンは誕生しつつあり、気候ビヒモスと戦争状態にあり、リヴァイアサンと毛沢東主義のグローバルな戦争は全く想像できないことではない。こうした対立が生み出す将来の恐るべきエコロジーと政治は、私たちが直面する進歩の代償である。神はヨブに「〔リヴァイアサン〕の上に君の手を置け、思い起こせ、かつての闘いを。君はそれを再びしようとしない」(Job41:8)よう命じたが、私たちには選択肢がないのだ。

第2部

3

適応のポリティクス

私たちは科学のために、何度も繰り返し科学の基本概念を批判することで、
それに無意識に支配されないようにそなえる必要がある。

――アルベルト・アインシュタイン、1953年[1]

1

科学が社会的であることは避けられないものだ。このことは、科学がしばしば特定の**個人**のプロジェクトとして——才能と客観的データを持ち合わせた人間が「大発見」をするというように[2]——イメージされるので忘れられる傾向がある。じっさいには大発見というのは極めて例外的なものであり——ダーウィンの進化論やアインシュタインの相対性理論のように——それが生み出されるときでさえ、より多くの人々による社会的労働の産物である。つまり、多くの人々が他人の洞察から学び、アイデアを交換し、何かをトライし、成果を比較したりすることで、創造的思考を可能にする洞察が生み出されるものなのだ（直接には「科学」に関与していないが、ダーウィンやアインシュタインになることを夢見ながら科学的探求に身を捧げる人々のことは言うまでもない）。もっと根本的にいえば、科学的過程というのは調整・交換・言語をつねに必要とする。それゆえ科学にはつねに、その基礎にある社会的関係の痕跡をいくつか見いだすことができる。こうした理由で、科学もまたつねに極めて歴史的なものである。つまり、科学的活動や科学的意味はその時代の産物なのだ。このことは、当の時代においては把握することが難しいが、後からみると明らかになるものである。古代のマヤやギリシアにおいて科学とみなされたものは、たとえその大半が今日における「科学的」意味をほとんどもっていなかったとしても、真に科学的な社会的労働（何かをトライし、成果を比較するなど）の産物であった。

すべての科学的学問分野と同様に、現代の気候科学も長所と短所、欲望と恐怖、知的能力と制約、利害とイデオロギーなどをもった人々によって研究され教授されている。このように言うのは、気候科学者を中傷するためではなく、たんにどんな気候科学者も（アリストテレスが述べたように）人間が政治的動物であるという事実から逃げられないということを肝に銘じておくためだ。人間はまさにその動物的特性が社会的であるがゆえに政治的なのである。しかし、政治的であるとはどういう意味なのだろうか。そして、もし「政治的である」ということが私たちみなに共通する人間性を規定するのであれば、このことは「自然的」すなわち生物学的であるということなのだろうか。もしそうだとすれば、人間は自然にどうはたらきかけても自然の一部にすぎないのであり、惑星上の危機はまさに人間の進化に書き込まれた悲しい運命にすぎないのだろうか。私たちは第4章で、政治的なものの概念を、そして第8章で、自然史における私たちの位置が変化する可能性を詳細に検討することで、人間と自然の区別に関する諸問題をとりあげたい。本章では科学とその社会性という問題に焦点をあてる。人間の事情に内在する社会的・政治的本性を認識することは、現代の気候科学を検討するうえで決定的である。というのも、この人間本性は間違いなく必然的なものであると同時に、政治によって動かされるからであり、言い換えれば必然性によって動かされ、間違いなく政治的なものであるからだ。

まずは例証として、ロニー・トンプソンの研究をとりあげたい。地球の大気圏における物質的変化について私たちが知っていることの大半は、大気化学の基礎研究に由来するものであり、トンプソンの幅広く引用される科学的研究はこの成果の中心をなすものだ。彼の専門は、氷河氷の気泡に閉じ込められたガスから得られたデータによって、過去1万年間の自然史を再構築することである（図1-1を参照）。彼は生涯において世界中の氷河における氷床コアを掘削し、気泡からガスを抽出し、その化学反応から証拠を導き出すことで、地球の大気圏の歴史を明らかにしてきた。トンプソンは、数多くの人々――彼のパートナーで共同研究者であった科学者エレン・トンプソンをはじめとする――の社会的労働によって自身の科学的研究が可能となったことを指摘した初めての科学者だと思われる。そして、多くの科学者が考察の結果として地球環境の変化に直面せざるをえなくなったように、トンプソンは変革の必要性を訴え、科学的権威を政治的領域に持ち込んだのである。この点で彼はより一般的なトレンドの例証である。というのも、気候科学コミュニティは、世界に対して、自分たちの発見が差し迫った重大な危険を示していると警告しようとしてきたからだ。IPCCがたどったプロセスは、本質的にこれと同じダイナミクスが世界規模で生じたものである。[3]

2010年に、トンプソンは「気候変動――その証拠と私たちの選択肢」という注目すべき評論を公開した。その目的は、社会が気候変動に対応するための選択肢を説明することである。こうした選択肢を見分けるためには、まず私たちが何をなしえるか、そして私たちが何をなすべきかについて決断する必要がある。明らかにこの決断は政治的なものにならざるをえない。トンプソンはまず、経験的基礎（環境変化に関する科学的データ）を築いたうえで、「べき」論（私たちが何をなすべきか）を展開している。

気候科学上の事実を議論している段階から、社会・政治的選択肢を提示する段階へと移行しなければならないという主張は、今日ではありふれており、私たちの状況に固有のものだ。記述と規範のあいだの区別は、気候科学においてますます曖昧なものとなっている。このことは、多くの気候科学者のあいだで深刻な緊張状態を生み出してきた。というのも、かれらは原則として、強い規範的主張をおこなったり、あるいは自分たちの発見の道徳的・政治的意味を叙述したりすることがないように訓練されてきたからだ。[4]それゆえ、道徳的あるいは政治的なリーダーシップを示唆する主張をおこなうとき、多くの気候科学者は（意識的であろうとなかろうと）申し訳ないような口調で語ることになる。トンプソンの評論は次のような言葉で始まる。

気候学者は、他の科学者と同様に冷静な集団を形成する傾向にある。私たちは天空の落下について大袈裟にわめくことなどしない。そのほとんどは、ジャーナリストのインタビューに答えたり、議会の委員会で演説するよりも、研究室にいたりフィールドでデータを収集するほうがはるかに快適なのだ。[5]

なぜこうした留保から始めるのだろうか。あらゆる文章の出だしがそうであるように、その目的は後の物語を正当化するためである。トンプソンは気候学者に共通するある感情について述べている。気候学者は、自分たちの研究によって政治的な発言を強いられることを快く感じていないというのだ。環境学者は、適応という課題に直面している他の学問分野と同様に、今後数年間このような不快感をもっと経験することになるだろう（特に経済学については第5章を参照）。本章における私たちの目的の一つは、気候科学のポリティクスを適応という問題にてらして考察することである。この適応という概念もまた科学から生じるものだが、現代政治の基本概念となっている。

トンプソンの中心的主張は、論文の要旨に次のように簡潔に要約されている。

世界中の減少しつつある氷河から採取された氷床コアは、数百年から数千年にわたり氷河が存在し続けていることを確証しており、次のことを示唆している。すなわち、今日その地域を支配している気候学的条件は、これらの氷原がもともと蓄積され維持されてきた条件とは異なっているということだ。それゆえ、複合的な証拠（プロキシ）と160年間の直接的な気温測定の記録にもとづく千年単位の視野からすると、現在の温暖化は異常である。このような証拠があり、しかも大気中の温室効果ガス濃度が増大し続けているという報告がなされているにもかかわらず、社会は地球規模の問題に対処する行動をほとんどおこなっていない。だから地球の二酸化炭素排出量は加速し続けている。こうした不作為の結果、私たちには緩和・適応・苦難という三つの選択肢しか残されていない。[6]

これは私たちの選択肢としては一般的な枠組みではない。なぜならＩＰＣＣを含むほとんどの人々がみな二つの選択肢について語っているからだ。私たちは「緩和」（気候変動を遅らせるか防ぐために炭素排出量を減少すること）か「適応」（温暖化した世界に順応すること）のどちらかを選ぶことができるというわけだ。トンプソンはさらに、第三の「苦難」という選択肢を付け加えて、私たちの決断に明確に道徳的な要素を導入している。本章で私たちは、このような記述から規範への移行の意味を考察し、先にみた洞察をＩＰＣＣの適応論に組み込んでみたい。トンプソンは、気候変動に対する一見すると価値中立的な「選択肢」論に苦難という選択肢を挿入した。このことをふまえれば――これを無用な政治的脱線と思う人もいるだろうが――、適応のポリティクスについて議論する前に、気候学、政治、そして科学の性格について少し言及しておくのがよいだろう。

II

気候変動問題への取り組みは緊急性の極めて高いことがらだが、現代の大学、特に社会科学の分野はこうした課題に立ち向かいはじめたばかりである。[7] 私たちは、気候変動を促進する物理的過程を技術的には理解しているが、こうした物理的過程を促進する社会的・政治的過程を説明する点でははるかに立ち後れている。だが、変革すべきはまさに社会的・政治的過程なのだ。

共通して見られる反応は、自然科学と社会科学を横断した共同作業の必要性を強調したり、社会的・環境的変化について学際的あるいは超域的なモデルを構築しなければならないといったものだ。しかし、これまでのところ効果的な共同作業はほとんどみられなかった。その理由の一つとしてあげられるのは、自然科学と社会科学のあいだで基礎概念に関する重大な差異が存在することだ。[8] 気候科学者は（しばしば継続して）自分たちの成果の意味について論争をおこなうが、かれらは研究の前提となる基礎的な構成要素を再設定することはほとんどない。[9] 例えば二人の科学者が、物理的な大気プロセスにおける CO_2 や CH_4 の正確な役割について活発な議論をおこなうことはあっても、炭素の基本性質——原子番号や重量、化学的性質など——が問題にされることはないだろう。[10] これとは対照的に、二人の社会科学者が、例えば気候政策の言説において市場ベースのアプローチが優勢であるべきかどうか議論する場合、かれらは「ヘゲモニー」「市場」「気候政策」「言説」などの意味をどう規定するかに多くのエネルギーを注ぐに違いにない。というのも、これらの概念や関連する概念をどう理解するかということは、世界を把握する様々な仕方を反映しているからだ。[11] つまり、社会科学はほとんどの場合、分析の「基本」単位について深い考察を必要とする。このことは社会的思考が「厳密で」ありうることを否定するわけではないが、しばしばある社会思想家の厳密な思考が他の社会思想家にとってはたんなるイデオロギーとなるのも事実である。というのも、私たちはつねに社会生活に参与しており、言語をつうじて絶えず社会的概念を再利用かつ再形成しているからだ。こうした概念を「客観的に」確定するための、社会的世界を超越したメタ言語など存在しない。社会思想の基礎概念がもつ意味についての論争は、複雑で果てしないものだが必要なものである。私たちは無意識において、社会的概念のみならず、その使用を調整する手段をも相続している。それゆえ、社会的思考が最善の状態で進行するためには、基本概念の考察というある種の再帰的プロセスをつうじて、その可能性の条件を説明する必要がある。アントニオ・グラムシはこのアプローチを「絶対的歴史主義」と呼んだが、私たちが使用する言葉は何であれ、それは社会の分析という課題をつねに内容豊かにも複雑にもするのだ。[12]

1949年にアインシュタインはこの課題に取り組み、社会主義雑誌『マンスリー・レビュー』創刊号に簡潔なエッセイを寄稿した。それが扱っている問題は、彼の自然科学者としての地位が彼の社会的思考への企てを促進しているのかどうか、促進しているとすればどの程度なのかというものだった。科学と社会的知識の関係が気候変動の論争の中心にある今日、それは注意深く読むに値するものだ。

アインシュタインはエッセイを次のように始めている。「天文学と経済学のあいだには方法論的に本質的な差異が存在しないように思われるかもしれない。つまり、どちらの分野でも一般的に受容可能な法則を発見しようとする」。しかし、そこには二つの重要な差異があると彼は説明する。第一に、人間の意識的な活動が社会関係に巻き込まれているために、社会分析は根本的に複雑になるということだ。彼は社会科学の例として経済学を取り上げて次のように書いている。「経済学の分野では、経済現象に影響している多くの因子を分離して評価することが非常に難しいという事実のために、一般的法則の発見は非常に難しい」[13]。こうした困難な状況によって、人間の事情を予測するという課題——気候変動にたいする社会的・経済的な反応をモデル化することで気候学者がおこなうような作業——が不可能ではないにせよ極めて複雑なものになっている。

この点を明らかにするために、アインシュタインは珍しい例証を用いている。それは、彼の核心的議論を簡潔に予見させるものであり、気候論争にとっても多くの示唆に富んでいる。彼によれば、経済学という学問分野にとって、研究対象（「経済」）も核心的概念（例えば「割引」）も、グローバル資本主義の台頭を促進した征服や帝国の歴史から分離することができない。

経済学の分野では［…］一般的法則の発見は非常に難しい。さらに、いわゆる人類史の文明時代の開始以来蓄積されてきた経験は［…］必ずしも経済的な本性のものではない原因によって影響され、制限されている。例えば、歴史における主要な国家はたいてい征服によってつくられた。征服した側の人々は、そこで自分たちを［…］特権的な階級として確立した。かれらは土地の所有権を独占し、かれら自身の身分から聖職者を指名した。聖職者は、教育を支配することで社会の階級分裂を永続的な制度にし、人々の社会的な行動を多くの場合無意識に規定するような価値システムを作り出した。[14]

アインシュタインは自然科学と人文学との差異を強調している。社会的知識が不平等な社会関係のなかで複合的に絡みあっているため、原因と結果（アインシュタインが「一般的法則」と呼ぶもの）を確証することが困難となっているというわけだ。例えば経済学は、歴史的に私たちの思想、すなわち「社会的な行動を［…］無意識に規定するような価値システム」を形成する過程に埋め込まれているとされる。

アインシュタインはそこで議論をやめて経済学を経済学者にまかせることもできただろう。しかし、そうすることなく彼は、あらゆる科学者には俗世の事情に参与する責任があるが、科学の限界を自覚したうえでその責任を受け入れるべきだと結論づけている。

科学には［…］目的を作ったり、ましてや人間にそれを教えたりすることはできない。科学にできるのはせいぜいのところ、ある目的を達成するのにはどうしたらよいかを示すことでしかない。しかし、目的それ自体は、崇高な倫理的理想を持った個性によって考案される。そして、――それが死産した目的ではなく、生命力のみなぎる目的であるならば――半ば無意識的に社会をゆっくり進歩させようと決心している多くの人間たちによって選び取られ、前進させられる。このような理由から、問題が人間についてのものであるときには、**科学**と科学的方法の役割を**過大評価すべきではない**。さらに、社会の組織化に関する問題については専門家だけが発言する資格があるなどと考えてはならない[15]。

問題なのは、このアプローチをどのようにして実践するかということだ。私たちはどのようにして、科学的な実践および知識を、神秘化することなく――とりわけ客観的に問題を解決する能力は「専門家」にあるという現代の神話に陥ることなく――真理を生産するための独特で力強い方法として採用できるのだろうか。私たちはどのようにして、科学を、それに過度の政治的期待をかけることなく肯定できるのだろうか。そして、アインシュタインの洞察は、気候変動の社会的次元について「発言」したいと考える環境科学者に何を残しているのだろうか。

III

トンプソンは「気候変動――その証拠と私たちの選択肢」の終わりで、私たちの3つの選択肢――緩和、適応、苦難――を以下のように定義している。

> 緩和は先を見越して対策を講じるものであり〔…〕根本的な原因を変化させることで温暖化のペースと大きさを軽減することを意味している。適応は反応的なものだ。それは、気候変動の副産物から生じる潜在的な悪影響を軽減することである。〔…〕第三の選択肢である苦難は、緩和や適応では阻止できない悪影響に耐えることを意味する。[16]

ジョン・ホルドレン（彼が以前に提案した「惑星的レジーム」については第2章で論じた）は、2007年に幅広い聴衆にむけて緩和・適応・苦難という定式を紹介した。トンプソンの論文は2010年に出版されたが、同じ年にホルドレンは、新たに任命された米国大統領補佐官（科学技術担当）として、米国気候適応サミットでこの議論を繰り返している。[17]

> 私たちには三つの選択肢しかない。一つは緩和であり、私たちの活動が引き起こす気候変動のペースと大きさを軽減するためのステップである。二つ目は適応であり、もはや避けられない気候変動の被害を軽減するための措置である。第三の選択肢は苦難である。選択肢は緩和・適応・苦難というシンプルなものだ。[18]

繰り返しになるが、これは「私たちの選択肢」の標準的な枠組みではない。国際的な気候政策においては、炭素排出量を緩和し、気候変動に適応する必要があるという考え方が前提になっている。

さらに、適応が定義上「反応的」であることは確かだが、ある種の適応は先を見越したものと見なすこともできる。世界全体はすでに気候変動に適応しているが、それは必ずしも良い知らせというわけではない。例えばエアコンは、温暖化した環境の効果を緩和するための一般的な装置だが、明らかに「先を見越した」ものである。というのも、こうした気候変動への適応は、ある程度まで事前の配慮や計画を必要とするからだ。こうしたエアコンの問題――それは適応に向けた多くの技術的アプローチの優れたメタファーである――は、エアコンが熱を除去するわけではなく、熱交換によって作動するという点にある。エアコンは熱力学の法則を変化させることはない。それは熱を除去するために熱力学の法則にしたがって作動し、建物や自動車から熱を吹き飛ばすだけである。その結果、熱は純増加となる。エアコンは、よく知られている「都市のヒートアイランド」の原因の一つとされる。この現象は、エアコンの使用が増大することで、かえって都市という島を暖めてしまい、正のフィードバック・ループが発生するというものだ。その利用者たちにとって、エアコンは適応の簡単な形態と思われているが、**都市**という規模においてはより多くのエアコンが、私たちが回避したいと考えている問題をただ悪化させるのである。しかも、多くのエネルギーを必要とするエアコン装置の大半は、化石燃料に由来する電気で作動しているということは言うまでもない。ある指標によれば、エアコンはすでに世界で三番目に大きな、化石燃料由来の電力需要源となっている（とくに開発途上国の、成長および温暖化が著しい都市において需要が大きく拡大することで）[19]。エアコンは気候変動に対する日常的で都市的な不適応なのであって、より大きな将来の苦難を生み出す適応にほかならない。

より重要な点として、苦難を強調するのは評価されるべきことだが、緩和と適応から苦難を分離することで、緩和と適応がしばしば苦難の形態でもあるという事実が隠されてしまうだろう。特に相対的に貧しく周縁化された人々にとって、気候変動への適応はほとんどの場合耐え忍ぶものとなっている。公平のために引用するが、トンプソンも論文で不平等の重要性を認めている。

> 誰もが地球温暖化の影響を受けるだろうが、適応のための資源が最も少ない人々が最も苦難を被るだろう。［…］緩和が私たちの最善の選択肢であることは明らかだが、これまでのところ、ほとんどの社会は［…］緩和の重要性を語るだけである。［…］現在のところ、地球温暖化を素早く解決するテクノロジーは存在しない。唯一の希望は、地球温暖化の速度を大きく遅らせるような方法で私たちの行動を変化させ、それによってエンジニアたち

に、技術的解決策をそれが可能なところで発明・開発・展開するための時間を与えることだ。温室効果ガスの排出削減を目的とした政府の規制を支持するといったように、多くの人々が適切なステップをふまない限り、私たちの選択肢はただ適応と苦難のみとなるだろう。そして、私たちが先延ばしすればするほど、適応はより不快なものとなり、苦難はより大きなものとなるだろう。[20]

苦難を独自の「選択肢」として強調する理由は、私たちが緩和と適応に失敗した結果として、誰か――おそらくまだ生まれていない誰か――が苦しむという事実に注意を向けるためである。主流の「緩和―適応」定式を批判するホルドレンやトンプソンのアプローチは、その分析上の限界にもかかわらず、適応をめぐる論争において典型的に排除されている論点を主張しているため、(暗示的なものではあるが)本質的な政治論となっている。しかし、ホルドレンとトンプソンが「苦難」の事実を主流の言説において可視化しようと試みたとしても、かれらの枠組みでは苦難が「選択肢」として誤って特徴づけられている。むしろ問題なのは、現在あるいは将来の苦難を、緩和か適応という暗黙の功利主義的計算法に依拠することのない政治的または倫理的な枠組みにおいて理解することを、一見するとできずにいるか、あるいは拒否しているということだ。苦難という「選択肢」はいつも、事実上コストの比較という観点から論じられている。したがって、科学者が緩和を「最善の選択肢」と言うときに私たちは不安に感じるべきなのである。それどころか、特に相対的に豊かで安定した人々にとって、緩和は倫理的かつ惑星的な命法なのだ。こう言うのは、ある特殊な社会集団が「技術的解決策」（トンプソンのテクストでは「エンジニア」だが、気候リヴァイアサンのあらゆるファンタジーにおいてはメシア的な「テクノロジー」）を発見するために時間を稼ぐ必要があるからではない。そうではなく、すべての温室効果ガス排出が、現在と将来の世代において他者の苦難を増大させるからである。

Ⅳ

気候変動が加速する時代において「適応」がどれほど重要なのかを理解する方法の一つは、適応にかんする膨大な文献の中で間違いなく最も重要なテクスト「気候変動に関する政府間パネル（ＩＰＣＣ）第５次評価報告書（ＡＲ５）第２作業部会報告」[21]を読むことである。この文書は本質的には、様々な分野の国際的な科学者集団が生み出した最新研究を総合したものであり、かれらは加盟国の協力によって選出された。[22]ＡＲ５第２作業部会において、多くの専門家――70カ国、２４２人の筆頭著者と66人の査読エディター――が、関連する出版物（１２００以上の参考文献）の全分野をサーベイし、その成果を適切な分量の技術要約にまとめあげた。[23]

政策者向け要約を作成する段階では、技術要約からさらに外交的な取捨選択が行われた。AR5第2作業部会の最終文書は、2014年の3月25日から29日にかけて横浜で開催された承認会合で一般公開され、政策者向け要約は「一行ごとに承認され、195の加盟国から構成されるパネルによって承認された」[24]。これは科学的文献の歴史においてほとんど唯一無二のものである。つまり、ある種の科学的かつ政治的なコンセンサスを可能にする方法で、有名な科学的文献を一挙に総合した(しかも比較的オープンで民主主義的な方法によって)テクストなのだ。まさにこのテクストの性質――その作成・流通状況ならびに特徴――は、現代の環境科学に課せられた政治的命法を示しており、環境科学が資本主義国家と不可分であることを反映したものだった。

AR5第2作業部会のテクストは多くの価値をもっている。味気なくも印象的な言葉で、気候変動がもたらすと幅広く予想される帰結の多くが記述されている。例えば、政策者向け要約には以下のリストがある。

・陸域、淡水および海洋の多くの生物種は、進行中の気候変動に対応して、その生息域、季節的活動、移動パターン、生息数および生物種の相互作用を変移させている(確信度が高い)。

・広範囲にわたる地域や作物を網羅している多くの研究に基づくと、作物収量に対する気候変動の負の影響は、正の影響に比べてより一般的にみられる（確信度が高い）。
・気候以外の要因や、不均等な開発過程によってしばしばもたらされる多元的な不平等から、脆弱性や曝露に違いが生じる（確信度が非常に高い）。
・熱波、干ばつ、洪水、低気圧、火災といった最近の気候関連の異常現象の影響は、一部の生態系および多くの人間システムが、現在の気候の可変性に対して深刻な脆弱性をもっており、曝露されていることを明らかにしている（確信度が非常に高い）。
・気候関連のハザードは、特に貧困状態にある人々にとってしばしば生活に負の結果をもたらしつつ、他のストレス要因を悪化させる（確信度が高い）。
・暴力的紛争は、気候変動に対する脆弱性を増大させる（証拠が中程度、見解一致度が高い）。[25]

各文章の末尾には挿入句として注記が加えられており、ＩＰＣＣ文書がもつ価値のもう一つの側面を示している。それは各論点に関して文献上どの程度まで信頼性があり見解が一致しているかを評価したものだ。これは科学がもつ本来的に社会的な長所でもある。ＡＲ５第２作業部会報告書は、研究者コミュニティの集団的成果を結晶化したものであり、何が出典かを公表し、コンセンサスの程度がどのくらいかを率直に認めている。ＡＲ５第２作業部会を含むＩＰ

CC報告書の価値は、批判の余地がないということではなく、むしろ批判を促すという点にある。

こうしたメリットを念頭におきながら、AR5第2作業部会の成果に関する二つの批判を考察することは重要だろう。それは、フーコーがエピステーメー（大ざっぱに言えば、与えられた時間と場所で可能となる思考の地平）と呼んだものに対する批判であり、特定の利害や関係者に対する批判ではない。[26] 第一に、AR5第2作業部会の技術要約と報告書が示す将来のヴィジョンにおいて、世界の政治経済システムにとっての根本的で全システム的なリスクが本質的に欠落しているという点だ。脅威は列挙され評価されているのだが、それが繰り広げられるのは政治経済的な舞台ではない。その結果として、劇的な変化によって将来のモデルが定義されてはいるが、根源的に予期せぬ出来事――「ブラック・スワン」やシステム障害――は発生しないとされる。

図3−1の上半分は、二つの起こりうる温暖化の経路を示している（RCP2.6とRCP8.5）。[27] そこでは2100年までに予想される気温上昇の範囲（1850年〜1900年の気温との比較において）が描かれている。低緩和シナリオ（RCP2.6）では世界の平均気温は1.5℃しか上昇しない。しかし、すでに見たように、炭素排出量を削減しなくとも、すでに約1℃平均気温が上昇している。ラディカルな政治的変革がなされない限り、（「通常通り」現在の軌道から変化し

ないという）RCP8.5が最も可能性の高いシナリオである。この経路では、世界の平均気温は2100年までに4.5℃上昇し、さらなる上昇も予想される。

図3-1の下半分は、AR5第2作業部会の新しい成果である。ここでは、5つの主要分野において気候変動由来の追加的リスクの相対的な深刻度やレベルが示されている（これら5つのダイナミクスは相互に連関しているが、図表上では分析的に区別されている）。そのシンプルなメッセージは、平均気温が上昇するにつれて、これらのリスクがますます深刻になるとい

図3-1A　気温上昇とリスク：1850年〜1900年と比較した1986年〜2005年における世界平均気温の上昇

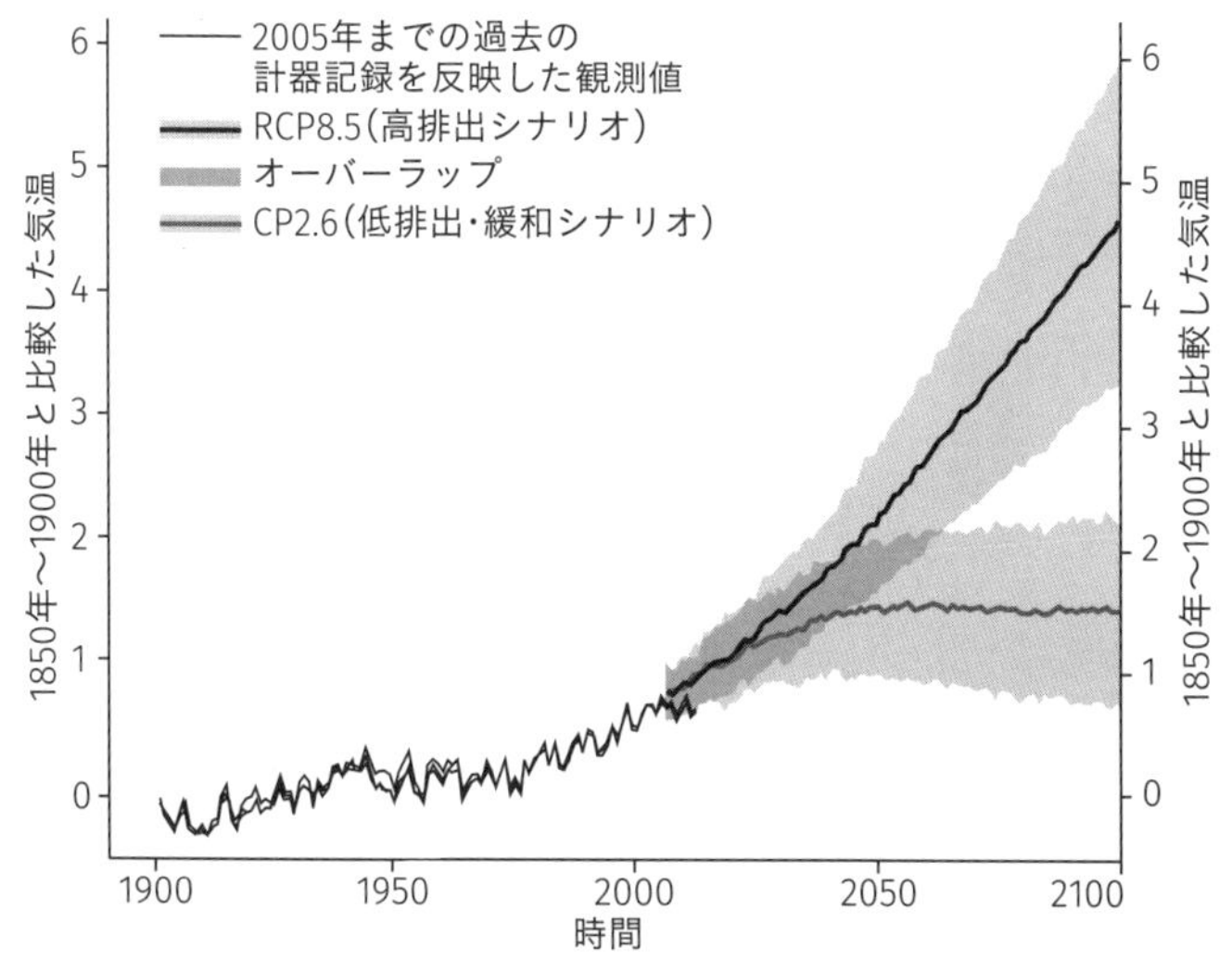

出典：Intergovernmental Panel on Climate Change, Fifth Assessment Report, Working Group III, 2014.

うものだ。しかし、難しいのは、何度上がればどの程度危なくなるのかということである。こうした問題に固有の困難に直面すると、私たちはこの図を誤って具体的に解釈したくなる。例えば、平均気温2.5°Cの上昇による追加的リスクの評価を取り上げてみよう。[28]このレベルでは、「存続が危ぶまれる固有の自然システム」の追加的リスクは、「高い」と「非常に高い」のあいだにある。「異常気象」の追加的リスクは「高い」。しかし、どういうわけか、「グロー

図3-1B　追加的温暖化のレベルの分化に対応した5種類の脅威による追加的リスク

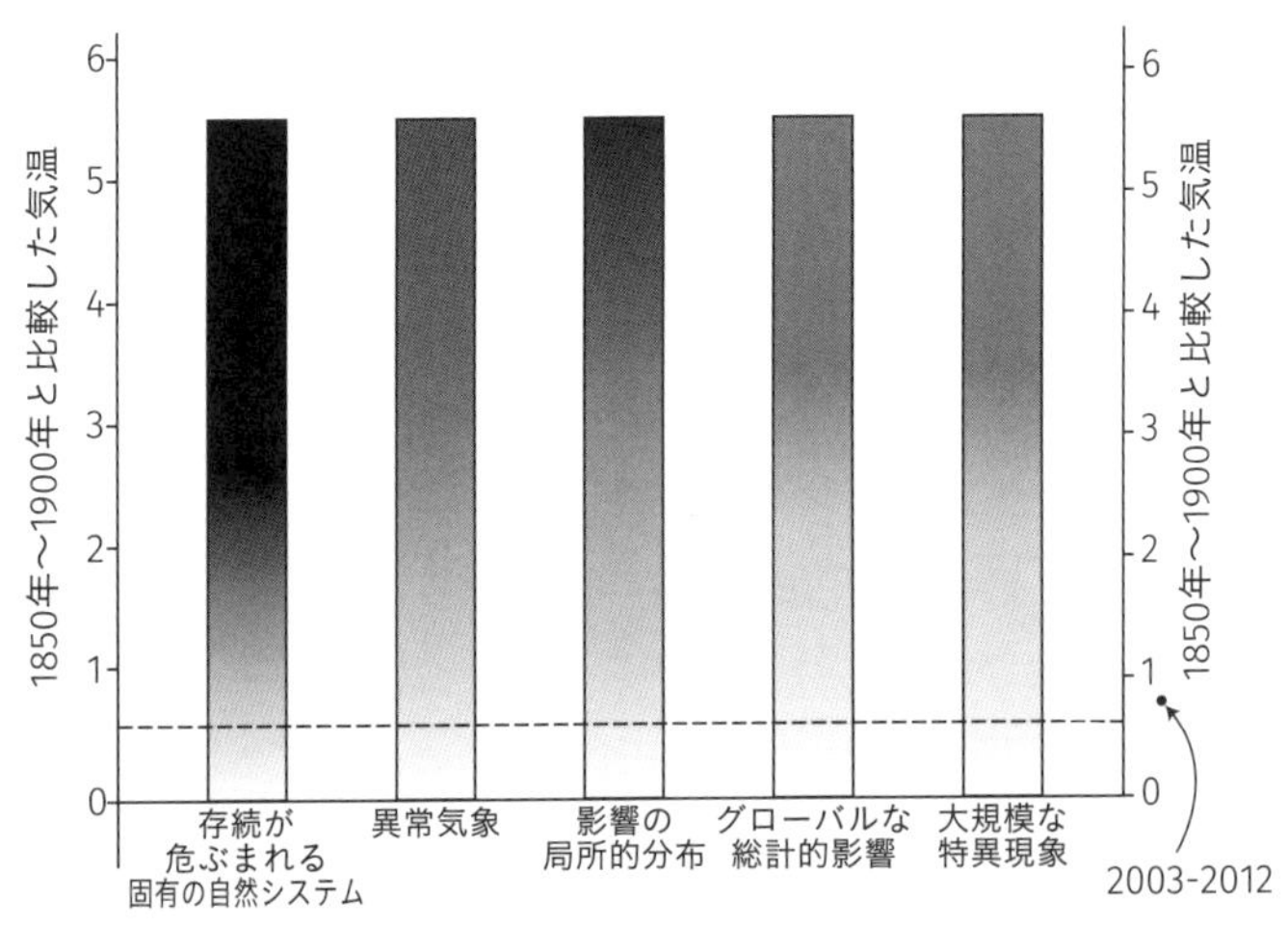

出典：Intergovernmental Panel on Climate Change, Fifth Assessment Report, Working Group III, 2014.

バルな総計的影響」と「大規模な特異現象」はたんに中程度となっている。言い換えると、この図は次のことを物語っている。すなわち、地球システムに大きな追加的ストレスを与え、異常気象を大きく増大させるような気温上昇は、それにもかかわらず、地球の政治経済にはそれほど大きな影響を与えはしないということだ。その暗黙の主張は、——仮説と主張の中間にあるようなものだが——一般的なリベラル資本主義の秩序が、地球環境よりも強力であり、その秩序が依存する生態系よりもうまく将来の脅威に適応するだろうというものである。しかし、AR5第2作業部会は、この中道の政治的条件について何ら説明しておらず、政治経済的秩序の安定性という極めて楽観的で非歴史的な推定を正当化するような根拠を示していない。

システム上の脅威が過小評価されている理由は、誤った説明や著者のバイアスといったことではなく、報告書のベースにある文献の大半が以下の二つを前提としているからだ。すなわち、(a)私たちの政治経済的秩序が安定的で、永続的ですらあるということ、そして(b)「適応」とは、人類が発見すべき技術的手段であり、より暑くなった惑星で可能な限り現在と同じような生活を送るためのものだということである。この前提はIPCC作業部会における科学的・方法論的分業に組み込まれている。AR5第1作業部会の報告書は、第2作業部会に取り入れられたものだが、正確な分析と自然科学的な気候変動の観点から記述されている。それは幅広く受け入れられている物理的過程の理論やモデルにもとづくものだった。不確実性の主要な原因（例えば、雲と海洋熱の複合的な空間性あるいは地球の気候システムにおける長期的なフィードバック・ダイナミクス）がよく研究されており、不確実性の程度も画定されている。言い換えれば、今から100年後の地球の気候システムがどのように反応するかを知ることはできないが、私たちには、少なくとも予測を裏付ける気候モデルを検証するための確かな文献があるとされている。第3作業部会になると、緩和に関して状況が劇的に変化する。将来の緩和は根本的には政治経済の問題だが、ＩＰＣＣは資本主義の批判的モデルを提示するような研究をおこなっていないし、おそらくおこなうこともできない。このことがＩＰＣＣの分析における根本的な問題である。それは、熱力学の理論や海水温の変化がサイクロンの力学に及ぼす影響を理解することなく、ハリケーンをモデル化しようとするようなものなのだ。

こうした問題点は、第2作業部会での適応論に目を向けるとよりいっそう悪化する。地球の気候変動に対する適応の分析はすべて、将来の大気圏における炭素集中（それは気候変動の速度と程度を規定する）を推定するだけのものではない。それは、複合的な変化に対して複合的な社会がいかにして適応していくのかを理論化するものなのだ。しかし、ＩＰＣＣによって採用された査読プロセスにおいては、適応に関して首尾一貫した政治的分析をおこなうことはできない。というのも、ベースにある文献にはそもそもこのような政治的文献が含まれていないからである。ＩＰＣＣプロセスの長所は、私たちの社会において優勢なリベラル資本主義の地政学的経済がどのようなシステムチェンジを果たしうるかを予測・分析するときになって限界にぶつかる。

「グローバルな総計的影響」については、こうした不正確さが図3-1において巧妙に図式化されている。リスクを示すために滑らかに等級分けされた、網掛けの棒グラフである。厳密に定量的な図表の上半分から曖昧で定性的な下半分への移行において、根本的なモデルの不適切さを補完するのは美的感覚である。あまり意味はないかもしれないが、確かに見た目は良いというわけだ。図の下半分、２１００年までに5.5℃の気温上昇というＹ軸の頂点に目をむけても、ＡＲ５第２作業部会の図が伝えているのは「グローバルな総計的影響」によるリスクが「高い」ということだけだ。このことは私たちの世界システムの安定性を必要以上に想定してしまっている。さらに、ＩＰＣＣは時間の枠組みとして２１００年を重要な終着点としているが、その保守主義は要注意である。人類は20万年前から地球に住んできた。私たちが典型的に「文明」と呼んでいるものはここ数千年のものにすぎない。故意ではなくとも、私たちの分析の時間的地平を２１００年に設定することは次のことを意味するだろう。すなわち、今世紀末には停滞期が訪れ、その時点で私たちは良くも悪くもある種の均衡状態に到達するだろうということだ。しかし、これはもちろん真実ではない。

AR5第2作業部会の様々なテクストを比較すると、私たちはシステム上のリスクに関する正確さと保守主義がどれほど変化してきたかを見ることができる。各セクションにおける成果の要約から、外交的に承認された最後の要約に至るまで、総じてシステム上のリスクは過小評価されている。こうしたリスクは、各章の本文ではより明確に公言されており、技術要約でも認められているが、政策者向け要約ではほとんど欠落している。例えば、技術要約は——物理的で社会的な生活上の安全という広い意味において——「人類の安全」が「気候が変化するにつれて**次第に脅かされる**」であろうと述べている。この主張は政策者向け要約では見いだすことはできない。[29] さらに技術要約は、緩和と適応を成功させるための戦略が妨げられる要因の一つとして、気候変動に対する現在のアプローチから「社会の特権層が恩恵を得ることができる」と指摘している。特権層にはそれが可能であるし、実際に恩恵を得てもいる。このことは、適応をめぐる政治的亀裂を検討するうえで重要な事実だ。[30] だが、この点にも政策者向け要約には言及がない。

最後の重要な例として、技術要約は適応のコストに関するスタンダードな経済的概念を厳しく非難している。

不十分な計画立案、短期的成果の過度な強調、またはすべての選択肢を考慮しないことにより、適応が失敗しうる（**証拠が中程度、見解一致度が高い**）。［…］定量可能なコストおよびベネフィットのみに焦点を絞ると、貧困層に対し、生態系に対し、そして将来においてその価値が除外されるか軽視される恐れのある要素に対して、バイアスのかかった意思決定が生じうる。[31]

政策者向け要約ではこうなっている。

不十分な計画立案、短期的成果の過度な強調、または結果を十分に予見しないことにより、適応が失敗しうる（**証拠が中程度、見解一致度が高い**）。適応の失敗は、将来における対象グループの脆弱性または曝露、もしくはその他の人々、場所または分野の脆弱性を増大させうる。[32]

すでに述べたように、政策者向け要約になると、技術要約での不要な専門用語は削除される。しかし、ここで生じていることはそうではない。技術要約の「すべての選択肢を考慮」しなければならないという主張は極めて明白なもので専門用語ではないが、政策者向け要約からは抜け落ちている。さらに、「定量可能であるコストおよびベネフィットのみに焦点を絞ると、貧困層に対し［…］バイアスのかかった意思決定が生じうる」という主張も複雑なものではないが、これも「対象グループ」（どちらかと言えば、**より**専門的な用語）という言葉に置き換えられている。

もっと多くの例を挙げることも簡単だが、そのパターンは明確である。科学的文献から報告書、技術要約、そして政策者向け要約への移行には一連の翻訳過程が含まれている。科学的**かつ**政治的な決定が各段階で行われているのだ。現在の秩序の限界や直面しているシステム上のリスクは一貫して強調されている。また、世界で想像しうる適応形態のコストも強調されてはいるが、実はそれは貧困層、人間以外の存在、そして将来世代が負担することになるコストなのだ。こうした側面を隠したい意図を疑わないわけにはいかない。

ＩＰＣＣのＡＲ５第２作業部会——さらにはこの作業部会による現在の適応に関する分析——にたいする二つ目の批判は、適応概念そのものに関わるものだ。[33] 世界に限られた選択肢しかない場合、細部に細心の注意を払うことには価値がある。というのも、私たちが生きるすべのメタファーをその細部に見いだすことができるからだ。[34] 「苦難」とは、少なくともヨブ記と同じくらい古い、道徳的で政治的な概念である。「緩和」は、自然科学、物理学、工学に由来するものだ。「適応」は生物学的な概念である。これはダーウィンの進化論よりはるかに古いものだが、進化論の中心的概念としてよく知られるようになった。その生物学的起源は考察に値するものである。

「適応」や「適応する」という言葉は語源的には比較的シンプルなものだが、意味と共鳴の複雑なアンサンブルをなしている。その名詞形（「適応」や「適応性のある形質」）は、ある存在がもっているか、あるいは表現している性質や状態を意味している。その動詞形（「適応すること」）はそのような特殊な事柄（特性、性質）を生み出す過程を意味している。類義語には、「慣れること、適合させること」、「状況に順応すること」そして「適切な形態を採用する」などがある。適応を表現することとは、特殊なコンテクストに適応しなければならないということだ。ダーウィン以来、「適応」は特に、ある種が進化的変化をつうじて環境により良く慣れるように変態することを意味するようになった。進化論では個体群が適応の単位である。どのような群の個体も異質な形質や性質（表現型の多様性——その個体群の一部に外見上発現する遺伝的変異——）を示すであろうし、環境条件はある形質を有利なものにするだろう。その結果、種の個体群は時間が経つにつれて有利な形質をより高い割合で発現するようになる。[35]

　そういうわけで適応とは、自然淘汰による進化の過程と結果を意味している。この過程は進行中のものなので、結果は決して固定的なものでも永続的なものでもない。種と生態系は、ダイナミックで変異しやすく、淘汰の作用とまさに同じように、移動や突然変異をつうじて新しい遺伝的変異を統合する。ある時代と場所における種の遺伝的プロフィールは、世代を超えて進化するだろう。有害遺伝子が発現する頻度は通常、時間が経つにつれて減少していくが、おおむね完全に消滅することはない。つまり、個体群の構成部分が「不適合」な性質の遺伝子をもつこともあるのだ。

以上のことが、実際に存在する社会的・自然的条件においてどのように展開するのかを見るために、農作物の種が気候変動に対応するケースをとりあげよう。世界のほとんどの人々（そして人々が食べる動物）の食事は、小麦、トウモロコシ、米、ジャガイモ、大豆といった一部の主要作物の種に依存している。作物の原産地では、これらの種がしばしば地域の食事の基本となっているが、農家は一般に作物のランドレース（在来品種）を植え、その種子は毎年農家によって保存される。自然淘汰や人為淘汰をつうじて、こうした作物は特定の環境に適合するために進化してきた[36]。あらゆる植物と同様に、こうした作物も地域の環境が変化するにつれてストレスを経験する。例えば、世界のランドレースの大半は、熱帯地方の自然降雨（灌漑ではなく天水）のもとで栽培されている。気候変動によって、熱帯地方の降雨パターンはより変化しやすいものとなった。すなわち、平均的により雨の多い地域もあれば、より乾燥した地域もあるが、降雨のタイミングやレベルはほぼすべての地域で予測しづらくなっている。気温上昇とともに、こうした予測不可能性が作物生産とそれに依存する農家にとって大きな課題となっているのだ。

理論的に言えば、作物群が新しい条件への適応といった様々な方法で気候変動に対応すると予想できる（例えば、アフリカにおけるトウジンビエのランドレースは、数十年間の干ばつの結果、進化して開花期間を短縮させてきた）[37]。さらに、適応は遺伝子流動や、移動をつうじた新たな遺伝的変異によって促進されるかもしれない。表現型や形質の変化は、遺伝的変化を必要としない表現型可塑性の発現によっても生じうる。こうした対応は、気候変動にもかかわらず作物が生産性を維持できる場合もあるだろうが、ときには最適化が妨げられて収量が大きく減少するといった制約をうけることもある。作物のこうした進化的ダイナミクスはすべて、農業生態系を管理する人間によって媒介され複雑化する。もし生産性がおおきく低下すると、農家はより適応力の高い種子や品種をもとめて自分たちのランドレースを放棄するかもしれない[38]。あるいはそもそも農業を断念することもある。

人間社会についてはどうだろうか。現代の気候変動に関する議論では、「適応」は社会的であると同時に生物学的な意味をもっているが、このメタファーの進化論的起源は曖昧にされている。とはいえ分析の単位は何になるのだろうか。私たちが「社会が適応する」と言うとき、自然淘汰はどんな役割を果たしているのだろうか。遺伝子は何にあたり、個体群は何なのだろうか。進化論的メタファーの政治的効果が最も力を発揮するのはこの点である。「社会が気候変動に適応しなければならない」とか「私たちは苦しむのではなく適応すべきだ」と言うとき、この進化論的メタファーによって私たちは「生物学的」観点から人間生活を概念化することになる。これは(実際に私たちは生物学的存在なので)問題のないことのように思われるかもしれないが、生物学的観点から適応について思考することが支配的になると、社会的・政治的分析に二つの大きな効果がもたらされる。

第一に、それは機能主義を招く[39]。機能主義はつねに、世界のある側面の起源を、それが「要求され」あるいは必要でさえあった状況の産物として説明する。進化論的には、形質がある個体群の一部の適合性を増大させたとき、その形質が「機能的」であると私たちは言うだろう。形質が発達する理由は、環境が形質に有利な条件を設定することでそれを促すからだというわけだ。例えば、蜜を食べるハチドリはくちばしが細いといったように。しかし、**社会**システムにおいて「機能的」であるとはどういう意味なのだろうか。適合しているとか、よく適応しているとはどういうことなのだろうか。

人間コミュニティという社会的舞台においては、「社会的適合性」と呼ばれる概念はすべて、根本的かつ不可避的にイデオロギー的なものだ。どんな社会でも、支配エリートがもつ世界観は、自分たちと自分たちの支配に関する考え方を反映しており、それは自分たちが「成功」や地位に特によく適合していると考える特徴にほかならない。こうした特徴にはとりわけ、自分たちのあり方を正当化する社会的適合性(あるいは正しさ)という抽象的概念が含まれる。どれほど醜く歪んでいても、こうした考え方はある程度まで社会に浸透し、それによって社会的力を獲得する。さらにはそれが、ヘゲモニーが作動する重要な方法の一つである常識になることさえあるのだ。何が社会的に「機能的か」というエリートの考え方がより幅広く適応した結果として、(例えば)「起業家精神」が資本主義社会でほとんど普遍的に賞賛される資質となり、現代にたいする個人の究極的「適応」となっている。「適合性」という概念のこうしたイデオロギー的基礎は、このメタファーが由来する進化的過程とは何ら相関関係がない。イデオロギーは進化によって説明できないのだ。

第二に、人間の適応能力を抽象的に賞賛すること――社会生活の機能的見方の論理的帰結として、人間の生き方は、それを機能的にする条件にたいする「賢い」適応から自然に生じるとされる――は、「適応」のイデオロギー的、ひいては政治的な内容を曖昧にするだけでない。それは反動的右派が歴史的に掲げてきた主張だった。[40] 政治的な問いが生物学的に提起されると、その答えは(人間であれ何であれ)自然に帰せられる。しかも、定義上人間の影響力を超越したダイナミクスの産物とされ、支配的秩序を正当化するような仕方で脱政治化されるのだ。

言い換えれば、たんに「社会は適応しなければならない」と主張することは、気候変動に対する社会的応答――日常的なもの(エアコン)から例外的なもの(「自然災害」後の非常事態)――を表現しているが、それはこうした適応を自然的で機能的なものに見せるためである。こうしたダイナミクスは、リベラル資本主義のグローバル・ノースにおいて支配的な哲学的・形而上学的伝統に強く根付いている。第1章において私たちは、ホッブズにとって自然権概念あるいは主権者に内在的な自然性がいかに重要だったかを論じた。リヴァイアサンという主権者は、**自然状態にたいする機能的で社会的な適応**として措定されたものにほかならない。この問題構成は西欧の政治理論の伝統全体を貫いている。歴史的にみて、自然と生物学への訴えはつねに支配エリートの立場を正当化し確保するために使われてきた。自然は権力者の味方であったのだ。[41]

いずれにしても、科学的な自然研究の価値や進化論の正当性あるいは社会的・政治的分析における「適応」概念の正しい使用法を否定したいわけではない。私たちはみなイデオロギーの主体である。誰も、自らが肯定する知識を完全に拒否できないように、自分の概念的伝統を完全に拒絶することはできない。しかし、政治的生活において流通するあらゆる自然的・生物学的概念が極めて形而上学的な特質をもつという点を忘れてしまうと、大きな問題が生じることになる。気候変動をめぐる政治においては、「適応」のような進化論的メタファーが外観上自然性をもっている点が重要である。事柄を資本家階級のせいにすることは単純すぎる（そしておそらく機能主義的）かもしれないが、リベラル資本主義の形而上学は明らかに進化論的言語に依拠している。[42]

幸運なことに、問題のあるメタファーを取り扱うための戦略がある。ラディカルな歴史主義が不可欠なのだ。私たちは科学の社会生活を把握することではじめて、科学のポリティクスを正しく理解し始めることができる。気候科学者は自らの政治的主張を謝罪する必要などない。逆に、多くの環境科学者の沈黙と受動性こそが正当化を必要とするのだ。私たちの地球に関する知識を増大させ、さらに政治的責任のある参与に首を突っ込む人々は自然史に二重の介入をおこなうことになる。しかし、これはかれらが孤高の反逆者として賞賛するに値するということではない。科学がときおりみせるラディカルな政治参加という英雄主義は、つねにすでに社会的なものだ。ジェイムズ・ハンセンが１９８８年に気候変動に関して行った議会証言――彼は上院で、気候変動はすでに始まっており、「自然的変化」ではなく人為的変化であると述べた――は、科学的証拠と同様に、社会的労働と政治的闘争の産物であった。[43] 私たちはこうした科学的リーダーシップの事例を賞賛すべきだが、私たちに必要な転換は本質的に政治的なものなので、科学にあまり期待しないようにアインシュタインの警告に耳を傾けなければならない。この真実は、適応という言葉によって隠蔽されている。したがって私たちは、リベラルな想像力の限界という問題を技術的に翻訳したものとして、適応を批判し、ＩＰＣＣ第2作業部会の作業を補完しなければならない。

国際交渉がほとんど緩和に焦点を合わせてきたために、私たちが適応を過大評価しすぎているのではないかと思われるかもしれない。京都議定書は本質的にみて温室効果ガス削減条約であった。署名者たちはその重要性を認識していると公言していたが、適応は実質的に議定書から削除された。このことは肯定的にも解釈できる――というのも、できる限り排出量を削減することが優先事項とされたからだ――が、適応の除外は次のことを意味していた。すなわち、適応のポリティクスに対決し、そのことによって適応に関する政治的合意を国際的に生み出すことが事実上不可能であったということだ。

この合意を阻害する主な要因は、UNFCCCのプロセスに精通している人なら誰でも知っている。つまりそれは、世界の圧倒的な不平等であり、世界システムにおける不平等な富と権力、気候変動にたいする責任の不平等、その否定的結果の不平等な配分である。気候変動のスキャンダルとしてよく指摘されるのは、気候変動を引き起こした人々が、その結果を完全に見るまで生きていることがなく、今苦しんでいる人々やこれから苦しむことになる人々がこの問題を引き起こしたわけではないということだ。このダイナミクスには明確な空間的・時間的分布が存在しており、そのため現在の富裕層は、貧困層やいまだ生まれていない人々にたいして、特別な特権を享受している。例えば、(バングラデシュやモルディブのような)低地で洪水被害を受けやすい島国の大半は、大気中の炭素のごく一部しか責任を負っていないが、根絶の可能性に直面している。しかし、一人当たりの排出量が世界で最も多いカナダは、気温上昇の影響を最も受けにくい国の一つとされる(とはいえ深刻な影響を受けることがないとは言えない)。世界の豊かな地域が最も多くの温室効果ガスを排出しているが、その原因となる経済活動から恩恵を得た人々の大半は、最も深刻な結果が生じる前に死んでいるし死ぬことになるだろう。大まかな数字では、世界の約7%が今日の炭素排出量全体の半分に責任があり、世界の半分はただ約7%の排出量にしか責任がない[44]。

気候政治の議論において、こうしたスキャンダラスな不均衡は当然のことだが典型的に国民国家に枠付けられている。現在の亜大陸全体に大惨事をもたらしている気候変動の歴史的責任に米国が応答していないとしてインドが非難するのは確かに正当なことだ。しかし、こうした批判は国民国家——責任を明らかにすると同時に曖昧にする枠組み——に限定されるべきではない。というのも、あらゆる国民国家において、最も富裕な社会集団(最も富裕で最も権力のある人々、要するに資本家階級)が気候変動の要因となる消費と炭素排出の大部分に責任があるからだ。しかし、グローバルな政治経済の現状が、社会的・自然的なカタストロフにたいして貧困層(極めて異質なサバルタン社会集団を含む)を最も脆弱な立場に追いやる一方で、「適応」

に関する議論はほとんどの場合、貧困層がどのようにして適応しなければならないかについてのものとなっている。

ここにはひどく誤った事柄がある。確かに「適応」は「矯正」や「順応」を意味するだろう。そうだとしても、世界が気候変動に対処するうえで最も重要な適応は、富と権力を再配分して化石燃料の使用をやめ、気候変動を推進しその責任がある人々に、何十億もの人々の苦難を犠牲にして蓄積した富を再分配させることである。世界の富裕層と国家のエリートこそが貧困層と将来の世代が「苦難」に陥らないように「適応」しなければならないのだ。そうすれば私たちは、民主主義の基盤を準備し、将来確実に生じるすでに取り返しのつかない影響に公平に対処することができるだろう。

適応に関して有意義な国際的合意を実現するためには、温暖化した世界に順応するために、誰が誰にたいして代償を払うべきかを確認する必要がある。だからこそ、京都においてもその後の気候サミットでも合意が実現しなかったのだ。この問題にたいする（国際法において支配的な）リベラルなアプローチは、正義と貨幣の等価性、両者の相互代替性を前提としている。言い換えれば適応は、国民国家間の金融資産（ストック・フロー）に還元されてしまっている。米国はインドに対して具体的にどのような損害賠償や適応を支払うべきか。何が「正義」の代償であり、どのくらいの間その代償を払わなければならないのかというように。

パリ協定後のＵＮＦＣＣＣにおける適応に関する論争は、まさにこの問題で停滞している。すなわち、「損失と損害」に関する国際法の重要な枠組みをいかに構築し、気候変動に由来する損害について、誰が誰にたいして賠償させるのかという問題である。地政学的に言えば、この袋小路は、資本主義の中心国による外交戦略が成功している証しでもある。

適応は、温室効果ガス排出のインセンティブを低下させるような敗北主義的アプローチと見なされたため、初期の気候政策のアジェンダから排除された。「適応というタブー」は宗教右派が学校での性教育にもつ嫌悪感に類似したものだった。つまり、望ましくない振る舞いを助長するだけの倫理的妥協と見なされたのだ。政治的にも、適応の議論は説得力をもつことがなかった。ＵＮＦＣＣＣの適応論は、本質的に資金調達の議論と結びついており、気候変動の交渉でもつねに問題となってきた。歴史的に温室効果ガス排出の大部分に責任のある先進国は、適応の議論を制限しようとしてきた。というのも、適応は必然的に、歴史的な責任がどこにあり、誰が適応の代償を払うべきかという問題につながるからだ。[45]

パリではこの問題が最大のアジェンダとなったが、それもまた米国が「損失と損害」に関する有意義な議論をおこなう気がないことで挫折した。

だが、気候正義の運動がより大きく組織化され強力であったと仮定してみよう。私たちがテーブルについて、比較的一貫した方法で世界システムにおける平等の拡大を提唱できたとしよう。つまり、炭素排出量の再配分における公平性、物質的な快適さのレベルにおける平等性などである。世界における現在の権力配置はこの変化に適応できるだろうか。現在の資本主義国民国家の世界システムにおいて、気候変動への適応を実質的に考察する余地がどのくらい残っているのだろうか。こうした問題にたいするアプローチはいずれも、グローバルな政治経済の調整様式が権力の不平等を明らかに含んでいる点を深く考慮しなければならない。国連システム、ブレトン・ウッズ体制、自由貿易協定、欧州連合といった調整様式は、現在かなりの程度までリベラル資本主義によって構成されている。このマトリクスは、気候変動への協調的対応を生み出すことに失敗し続けてきた。その代わりに、気候変動は、金融投資(賠償ではなく資本形成)とガバナンス(惑星の管理)によって対処されるべき技術的問題として枠付けられている。[46]

こうした支配的な適応概念についての問題点は、パリ協定を苦しめている。適応概念はパリ協定の基本にあるものだが、この協定は惑星レベルでの適応にとって首尾一貫した扱いやすい計画を提示してはいない。パリ協定は、「気候変動への適応に関する能力の向上ならびに気候変動に対するレジリエンスの強化と脆弱性の低下」（第7条第1項）を熱望しているが、そのために必要な資金や政治的コミットメントをこの協定は保証してはいない。それはまた次のように述べている。適応への努力が「採択される方法にしたがって承認される」だろうし（第7条第3項）、「適応への努力にむけた支援と国際協力」が重要であると「承認されている」（第7条第6項）。法的に言えば、「承認」はほとんど行動を必要としないものだ。さらにパリ協定には、適応への戦略やコミットメントの報告を義務づける条項はないが、締約国にたいして未確定の形式で「適応に関するコミュニケーション」（第7条第12項）を提出し更新するよう促している。

以上のことは、パリ協定が政治的なものの適応において重要であるという事実を否定するものではない。しかし、この文書は適応のあり方を直接表現してはない。というのも、UNFCC交渉における適応の根本問題はもっと深いところにあるからだ。政治的変化は、富裕層のサボタージュ（特に米国が主導）と開発途上国の抵抗（例えばインドが示している）の両方によって遅らされている。後者は正当化できるかもしれないが、国民国家を中心とするリベラル資本主義のマトリクスに無駄に忠実であるという点で前者と従来の経済的思考を共有している。というのも、こうした思考はコストとベネフィットの配分に関して、もっぱら本質的に技術的な決定に大きく依存しているからだ。交渉担当者は、植民地主義、低開発、歴史的な大規模強制移住、そして貧困化の係数を含まざるをえない最適化問題を解決しようとしている。そして、この問題は開発途上国内部での不平等については言うまでもない[47]。この実行不可能な数学的アプローチによって、排出可能な温室効果ガスという地球上のプールを配分しようとする市場ベースのあらゆる試みは挫折することになる（そして権力者たちは、このアプローチが世界的なものでしかありえないことを知っている）。現在の不平等や植民地主義、低開発という値踏みが不可能な歴史については、つねにそして必然的に複雑な政治が入り込んでくる。その結果、南の抵抗が正当化されると同時に、豊かな国々は歴史的・道徳的な説明責任を回避することができる。こうした事情によって正当化されるのは、歴史上の犯罪を忘れるためだけの小額の支払を南が拒否することだ。北のエリートはリベラル資本主義の方法と手段を前提としているが、かれらがこの先進むべき道は、富を産出してきた過去の排出記録を消去し、大気上の白紙状態を宣言することである。「私たちのグローバル・ヴィレッジを守れ」、「私たちはみな一緒だ」といったスローガンは、グローバル・ノースが公言する政治的適応である。さらに、移住支援はほとんど間違いなく重要な「適応」の側面なのだが、それについては全く言及されることがないのだ。

このプログラムは、気候変動への適応が高くつくものであって、多くの人々が苦しむことになるという事実を――そうせざるを得ないのだが――隠蔽している。リベラルな国民国家という枠組みにおいて、この真実を認識するような仕方で問題を切り出すことは不可能である。根本的な問題はリベラルな経済的理性では、気候変動に取り組むことができないということだ。というのも、この経済的理性はそれ自体として意図された政治を否定するが、――実際にあらゆる「政治」は経済的合理性を歪めるものだと非難される――歴史とヒステリシス（つまり、歴史がつねに問題となり続けるような不可逆的状態）を取り扱うことができないからだ。オーソドックスな経済的観点では、グローバルな解決策はたんに政治的にありえないものではなく、論理的に不可能である。市場ベースの「解決策」は、次のような大きな問題にたいして考案することができないのだ。つまり、問題の悪影響を値踏みすることが可能になる前に、その問題の「原因」が生じてしまった場合である。つまり、気候変動にはいわゆる「コースの定理」による解決策が存在しないのだ。まさに問題が取り組まれるべき根拠――政治的なもの――が否認される場合には、自己利害を追求するアクターが「社会的コストの問題」に対処するような方法は存在しない。[48] こう言ったからといって地球環境負債を否定するわけではない。グローバル・ノースの資本主義における贅沢な生活が西アフリカを乾燥させ、南アジアを焼きこがしているというのは否定できない事実だが、その**代償を払う**ことも不可能である。しばしば言われるように市場が定義上非政治的なものだとすれば、多くの点で今日明確になっている政治的問題――温暖化する惑星にたいする適応の代償を誰の命が払うのか――を解決する方法として市場を提案することは馬鹿げている。

私たちは少なくともこの問題にたいする一つの解答を確信している。つまり、私たちは誰の土地が水浸しになるか破壊されるかを知っている。いくつかの推定によると、世界では2050年までに主にアジアで（そして大半はアジアに残る）5億人の気候難民が発生するとされる。確かにこうした推定は極めて不確かなものだろう。というのも、気候変動への人々の対応を予測することは不可能だし、「気候難民」を実践的かつ法的に定義することもできないからだ。誰も天候から逃れることはできないのだから、抽象的な意味では誰の移動もつねに気候に由来すると言える。例外的状況においてさえ、気候難民とは別の理由で移住した難民を区別することは不可能だろう。移住という選択肢はすべての人々が考えるものではない。というのも、最貧困層はしばしば移住する余裕がないからだ。しかし、かれらが私たちの分析上のカテゴリーやモデルにうまく当てはまらないとしても、急速に温暖化する世界では気候難民にたいしてもっと大きな関心を向けること以外に道徳的な選択肢はない。私たちは、気候変動を予想して移住する人々の権利を擁護するために、力強い政治的言語を必要としている。そのためには、こうした用語を批判的に洗練させ、特に根無し草の多くの人々によって世界が占領されるといった黙示録的な物語を批判しなければならない。というのも、こうした物語は気候リヴァイアサンが約束する「安全保障化」に貢献するだけだからだ。[49]

人々が気候変動に適応しその被害に苦しむ様々な状況を列挙するだけ（現代における「進歩

的な」社会科学のひとつの傾向）では、分析的にも倫理的にも政治的にも不十分である。私たちはすでに難しい問題を提起するための十分な知識をもっている。だが、千差万別のヴァリエーションを文書化しても本質的な事柄は何も加わることがない。地球温暖化は複雑的で不均等で確率的なものだが、それは現に存在しており激しくなっている。それゆえ、気候に関する政治的戦略はすべて、どれほど取るに足らないものであっても適応の要素を含むだろう。こうした変化のほとんどは、あまりにミクロな規模のものであり自然発生的で局所的なものであるため、惑星レベルの規模では気付くことができない。こうした理由から希望をもつ人々もいる。というのも、気候変動への適応という課題が何十億もの局所的な適応によって取り組まれ、気候リヴァイアサンによって調整されることなく私たちの世界をまとめあげて転換するかもしれないからだ。

しかし、気候変動が地理的に不均等で小規模あるいは粗雑な反応を無数に引き起こすからといって、リヴァイアサン（あるいは気候毛沢東主義や反動的ビヒモス）の出現が排除されるわけではない。私たちの主張は、気候変動にたいする様々な反応がまさに多様でバラバラであることと――適応が生きた特性をもち、「物質的」実践と政治の両方に変化をもたらすほかない過程であること――がこうしたレジームを招き寄せるというものだった。何千もの人々がコペンハーゲンを訪れたのは、誰もが喜んで服従するリヴァイアサンを支持するためである。かれらは、気候変動がもたらす影響が様々であり、惑星レベルの規模で協調的な対応がおそらく欠けているにもかかわらずそうしたわけではない。まさに協調的な対応を求めてそうしたのだ。例えば米国のリベラルは、バングラデシュの気候難民が自分たちの適応に干渉しないように、グローバルな調整を要求している。あらゆる社会構成体は、あらゆるレベルでその場に特有のダイナミクスや抵抗の形態などによって貫かれている。しかし、歴史や地理が「現場で」生じるという事実は、その政治的生活についての議論を終わらせるわけではない。すなわち、歴史や地理を形成する多元的で単純化できない社会的力はいったい何なのかを分析する必要があるのだ。

炭素緩和へのグローバルな努力が失敗すると、将来のリヴァイアサンが主として適応の獣となるのは明らかである。そういう理由から、私たちのリヴァイアサン論は、惑星レベルでの主権が**生成し**つつあると強調しているのだ。気候変動の暴走が黙認されるなかで、リヴァイアサンが、気候変動から（例えば北極圏で新たに利用可能となった資源によって）利益を得る試みを促進すると同時に、政府間の領域横断的なガバナンス形態――エリート社会集団の権力と安全保障を強化するための適応――を刺激し組織化するということを私たちは予想すべきである[50]。こうした傾向はどれも目新しいものではない。気候変動はたんに既存のダイナミクスを強化しているだけなのだ。このことを理解するためには、表向き「ポスト政治的」とされるモーメントの本質を見抜かなければならない。というのも、私たちが直面している問題は、政治的なものの脱統合ではなく、政治的なものに特徴的な適応であるからだ。[51] もしティモシー・ミッチェルが言うとおり、「化石燃料の時代を統治するために生成した政治的機構がその時代を終わらせるような出来事に対処できないかもしれない」とすれば、その先に何があるのだろうか。[52] これは、まさに政治的なものの問題であり、適応の一般的概念では全く対応できないような問題である。それゆえ私たちは別の所に目を向けていかなければならない。

4

政治的なものの適応

実践の哲学が政治学と歴史学に導入した基本的な革新は、
抽象的な、すなわち固定的で不変の「人間本性」など存在せず、
人間本性が歴史的に規定された社会関係の総体性であり、
すなわち歴史的事実であると証明したことである。

——**アントニオ・グラムシ**[1]

1

気候変動によって私たちは根本的な転換を迫られている。政治的なものを、つまり他のあらゆる適応論が必然的に依拠するほかない領域をどのように理解できるのだろうか。誰もがみな政治的なものの理論を暗黙のうちにもっている。すなわち、何が政治的なものに含まれるか、政治がどのような事柄を変えられるのか、またはそうでないのかといったことである。このような政治理論は固定的なものではない。時代とともに変化し、私たちをとりまく世界に適応していくものだ。気候変動に向き合うラディカルな転換は、私たちの政治的なものの概念が変化する場合にのみ、正当化され実現されうる。しかし、政治的なものが「適応する」とはどういう意味なのだろうか。第一に、政治的なものが、歴史——おそらく自然史と言うべき——をもち、あらゆる時間と場所において特殊性をもつということだ。というのも、適応は、時間の推移のなかで、そして特殊な条件に対応して生じるからである。第二に、政治的なものが社会的世界の特殊な領域、少なくとも分析的には生活の一部として分離されうる領域を構成しているということだ。

今日、多くのラディカルなヨーロッパの哲学者や社会科学者が主張するように、社会的世界の一領域としての政治的なものは、収縮し脱統合化しつつある。かれらは政治的なものそれ自体の「退位」や「ポスト政治的な」条件の始まりを嘆いている。[2] ジジェクが述べているように、私たちは「政治とポスト政治という新たな両極[3]」の出現を目の当たりにしているのだ。以下で明らかにするように、私たちはこうした立場を説得的なものとは考えていない。ポスト政治という専門用語は、それ自体として、どの領域が「真の」政治なのかを規定する還元不可能な政治的過程の産物なのだ。政治化されたもの、あるいは政治化可能なものと私たちが考えるものの転換、すなわち適応ほど政治的なものは他にありえないだろう。

したがって、私たちの説明において、政治的なものというカテゴリーは人間生活を定義するためのものである。つまり、政治的カテゴリーは、政治それ自体の結果としてのみ収縮または消滅しうる社会的生活の一部である。それゆえ、私たちは政治的なものを、特殊な政治的条件や制度（個人の自由や議会システムなど）としても、社会的闘争の存在的事実（いわゆる「アゴニズム」）としても定義しない。政治的なものは、社会的であるほかない世界における利害対立や闘技的対決、あるいは個人の自己実現の場などではない。そうではなく、まさに政治的なものは、そうした条件や制度、そして闘争が生成し定式化される根拠なのである。この意味で、厳密に言えば、政治的なものは関係を示す概念ではない。むしろ「政治的なもの」は関係そのもの、つまり支配者と被支配者との関係性を定義する。政治的なものは、そこで支配グループがかれらの利害を押しつけ、サバルタンのグループが抵抗するようなアリーナではない。それはむしろ、支配者と被支配者の関係が築かれる根拠なのだ。[4]言い換えれば、非政治的な支配も脱政治的な支配も存在しない。したがって、気候変動が人間に要求する根本的な適応は、この意味において政治的なものだ。それは支配者が支配を続けることを可能にする唯一の方法であり、その支配を解消しうる唯一の方法でもあるのだ。

どんな政治も、一定の歴史的・地理的な領域をみずからの縄張りとして主張している。資本主義国民国家に固有の政治的性質が政治的社会と市民社会の分離（国家と市場または政治と経済という標準的な二項対立）において構成される限りにおいて、これら二つの領域は国民国家の正統性を左右する土台である。現代の政治的想像力における国民国家のヘゲモニーは、私たちの次の主張を裏付けるものだ。すなわち、もし気候リヴァイアサンが出現しつつあるとすれば、それは政治的なものの適応を通してであり、既存の主権形態が多かれ少なかれラディカルに変化することで、世界の最強国が惑星の管理に参与できるようになるだろうということだ。しかし、この政治的なものを定義する方法は、明らかにさらに洗練されなければならない。その少なくとも部分的な理由は、私たちの定義が明示的にまたは暗黙裡に他の多くの定義との対照をなしており、特に、すべての自由民主主義の伝統とは言わないまでも、そのほとんどの常識とは対照的であるからだ。現在の状況を分析し、気候変動が政治的なものをどのように形成しているかを明らかにするためには、私たちの定義がいかに常識と異なっているかを強調しておく必要がある。

II

以上のことをよく考える際により難しい課題の一つは、ほとんど毎日目にするが、極めて大ざっぱにしか使っていない概念に私たちが出くわし続けているということだ。私たちは、政治的なものに関する暗黙の「常識的」概念、つまり二世紀以上ものリベラリズムのヘゲモニーの産物に対抗することなしに、政治的なものやその適応力を理解することはできない。実際に私たちの生活をこのように形作っているリベラリズムとは何なのだろうか。ほとんど誰も――リベラルさえも――それを定義しようとしないが、それには都合の良い理由がある。すなわち、リベラリズムはとらえ所がなく、偶発的であいまいでダイナミックなもので、時と場所に応じた特殊な形態しかとらないというわけだ。リベラリズムの範囲は、ほとんど大局的な定義を含むほど幅広いように思われる。ヨーロッパ人がこの言葉からふつう思い浮かべる「古典的な」意味では、リベラリズムは多かれ少なかれ厳格にレッセフェールへコミットすることにほかならない。すなわち、個人の自由、形式的な政治的平等、厳しく制約された国家権力、そして「自由」市場である。これとは対照的に、北アメリカで使用されているリベラリズムとは、大きな政府と調整された市場、社会的セーフティーネットとマイノリティの権利擁護を支持する言葉である。じじつ、米国とカナダでは、最初に挙げたようなリベラルがしばしば保守派と考えられており、ネオリベラルとも呼ばれている。

　社会民主主義の批判で著名なリベラルであるジョン・グレイによれば、リベラリズムは以下の四つの主要原理へのコミットメントをともなっている。すなわち、個人主義、平等主義、普遍主義、「改善主義」（人間の「進歩」にたいする信念）である。[5] これがリベラルの自己記述であり、しかもリベラリズムの原理を一連の規範的理想と考えているので没批判的な自己記述である。それは、一連の政治的実践としてのリベラリズムにも、現存するリベラリズムや実際のリベラルの歴史にも言及したものではない。こうした純粋に形式的な定義では、自分自身にも受け手に対してもほとんど何も要求することがないのだ。

哲学者のドメニコ・ロズールドは近年、1930年代にハロルド・ラスキが始めた仕事を取り上げながら、実際のリベラリズムが、抽象的理念へのコミットメント（グレイ）がもたらす結果になるようなことは決してないと述べた。[6] 最も顕著な証拠だけを取り上げれば、人種主義的な動産奴隷制は、自由主義を生み出し擁護したのと全く同じ時代と場所、そして人々とともに出現したものだった。ロズールドが証明しているように、リベラリズムの歴史は、自由の物語と同様に**不自由**の物語であり、特別に選ばれた「自由人の共同体」というブルジョワ的な聖別の物語なのであって、自由主義と「普遍的な」自由との結びつきが神話にすぎないことを暴露している。ラスキが述べているように、「正義の要求にたいして」、自由人のリベラルな共同体は「慈善の申し出によって応答した」というわけだ。[7]

リベラルな規範とリベラルな実践、つまり規範的理想と歴史的現実には大きな隔たりがあるが、現実の擁護のために規範を呼び出すような試みはすべて挫折することになる。奴隷制と植民地主義に関する古典的リベラリズムの著作を取り上げてみよう。その典型はジョン・ロックの著作だが、ベンジャミン・フランクリンやトクヴィルの著作も同様だろう。こうした著作はふつうリベラルによって、時代の不幸な産物として否定されている。まるで、ロックやフランクリンあるいはトクヴィルが、たんに歴史的な偶然によって植民地主義や人種主義的奴隷制を熱心に支持していたかのように。これらのことはリベラリズム**それ自体**とは何ら関係がなく、リベラリズムは、普遍的自由に対する無条件のコミットメントとして、それが生まれた歴史的共同体の不幸な後進性には責任がないとされるのだ。こうしたリベラリズムのリベラルな説明は、観念論的であると同時に理想主義的だが、リベラリズムの観念とそれを表現する人々を完全に非歴史化している。それはリベラルな植民地主義、奴隷制、レイシズムやジェンダー抑圧を消し去っており、そのかわりに近代資本主義国家とそのブルジョワ市民社会の実践のなかで実現されることになる一連の原理が、ヨーロッパ人およびヨーロッパ系アメリカ人の白人男性という特権階級の思想においてどのように現れてきたのかについての寓話を物語っている。ここではリベラリズムがそれ自身のイデアの産物として、つまり自由それ自体において実現された自由という普遍的な夢として描かれている。

私たちの批判は、リベラリズムが内包する自由の精神は抑圧され、もしくは裏切られてきたという点にあるのではないし、リベラリズムの歴史が不幸にも矛盾やアイロニーあるいは逆説によって特徴づけられているといったことでもない。むしろリベラリズムは、自由—不自由という複合的な原動力をつねにもつほかないと言いたいのだ[8]。政治的なものの領域において、リベラリズムを優勢にさせるような概念を理解するために、私たちは自由と不自由のこうした絡み合いを可能とするそのダイナミクスを把握する必要がある。

この点では現代のリベラル文献はほとんど役に立たない。というのも、そのほとんどすべてが、リベラルの間での思想史か論争か、あるいは終わりのない規範的な議論かで成りたっているからだ。ジョン・ロールズの『正義論』やユルゲン・ハーバーマスの『事実性と妥当性』といった基礎文献は、本来のリベラル思想に関して競合するマニュアル本となっている。[9] そこでのおしゃべりは、「寛容とは何か」「何が正しいのか」「正と善のどちらを優先すべきか」「正と善という競合する概念のバランスをどうとるべきか」といった問題を主に扱っている（最後のものは、リベラルの術語では、ロールズの「政治的リベラリズムの問題」[10] とされる）。これらの問題に対する競合した回答に「自由の原理」というオリュンポスの神々ような地位を与えること以外に、何をリベラルと定義するのか、ましてや一体どのような社会的あるいは政治経済的条件がその規範的基準にふさわしいのかについてさえ、ほとんど説明がない。それどころか私たちは、「無知のヴェール」や「間主観的な討議倫理」から抜け出すことができない。こうした理論装置によって、どういうわけか私たちは自分が何者なのかを忘却し、自分がじつに何者でもありうることはどういうことかを洞察できるようになる——これはオーソドックスな経済学の「代表的個人」とそう違わない——とされる。これは脱政治化である。つまり、いわゆる公共圏の中心において支配が生じる可能性さえも排除されてしまうのだ。こうして脱政治化は、私たちの意味での政治的なものを不可能にする。というのも、まずは政治的領域を根源的に狭めて、分配や再生産といった厄介な物質的問題からきれいに切り離したうえで、さらに支配を語りえないものにし、それゆえ消去してしまうような言説や言語が定式化されるからだ。

リベラリズムの批判者は、こうしたリベラリズムの展開に二つの仕方で反応してきたが、その両方とも私たちに多くのことを教えてくれる。すなわち、リベラル資本主義にコミットする惑星レベルの気候レジームが確立することで、必然的にどのような矛盾が生じるかについてである。一方で、ロズールドのような左派の批判者は、リベラリズムが特権的な「自由人の共同体」にとっての自由に関する思想であると同時に、一部の人々の不自由を生み出すものであり、つねにそうであったことを強調することで、リベラルが支配の問題を消去している点を暴露した。他方で、カール・シュミットのような右派の反リベラルは、支配の政治的必要性と支配の真理をリベラリズムが曖昧にしていると攻撃した。シュミット――リベラリズムを極めて痛烈に批判する人物の一人――は、「リベラルな規範主義」、すなわち「相互に合意された一連の手続きやルールは特定の主張や必要性に優先するものであり、国家は究極的にはそれに依拠しているという想定」を非難している。[11]

こうしたリベラリズム批判を念頭におきつつ、政治的なものの中心にある支配の問題に立ち戻ることにしよう。1965年のヘゲモニーに関する議論において、ニコス・プーランザスは、政治的なもののリベラルな分離（彼が「領域理論」によって把握した事柄）について述べているが、それは近代の国家形成にも影響を与えるものだった。

国家は生産関係および**階級関係**を結晶化している。近代の政治的国家は、支配階級の「利害」を政治的レベルにおいて翻訳するのではなく、支配階級の利害と被支配階級の利害との関係を翻訳する。それは、国家がまさに支配階級の利害の「政治的」表現を構成しているということだ[12]。

プーランザスにとって「資本主義国家に固有の政治的特徴」は、資本による国家支配の産物なのではなく、実際にはまさに「国家と市民社会の分離」に、すなわち生産と再生産のアトム化した領域からの政治的社会の分離という点にある。それゆえ、この分離の正統性は、一連の特殊な価値を前提とする普遍性の特徴が外観上「自然」に生じるという点に基づくと同時にそれを表現している。こうした価値とはなにか。それがリベラル資本主義の価値、つまり「形式的かつ抽象的な自由および平等という「普遍的」価値」である。その表面上の自然さはその優位性を証明するものだ。

拡大再生産と一般化した商品交換にもとづく社会では、生産者としての人間の私人化と自律化の過程が見られる。生産者の社会・経済的従属のヒエラルキーに基づく自然的な人間関係（奴隷制国家や封建国家を見よ）は、交換過程のうちに位置する「自律的」な個人間の「社会的」関係に置き換わる。［…］じじつ、資本主義的生産システムにおける社会関係のこうした外観は、市民社会に特徴的なアトム化を不可欠の前提条件としており、また厳密な意味での政治的関係の出現と軌を一にしている。[13]

リベラリズムは、社会的世界において政治的なものをその他のものから分離し、またその結果としてリベラリズムは、「政治的なものに対する闘争」を中和することに依拠している。つまり、ある者には自由を、ある者には不自由を継続的に生み出すような支配を手続き化し、脱政治化しようとするのだ。以下で見ていくように、このことは気候リヴァイアサンが通る軌道を把握するうえで重要な意味をもっている。この点を詳述するために、プーランザスの発想源の一つであるグラムシに戻ることにしよう。

だがその前に、今日の左派への巨大な影響力を考えると、フーコーのリベラリズム批判を簡単に議論しておく必要があるだろう。フーコーの要点は、抽象的理論やイデオロギーとしてリベラリズムにアプローチするのではなく、むしろ**諸実践**の束としてリベラリズムを捉えたことにある。彼は本質的に、リベラリズムを統治の方法として、すなわち「最大限の節約〔経済性〕」でもって「自由を生産する」ために動員される統治術として扱った。リベラリズムは

「統治行動の形態と領域を最大限に制限しようとする」統治方法なのである。経済性の最大化による自由の最大化という原理——可能な限り安い単価で自由を生産する政府——は、たんに擬似ユートピア的なものではなく、まさに「現実に対する批判の道具」として役立った。[14] したがって、リベラルな統治性は、知の方法としても知識としても（フーコーが言う知ること（サヴォワ）としても知識（コネサンス）としても）として、ポリティカル・エコノミーを前提とする。こうして理想的な自由市場が、政府の実践を測定するための神話的な基準となるのだ。このようにリベラリズムにアプローチすることで、フーコーは、自由の原理なるものを具体化し、リベラルな哲学者にはできない方法で、リベラリズムが実際にどう作用するのかを示すことができた。

　フーコーの説明は、いくつかの点でロズールドやシュミットのようなリベラリズム批判と重なるものだ。フーコーは、リベラリズムが「その核心そのものに、自由との生産的および破壊的関係［…］を含意している」という事実を強調している。リベラリズムは「自由を生産しなければなりません。しかし他方では、自由を生産するというこの身振りそのものが、制限、管理、強制、脅威にもとづいた義務などが打ち立てられることを含意しているのです」。彼は後者を「安全の戦略」すなわち「リベラリズムの裏面」と呼んでいる。[15] フーコーが強調する「最大限の節約〔経済性〕」は、ある意味でリベラルによる「政治的なものに対する闘争」というシュミットの説明とも呼応する。[16] しかし、そこには重要な違いもあり、この違いが最終的にはロズールドやシュミットの議論をフーコーのものよりも強力にしている。第一に、ロズールドの議論の核にある自由─不自由関係は、リベラルな秩序における支配者と被支配者を明確にする。これは、フーコーによる「自由との生産的および破壊的関係」という一般的ダイナミクス──それをつうじて「安全の戦略」が定義上あらゆる主体を生産する──の説明とは根源的に異なる。ロズールドにとって、リベラリズムは不自由な社会集団を生み出すものだ。この社会集団は、リベラリズムの「勝者」である「自由人の共同体」から政治的なものを通じて分離されている。フーコーは決して「経済」の問題を実際に政治化せず、経済のダイナミクスを無視している。フーコーは**いかに**リベラリズムが機能するかという問題を見事に分析しながらも、**なぜ**そうなのかという問題には答えられなかったと言ってよいかもしれない。

例えば、リベラルな政府が効率的に「自由の生産」を最大化するというフーコーの記述には、どこか中立的な装いがある。まるでフーコーは、犬が自分のしっぽを追うかのようなリベラリズムの規範的議論を拒否しながらも、リベラリズムの自己説明そのものは受け入れてしまっているかのようだ。じじつ、ありきたりの意味での権力がどのような特権(それがあるとして)を付与しうるとフーコーが考えているのかが明らかではないので(つまり蓄積や権威など、他の理論がその特権に認めている原動力が否定されているので)、脱利害化した「経済」という構造によるもの以外にどのような要因で権力が作動するのかを理解することは難しい。これとは対照的に、シュミットには、まさに権力が特権(規則、支配、決断する権威)を付与するという考え方があり、それゆえリベラルによる「政治に対する闘争」がつねに政治的問題であるという点に関心をはらっている。こういう理由で、彼はリベラリズムを一連の「中立化と脱政治化」として、すなわち「国家を「妥協」に、国家制度を「安全弁」に変え」るものとして描き出すのである。[17](フーコーがリベラルな統治性に属する知識および知の方法と呼ぶ)ポリティカル・エコノミーは、中立化の科学**そのもの**であるとさえ言えるだろう。しかし、フーコーは特にそうした結論から私たちを遠ざける。むしろ彼は、リベラリズムの組織化原理として経済性を強調することで、この経済性という原理をめぐってどんな政治が展開されるかを、そして、いかにしてこの原理がカテゴリーとしての政治的なものを政府の領域に限定してしまうかを曖昧にする傾向にある。[18]したがって、私たちはフーコーのリベラリズム批判から多くのことを学ぶことができるが、結局のところ彼は私たちが必要とする理論を提供してはくれないのだ。

シュミットを激怒させたリベラルの合理性の特徴とは、個人主義への素朴な信頼、「われわれ」という友と「かれら」という敵を認めようとしない姿勢、権威を手続きに置き換える静寂主義、受動的な「規範主義」であるが、これらの点は一般にフーコーによって議論されることがない。たとえこうした特徴がリベラルの合理性にたいして最大の課題を提起し続けているにもかかわらず、である。リベラリズムの歴史が示唆しているように、決断の瞬間――これらの矛盾をリベラルの信条にのっとって受け入れるか、それともプラグマティックな見地にたってそれらを拒否するかを決断しなければならない時――が訪れると、リベラルはたいていこれらの矛盾を拒否することを選ぶ。例えば、なぜリベラルの「自由」はすべて、究極的には国家によるその廃絶に従属することになるのか。現存する自由民主主義には無条件の「権利」など存在しないというわけである（資本主義国家は例外を宣言し、私的所有権を停止することさえある）。

このことの理由は経済性の原理に見いだすことはできない。つまり、官僚機構を絶えず拡大したり、個人が制約なしに自律的にふるまう余地を作り出したりするのは複雑でコストがかかる仕事だから、ということだけが理由ではないのだ。むしろそのような試みは、制約できないもの、すなわち主権を侵害する。リベラリズムとは、社会生活における一連のカテゴリーによる無条件の封じ込めをおこなうポリティクスである。つまりリベラリズムは、問題をその「固有な」領域に封じ込めるために、個々の社会現象をそれぞれの適切な領域へと正確に割り当てる。可能な限り経済と政治はきれいに分離され、公的なものと私的なもの、健康と病気なども同様である。[19] この分離は、リベラリズムにとって決定的なものであり、その正統性にとっても極めて重要である。支配者と被支配者のあいだの巨大な不平等は、あらゆるリベラルな国民国家の「経済」を特徴づけるものだが、すべての人は平等に「形式的自由」の状態にあると仮定されている。つまり個人主義的で能力主義的なシティズンシップによって政治的に抽象化されている。

しかもそれでいて、政治と経済の分離の神聖さとは、この分離そのものにとって不都合な、ある種の負債でもある。というのも、その分離の自然さがどれほど正当化され正統なものに見えるとしても、主権の実践は、その人為的性格をリベラルな主権者に露呈させてしまうからだ。リベラリズムは実存的に、経済（社会的再生産を含む）の政治的なものからの分離をコード化し監視することに依存しているといえる。だが、分離それ自体を構築することは、およそ人が想像できる限りもっとも「純粋な」政治的意志の行為である、つまり真のシュミット的主権者の決断である。このように政治的なものの自然的限界とされるものを生産し維持する行為は、リベラリズムにおいては主権者の最重要の責務である。**経済**とは事実上ある種の残余であり、まさしく政治の外部に位置するように規定された一連の社会関係であるとさえ言えるかもしれない。

結局のところ、現代のリベラル資本主義において、政治的なものは、いかなる理念にも組織原理にも根拠づけられておらず、つねに主権的権力の行使の**産物**として存在している。リベラル政治の任意の状況において政治的なものが受けとる**形態**は、フーコーが記述するような仕方で作用するかもしれないが、いつもそうであるわけではないだろう。彼は、マルクスがヘーゲルを非難したのと同じ誤りを違った形で犯している。つまり、フーコーは彼自身の時代の特殊な条件と歴史的カテゴリーの真理を混同しているのだ。彼の時代のリベラリズムの内容が、あらゆるリベラリズムが受けとる形態になってしまっている。リベラリズムを定義するのは、最大限の節約または経済性をもって駆動する統治を実現するための、よく知られたリベラルな手続きや制度ではない。むしろリベラリズムの定義は、何が政治と見なされ何が正統に政治化されうるのかについての狭く限定された概念を、**主権者が自然化する**というものだ。追放されなければならない現象には、人間共同体にとって最も基本的な問題、つまり貧困や差異、不平等そして自然が含まれる。これらの問題を非政治的なものにし続ける試みが最終的に失敗に終わったからといって、そうした自然化がリベラリズムにとって本質的なものでなくなるわけではない[20]。

環境運動に携わる人々の多くはまさに以上の理由で、すなわち自然が追放されているという理由で、政治的なもののリベラルな概念を拒否している。リベラリズムに対するエコロジー的批判は、その強調点と結論において様々であるが、一般に次のような議論に基づいている。すなわち、リベラリズムは人間と自然(より正確には「人間以外の自然」)とのあいだに生じる政治的なものの核心にある根本的な区別を、固定化すると同時に曖昧にしているというものだ。こうした批判は、(とりわけ)環境哲学者のアルネ・ネスや社会生態学者のマレイ・ブクチン、フェミニストのヴァル・プラムウッド、アクターネットワーク理論家のブルーノ・ラトゥールなど多くの人々によって詳しく展開されてきた。こうした人々やその他のエコロジー思想家のあいだでも多くの重要な相違点はあるが、かれらは総体として、リベラルな政治理論による人間以外の自然の排除という核心的問題にたいして、刺激的で挑発的な一連の議論をおこなってきた。これは本質的な論点であるので後にまた立ち返りたい。しかし、以下の節で私たちが説明する政治的なものとは、こうしたリベラリズムのエコロジー的批判にはっきりと依拠したものではない。そうではなくグラムシの著作に基づくものだ。グラムシとシュミットは、そのアプローチや前提、そして結論において、それぞれ根源的に異なっている。[21] シュミットは政治的なものの歴史化という見通しを拒否しているが、グラムシはかつて自らのアプローチを「絶対的歴史主義」と呼んだ。シュミットはファシズムを支持したが、グラムシが支持したのはコミュニズムだ。両者には違いがあるが、私たちのグラムシ読解は、惑星レベルでの非常事態という観点から政治的なものの適応を把握するために、シュミットの洞察にも依拠するものとなっている。

III

私たちのグラムシへの回帰は、人間と自然の関係を脇に置くことを意味していない。逆に私たちは、人間を人間以外のものから分離するリベラルの除外条項を暴露し克服するための手段を探し求めている。グラムシはすぐさま私たちに次のことを思い起こさせる。すなわち、（政治哲学一般においては言うまでもなく、マルクス主義の伝統において執筆する人々にもなじみのないことだが）政治的なものとは何かという問題に直面するあらゆる機会において、「歴史と自然の統一性[22]」という問題が提起されているということだ。私たちが直面しているのは、「何が歴史を生起させるのか」という問いが「何が自然を生起させるのか」という問いでもあるという現実――気候変動がこの状況を典型的に示している――である。これらはおそらく私たちが問いうる最大の問題であり、一見すると答えようがないように思われる。しかし、世界中の多くの人々は、こうした問いに回答すること、ましてや両者に同じ回答を与えることが十二分に可能だと考えている。すなわち、例えばそれは「神」である。そして間違いなく私たちは、こうした答えを真実と考える人々が**あたかも**それが真実であるように行動することを予想できる。それゆえ、かれらの観念は「物質的な力」を帯びることになる。

すべての哲学者は、自らが人間精神の統一性、すなわち歴史と自然の統一性を表現していると確信しているし、そうであるほかない。さもなければ、人間は行動することはないだろうし、新しい歴史を創造することもない。言い換えれば、哲学は「イデオロギー」になることはなく、実践において「民間伝承」がもつようなファナティックな強固さを獲得することはできないだろう。この強固な信念こそが「物質的な力」の等価物である。[23]

気候変動否定論を考えてみればよい。その内容がどれほど狂信的なものであっても、否定論は「たんなるイデオロギー」でも無意味なおしゃべりでもなく、地球の自然史において物質的な力をもっている。

そういうことで、私たちの自然との関係の本性は、部分的には、まさに私たち自身がこの関係について理解すること——この理解はイデオロギーおよびイデオロギーを規定するヘゲモニー的力によって根本的に形成される——によって生み出された「物質的な力」の産物である。このように言うことは、オーソドックスな唯物論にかわって、自然史の問題にたいして弁証法的なアプローチを開拓することである。グラムシは、当時のマルクス主義理論——レーニンの影響力ある著作の一部を含む——にかなりの悪影響を及ぼしていた教条的な唯物論を拒否した。[24]かれはレーニンが1908年に『唯物論と経験批判論』で展開した有名な唯物論を直接攻撃することは決してなかった。だが、かれがそれを読んだことは確実であるし、レーニンのように考えてはいなかったことも確実である。[25]

実践の哲学〔史的唯物論〕にとって「物質」とは、自然科学がこれに与えている意味で理解してはならず（物理学、化学、力学など〔…〕）、様々な唯物論的形而上学の意味においても理解されるべきではないことは明らかである。全体とそのものを構成している物質のさまざまな物理学的（科学的、力学的）特性が〔…〕考慮されるのは、それがただ生産の「経済的要因」となる限りにおいてである。だから物質をそのようなものとしてではなく、社会的・歴史的に生産のために組織されたものとして見なすべきなのだ。したがって、自然科学は、基本的には一つの歴史的カテゴリー、一つの**人間関係**と見なされねばならない。〔…〕実践の哲学は、その物質の原子構造、その自然成分の物理学的・化学的・力学的構造（精密科学および工学の研究対象）を認識し確証するために機械を研究するわけではない。それが機械を研究するのは、機械がある物質的生産諸力の一つの契機であり、ある特定の社会勢力の所有対象であり、それに結晶化されている社会関係が特定の歴史的時期に照応しているかぎりにおいてである。[26]

一部の正統派マルクス主義者にとって、このような考え方は、マルクスとエンゲルスが懸命に打ち砕いたものをマルクス主義内部において復活させるに等しいことだろう。というのも、この考え方によれば、私たちが知っている世界は私たちの思考の産物であり、その逆ではないからだ。しかも、その政治的な含意は、革命が私たちの頭の中にしか生起しえないというものである。しかし、こうした批判は、政治的なものを構成する有機的関係がどのように実現されるのかを正しく説明してはない。もし物質がすべての問題であるならば、政治はたんなる待機戦術にすぎないものとなる。

グラムシはこうした欠点に取り組むために、レーニンのヘゲモニー論を再構築しようとした。レーニンは自らの唯物論的怒りを、彼が「精神主義」や「信仰主義」と呼ぶもの、つまり実在する可知的世界を否定する「カント派」に向けていた。[27]しかし、グラムシの史的唯物論は、イタリアにおいて影響力のあった観念論的遺産との緊張関係においてマルクス主義を支持するものである。この緊張関係をグラムシは、この観念論とそれが及ぼす「物質的な力」がイタリアで大きな影響力をもっていたがゆえにこそ、本質的なものと考えたのだ。[28]それゆえ彼の史的唯物論は、唯物論というより歴史主義である。この理論的結婚によってグラムシは、政治的実践(ヘゲモニーをめぐる闘争)を、科学としてのマルクス主義への執着から切り離し、リアリズムの哲学的批判へと方向転換させた。彼は実証主義的な唯物論的教義を攻撃する。名前を挙げることなく、グラムシはいかにレーニン主義者が「科学的」一面性を克服できないかを明らかにしている。レーニン曰く、観念論と唯物論の闘争において、「どちらを第一義的なものとみなすか」決めるべきだということを否定するのはただ「恥ずかしげな唯物論者」だけである。[29]グラムシはこうした議論を全否定した。彼曰く、問題なのは「「観念論」と「唯物論」の伝統的概念を克服することである。[…]「史的唯物論」という表現においては、ふつう唯物論という言葉が強調されるが、むしろ「史的」という言葉が強調されるべきである。すなわちマルクスは根本的に「歴史主義者」なのである[30]」。

したがって、グラムシのヘゲモニー論の固有性は、かれがラディカルな唯物論を拒否した点にある。レーニンはヘゲモニーを、決定的な歴史的瞬間において——ブルジョワ革命の場合でも——プロレタリアートが非革命的階級を指導する力量の問題であると考えた。これは政治的戦略を要求するものであり、それによって小農やブルジョワの分派は、かれらの物質的利害が実現されていく運動に立ち会えるようになると考えられた。言い換えれば、レーニンにとってヘゲモニーとは支配階級に対抗する同盟、いわば階級闘争の片面に内在する政治の必要性を記述したものだった[31]。

グラムシはいわばこの種を栽培して強力なアイデアへと育てあげた。知られているように、彼のヘゲモニー論は、歴史的ブロックが全体としての社会に対してどのような指導をおこなうかを明らかにするものであった。ヘゲモニーの作用は物質的あるいは経済的利害への訴え以上のものを含んでいる。それは、社会構成体を横断して生産関係とイデオロギー関係の両方に行き渡る。ヘゲモニーとはたんにレーニン的な意味での政治的戦略なのではなく、マルクス的な歴史的・批判的カテゴリーなのであり、一般的な社会関係を意味している。つまり、それは、ある歴史的ブロックが特殊的利害を普遍的利害として主張することに、大衆が――経済的および倫理的・政治的理由から――同意するプロセスの結果にほかならない。[32] グラムシのヘゲモニー論は、レーニンが理論的に乗り越え不可能で政治的に決定的だと主張した唯物論と観念論の対立を超越するものであった。

きわめて注目すべき哲学的結合は、実践の哲学と様々な観念論的潮流とのあいだで生じてきた。この事実は、前世紀最後の4半世紀の特殊な文化的潮流（実証主義、科学主義）に結びついていたいわゆる正統派にとっては、山師のペテンとまではいわなくとも、曲解であると思われたのである。［…］その結果何が起こったのか。実践の哲学は二重の修正をこうむった。言い換えると、二重の哲学的結合にさらされてきた。一方では、実践の哲学のいくつかの要素が公然もしくは隠然と、いくつかの観念論的潮流によって吸収され組み入れられた。［…］他方では、いわゆる正統派は、そのきわめて局限された見地にしたがって「たんなる」歴史の解釈よりもいっそう包括的である哲学を見いだそうと腐心したあげく、基本的には伝統的唯物論がそのような哲学であると確認することによって、みずからを正統派だと信じ込んでいた。[33]

ヘゲモニー概念が概念上の躍進を可能にした点でグラムシがどれほどレーニンを賞賛していたとはいえ、第二次世界大戦後のレーニン主義者たちによるグラムシの扱いを見ると、かれらがグラムシの追従には騙されることがなかったのは疑いない。フランスではアルチュセールが『資本論を読む』においてグラムシを復権させようとしたが、それは特異で、間違いなく不誠実な反歴史主義によるものだった。イタリアでは、トリアッティ率いる共産党がグラムシの遺産をご都合主義的に操作したが、デラ・ヴォルペやコレッティ、ティンパナロのような共産主義理論家はグラムシを観念論者とみなした。イングランドではペリー・アンダーソンが彼をいわゆる「西洋マルクス主義」の創設者の一人（コルシュやルカーチとならぶ）と呼んだ。この思想潮流は理論を現実の政治闘争から遠ざける傾向をますます強めたとアンダーソンは指摘したが、しかし彼は同時にグラムシ理論における厳密な「隠れた秩序」を示唆することで、そうした批判を和らげようとした。[34]

私たちの目的からすると、こうしたグラムシ批判は、気候のポリティクスに対するグラムシ派のアプローチがたんにレーニン主義的なものではありえないという点を強調している限りにおいて意味をもつ。レーニン主義的伝統は確かに多くのものを提供してきたが、20世紀に自然の問題を優先するマルクス主義者が極めて少数であったのには理由がある。じじつ自然の問題はほとんど言及すらされなかったが、それは驚くべきことではない。というのも、そこでは、政治とは物質的な生産条件によって動かされるからであり、自然とは人間に支配される不動の外的対象であると想定されていたからだ。こうした説明においては、人間の労働は受動的な対象に働きかけることで自ずと生産をおこなうのであり、自然は歴史にとっての非歴史的背景にすぎないとされる。

グラムシの自然への関与は根本的に異なっており、自然は世界におけるイデオロギーとその物質的力の生産において重要な要因とされる。彼にとって「自然」と「世界」とが同じものであるというわけではない。むしろ、ベネデット・フォンターナが述べているように、「その意味と内容を獲得するためには、自然は歴史であるほかない、あるいは歴史にならなければならない」。歴史は「グラムシにとって政治である」。というのも、歴史への参与はつねにイデオロギーに埋め込まれているからだ。それは「生活や思考のあり方――つまり世界観――を形成し、成長させるものである[35]」。

以上のことは何を意味しているのだろうか。いかにして自然が歴史となるのか、そして自然は、政治的なものにおいてイデオロギーが果たす役割とどのような関係があるのだろうか。グラムシの『獄中ノート』において、自然と人間に関する重要な問題は、(かなり壮大な観点から)「人間 man とは何か」として提起されている(残念ながら、ジェンダー差別的な表現がこのノートでは見られる。以下の段落では、括弧つきの訂正や「原文ママ」で埋めつくすよりは原文をそのまま引用することにするが、このお荷物を取り除くための読者に親切な方法を思いつけなかったことは詫びたい）。彼によれば、これは「哲学の第一の、主要な問い[36]」である。グラムシは、諸個人に共通する本質のなかに「人間性」を発見しようとはしない。ポイントとなるのは、あらゆる人間が共有・体現している特質といったものではなく、むしろ人間であるとは何を意味するかということだった。言い換えれば、「私たちが「人間とは何か」と問うとき、それは、人間は何になれるのか、すなわち、人間は自らの運命を支配できるのか、人間は「自らをつくることができるのか」、人間は自らの生活を創造できるのかという意味である[37]」。

グラムシは、人間であることは何を意味しているのかという問いが、私たちは何になれるのかという問いと同じであるということを、公理のように考えていた。この事実はまさに、彼の政治的なものの概念――歴史主義的かつ非教条的な仕方で根源的な可能性と世界の制約性を混ぜ合わせたもの――を一定程度理解するうえで役に立つ。グラムシは「人間」を「行動の過程」と定義したが、それは人間以外の外部世界に人間が働きかけるという意味ではなく、むしろ私たちがいかにして自らをつくりだして私たち自身になるのかという意味であった。

私たちは自分が何であり、何になりうるのかを知りたい。私たちは、本当に「自分自身の」

すなわち私たちの生活や運命の「創造者」であるのか、そうだとすればどの程度までそうなのかを知りたいのである。そして、「今日」、「現代」の生活の今日与えられた条件のなかでこのことを知りたいのである……。[38]

グラムシによれば、「私たちは何であり、何になりうるのかを知」ろうとすることによって生じるイデオロギー的方向性が、「世界と人間を見るときの［…］特定の見方、すなわち世界観」にほかならない。[39] あらゆる世界観は、私たちの生活と世界に関して、実際に人間が問いを立てることによって生じる。グラムシは、この問いがもつ普遍性を〔世界の〕超越の潜在的源泉として肯定したが、典型的には宗教がそれに短絡的な答えを与えてしまうことを嘆いている。イタリアでは1930年代にカトリシズムがこうした問題に対して支配的な回答を与えていた（そういうわけで、カトリシズムがファシズムのヘゲモニーにとって根本的なものとなった）。その結果、当時のイタリアでは、「「人間とは何か」、人間の意志と具体的な活動は、自分自身とその生活を創造するうえでどのような重要性をもっているのか自問するとき、私たちが意味するのは、カトリシズムが正しい世界観なのかということであった」。グラムシにとってその答えは（予想できるように）ノーであった。

しかし、カトリシズムあるいはその他の世界観が「誤り」であることを「証明」するというのは、それほど簡単なことではない。そもそも諸々の世界観は、たんに正しいとか、さもなくば誤りという性質のものではなく、それぞれに異なる一貫性をもち、歴史化され、自足したものである。さらに、グラムシは次のことをわきまえていた。つまり、カトリック教徒は、カトリシズムが「誤り」であるといういかなる証明に対しても、「他のいかなる考え方も厳格には守られてこなかった」と指摘することで応答する。もちろん「かれらがそう言うのは正しい。しかし、これらすべては、歴史的にいえば、すべての人にとって等しい物事の見方や行動様式が存在しないということを示しているだけでしかない[40]」。だからこそ、「人間とは何か」という問いに対して、ある所与の「個人」に人間性を発見することで答えることなどできないのだ。そこには鍵となる要素がない。

グラムシは人間性を「行動の過程」として、それを関係論的にも定義した。人間性は個人を基礎とするだけでは理解できない。それは実際には「一連の能動的な関係(一つの過程)」であり、そこで個人性は「考察すべき唯一の要素」なのではない。各個人における人間性は、「(1)個人(2)他の人間(3)自然[41]」から構成される。グラムシによれば、新しい世界観にとって最大の障害は、「これまで存在したあらゆる哲学がカトリシズムの立場を再生産する」傾向にあるということ、つまり人間を「個体として把握する」ことであった。それゆえ哲学は、人間性の変革が精神的あるいは「心理的な」プロジェクトである——あるいはもっと悪いことに、自律的な内面の闘争である――という致命的なうぬぼれに陥ってしまう。人間性の変革は「能動的な関係」という還元不可能な社会的および政治的過程であるべきなのに、哲学はそのようには考えないのだ。さらに、リスクを冒してでもはっきり言うのであれば、こうした能動的で変革的な関係は、あらゆる個人が他の人々**と**「自然的世界から構成されている」――個人的あるいは集団的に「結びついている」とか「依存している」のではなく存在的に**構成されている**――という事実を反映したものでなければならない。言い換えれば、人間性を変革するためには、こうした社会的・自然的関係を、私たち自身と私たちの世界について私たちがもつ意識の根本をなすものと考えなければならないのだ。私たちは、たんに「自分が自然的であるという事実」によってではなく、「労働手段と技術によって、能動的に自然との関係を取り結ぶのである」。だから「真の哲学は、政治家であるし、政治家であらざるをえない、言い換えれば、環境を、個々人がその部分として組み込まれている諸関係の**アンサンブル**という意味で解された――環境を変革する能動的人間であるほかない[42]」。

したがって、グラムシにとって「自然」と「社会」は分離不可能な能動的関係である。こうした関係はそれ自体として、私たちが**批判的な**世界観を作り出す際の過程とも不可分なのだ。批判的世界観とは、先行する歴史的闘争の結果、すなわち「有力な少数者が作った計画や法から独立して生きる権利」についての、言い換えればサバルタンの社会集団を掠奪するエリートの「法」から独立して、「生きる権利」についての意識を「一つ一つ」積み重ねてきた歴史的闘争の産物である。この蓄積された権利意識は、「最初は少数の人々から出発するが後には階級全体による」、すなわちプロレタリアートによる「知的反省」をつうじて獲得されてきた。グラムシは、私たちの世界の変革を歴史的過程として把握したが、この過程においては「知的反省」が不可欠な要素となって闘争と再構築を促進するのである。[43]

世界の変革は、私たちの世界観を変容させる労働を必要とする。この労働は、他の労働と同様に、社会的自然の物質代謝的変容をともなうが、蒸発のようにただ「自然に」生じるわけではない。そうではなく、それは「知的反省」すなわち世界観の批判的構築を必要とするのだ。これは、リベラリズムが私たちに信じ込ませようとしてきたような、利己的あるいは貪欲な「人間本性」と闘うといったことではない。というのも、「**抽象的な**、すなわち固定的で不変の「**人間本性**」など、すなわち「道徳および宗教一般」の「原理や法則」において言われる「人間本性」など「**存在しない**」からである。私たちが「人間本性」と呼ぶものは、「歴史的に規定された社会関係の総体、すなわち［…］歴史的事実」なのだ。[44] グラムシによれば、私たちは「社会的秩序と自然的秩序の均衡」がつねに「理論的かつ実践的活動」によって媒介されていることを認識するやいなや、「知的反省」を通じて「あらゆる魔術や迷信から解放された」より強力な世界観を獲得することができる。この「知的反省」は、

［…］歴史的で弁証法的な世界観をさらに発展させるための手がかりを提供する。またそれは、運動と未来を理解し、現在が過去に負うところの労苦と犠牲の総体を評価し、さらに現在を未来に投影される過去の総合として、過去のすべての世代の総合として認識するための手がかりを与える。[45]

Ⅳ

この定式化について少し立ち止まり、グラムシ的感性が私たちの状況に何を示唆してくれるのかを考えるための手段としてそれを活用してみたい。政治的なものについての批判的思考はどのような意味において、「運動と未来を理解し、現在が過去に負うところの労苦と犠牲の総体を評価し、さらに現在を未来に投影される過去の総合として［…］認識する」ための「弁証法的な世界観」を発展させるうえで役に立つのだろうか。このような問題構成には自然史についての革命的概念が組み込まれている。闘争は歴史における能動的な力であり、歴史は政治で**ある**。そして、自然史における革命的な倫理的・政治的モーメントは、現在が避けがたく到達するはずの未来との連帯なのだ。過去は現在のために捧げられた――それが「過去」を定義するものである。そして現在は未来のために捧げられる。これが、未来を自然史の結果として、すなわち自然と人間による世界の能動的生産の産物として把握することの意味である。

エコロジー的で政治経済的な危機が生活の永続的特徴であるように見える現状において、この自然史の概念は私たちにとって非常に重要な資源であると思われる。というのも、自明のことだが、私たちは世界観を批判的に再構築することで、絶対的に重要な帰結を得られるからだ。つまり、未来が現在に負担**させねばならないような努力**や犠牲というコストがどれほどなのかを正しく評価できるのである。気候正義のための闘争は、このコストを評価する知恵とともに進行していくだろう。その際に重要な問題は、私たちの世界観を批判的に再構築するうえで何が焦点であるべきかということだ。私たちがそのために闘わなければならない未来を見通すために、無効化されるべき本質的な常識とは何なのだろうか。

こうした問いに対するグラムシの最も洞察に富んだ答えは、1933年ころに書かれた『獄中ノート』のクローチェ論に見いだすことができる。[46]「進歩と生成」という表題のクローチェに関するノートでは、「進歩」の意味がリベラルな近代性にとってどれほど根本的なものであったかが問われている。グラムシは、その無類のスタイルで複雑な問題を立ててそれに直接答えることで、進歩の歴史的および哲学的次元を解明している。

進歩と生成。異なった二つのものが問題なのか、それとも同一の概念の異なった側面が問題なのか。進歩は一つのイデオロギーであり、生成は一つの哲学的概念である。「進歩」は一定の心性に依存しており、その心性を構成するもののなかには歴史的に規定された文化的要素が含まれている。「生成」とは一つの哲学的概念であり、そこには進歩が欠けていてもよい。進歩の観念には、「より多く」とか「より良い」とかいう量的および質的な測定の可能性が言外に含意されている。したがって、「固定した」あるいは固定可能な一尺度が前提されているが、この尺度は過去から、過去のある段階から、あるいは測定しうるある側面等々から与えられている（進歩をメートル法のような不変の尺度で考えるべきというわけではない）[47]。

進歩と生成は異なる概念だが、入れ子構造にある。生成はより一般的な過程であり、進歩はその一部かもしれないし、そうでないかもしれない。生成はどのような歴史の概念にとっても本質的なものだが、進歩は根本的にイデオロギー的なものであり、それゆえ歴史的に理解されなければならない。しかし、そう理解するためには複雑な作業が必要である。というのも、二つの概念は近代思想において絡みあってきたからだ。事実、すべての存在に内在する永続的な変化に関する私たちの考え方が、今やそれを測定するための何か「固定可能な一尺度」の存在を前提とするほどまでに、進歩は生成を吸収してしまったように思われる。

グラムシが明確にした課題——進歩のイデオロギーに取り込まれてしまうことなく、政治的に生成しうる存在の形態を構想すること——は、気候変動への私たちの対応にとって根本的なものだ。私たちは現状の尺度なしに未来を構築することはできるのだろうか。私たちは、すでに存在するものの拡張されたヴァージョンへとたんに進歩することなく生成しうるのだろうか。この歴史的瞬間において、私たちは社会的・自然的変革の決定的担い手として、今とは**異なる**存在に生成しうるのだろうか。人間は「適応」できるのだろうか。グラムシが主張しているように、こうした問題へのラディカルなアプローチはすべて、進歩というリベラルなイデオロギーを克服しなければならない。そうすることによってのみ、私たちは「現在が過去に負うところの労苦と犠牲の総体を評価し、さらに現在を未来に投影される過去の総合として［…］認識する」ことができるだろう。

いつもながら、グラムシにとってこうしたアプローチは「絶対的歴史主義」を必要とする。どのようにして進歩という観念は生まれたのか。その誕生は根本的で時代を画する出来事なのか。グラムシの答えはイエスである。進歩の誕生が画期的である理由は、それが近代性を規定しているからだ。しかし、進歩の概念はどのようにして生まれたのか。彼の答えは、（フーコーのように）近代に固有の合理性と生活を統治可能にする様式が発生したことを強調する説明となっている。しかし、グラムシは、（フーコーと異なり）社会的・自然的関係における進歩**として**近代を基礎づけている。

進歩の観念の誕生と発展とは、社会と自然とのあいだの一定の関係（自然の概念のなかには偶然および「非合理性」の概念が含まれる）、つまり、そのために総体としての人間が、未来にいっそうの確信をもち、生活全体の計画を「合理的に」構想することができるような関係に到達したという広く普及した意識に対応している。[48]

グラムシは、進歩がそれに「対応する」ところの「広く普及した意識」によって捉えられた「社会と自然のあいだの」特定の関係を、詳細に記述してはいない。しかし、彼は明らかに、進歩の批判がロマン主義的でもノスタルジックなものでもあってはならないと考えている。「進歩の観念と闘うために」、ロマン主義とノスタルジアは「いまのところまだ「抵抗しがたい」し、対策もないような自然現象」に訴える。まるで私たちの運命は自分たちでコントロールできるという人間の傲慢な思い込みが、つねに自分の意思を超えた力によって覆されるかのように。このような批判が詭弁である理由は、「過去においては、飢餓や疫病などのように抵抗しがたい諸力が今よりもはるかに多く存在していたが、それらはある限界のなかでは克服されている」からである。[49]

グラムシは、まるで近代性がなければ世界はもっと良いものだったと言わんばかりの安直な近代批判の思想家ではない。彼は、鍵となる問題については、ブルジョワ・リベラルな伝統の側に立つ。「進歩が一つの民主主義的イデオロギーであったということは疑いないし、それが近代的な立憲国家などの形成において政治的に役立ったということも同様である」。[50] どれほどその影響が不公平なものであったとしても、進歩は間違いなく賞賛されるべき発展であり、そういうものとして「進歩の観念への攻撃は、非常に偏った利害がらみのものである」。グラムシによれば、それにもかかわらず、この形態の進歩は「もはや高く評価されてはいない」。それは、「自然と偶然を合理的に支配する可能性への信頼が失われてしまったという意味においてではなく、「民主主義的な」意味においてである」。進歩が民主主義的側面を失った理由は、「進歩の公式の「模範的担い手たち」が（つまりブルジョワが）「恐慌や失業などのような、過去の破壊的力とまったく同様に危険で恐ろしい現在の破壊的力を引き起こした」からである。これらの力がテクノロジーや科学的知識といった「進歩」の産物であることは明らかだ。まさしく「進歩観念の危機は、それゆえ、観念そのものの危機ではなく、自分自身が支配されるべき「自然」となってしまっている観念の模範的担い手たちの危機」である。[51]

気候変動に関連してここで強調するべきポイントは三つある。第一に、当時グラムシのようなラディカルは、なおも「自然を合理的に支配する可能性への信頼」を肯定することができた。今日の左派においては、核拡散、大量絶滅やその他の環境危機に関する意識の高まり、気候変動といったあらゆる要因によって、こうした信念は無効化されもはや通用しなくなっている。第二に、この失効した近代主義的「信念」にもかかわらず、グラムシの政治的診断はなおも有効である。気候変動が私たちに強いている認識とは、人間の「自然支配」は**民主主義的**ではないし、そうでありえないということだ。近代性は、自然の支配か**さもなくば**民主主義かという岐路に立っている。第三に、私たちの政治状況は、リベラリズムのヘゲモニーの危機がたんに状況に左右されるものではなく、有機的なものであることに起因している。民主主義や自由、政治などに関するリベラルな概念は、いまだに優勢である、つまり、これらの特殊概念が普遍的とされる「常識」の代わりとなっている。たとえ、惑星の自然史におけるこの時代にリベラリズムが極めて不適切なものに、リベラル自身にとってすら明白に不適切なものになっているとしても、である。進歩のイデオロギーは、決して普遍的な意味での生成に関するものではなかった。それでも私たちは進歩概念をたんに否定したり拒否したりすることはできない。こうした「非常に偏った利害がらみの」非歴史主義は、風呂の湯ごと赤ん坊まで流してしまうものである。つまり、進歩の概念において民主主義が意味を持ち続けていること、そしてその起源すらも無視するのである。進歩を全否定することは、観念とその模範的担い手――今では事実上、後者は危機に陥った「自然的秩序」の一部となっている——を混同することだ。

問題は、私たちには世界を理解するために受け継いできた概念を何らかの方法で拒否することはできないし、批判的あるいは概念的な伝統から自らを切り離すことも、自分たちの目的に合うように注意深く作られた新しい観念や意味がどれほど崇高に見えようとも、それらでもって初めからやり直すことなどできないということだ。今日、進歩と生成をきれいに分離することはできない。というのも、それらは政治革命、観念論哲学、そしてリベラルなポリティカル・エコノミーからなる結合物として「いっしょに生まれた」ものであり、何が「文明」を意味するかについての「広く普及した意識」のなかでイデオロギー的に結びついて一体化しているからだ[52]。グラムシによれば、これには明るい面がないわけではない。というのも、進歩と生成という双子の誕生とともに「人間の概念に自由という尺度が入り込んだ[53]」からだ。「人々が飢えで死なずに済む客観的可能性が存在する」という気づきもそうである。それでも実際には「人々は飢えで死ぬ」のであり、そのことは「それ自体として重要な、あるいは誰もがそうだと考えるような事実である[54]。「進歩」が私たちを失望させてきたのは、まさにこの点においてである。すなわち、何十億もの人々に不自由が生み出され、そして気候変動が今まさに「文明」の可能性そのものに破滅的な脅威を及ぼしている。これによって進歩と生成としての歴史の流れに新たな1ページが加わっているのだ。進歩と生成は絡みあったままだが、気候変動はそれらを再び編み合わせている。私たちが知っていた進歩の概念はもう死んでいるかもしれないが、私たちは人間が何に生成しつつあるのかを知らない。しかも私たちは、その結果生じる亀裂を克服するための橋渡しとなるイデオロギーをまだ持ち合わせていない。惑星の危機によって進歩が阻まれるなかで、私たちはブルジョワ・ヘゲモニーの有機的危機——それは来たるべき未来を記述することができないと判明した——に対する解決策を見いだしていない。つまり、私たちをこの苦境に陥れたリベラルな進歩の概念からより多くの事柄を引きだそうとする以外に何もできていないのだ。

ある程度有効な炭素排出削減策によって気候変動の影響が制御される可能性が閉ざされたことによって、**適応は私たちの時代の「進歩」へと生成しつつある**。気候リヴァイアサンのイデオロギーにとっての適応とは、19世紀のブルジョワ・リベラリズムにとっての進歩のようなものだ。人為的な気候変動が生み出しつつある世界に私たちが適応しなければならない（その現在の世界と今後の世界がどれほど異なっていても）ということには、反論の余地がないように思われる。そうだとすれば、重要な問いは、まるで気候正義のための革命的社会運動が何とかして適応という選択肢に反対できるかのように、適応**するかしないか**を決断することではない。むしろ問題はいかにして適応するかである。つまり、非常に暑い世界でどのように政治的なものの概念を作り変えるかということなのだ。

5

グリーン資本主義？

もはや否定できないが「挑戦」と呼ばれるものに市場が勝利できると目を輝かせて信じ込むような人々は、まったく信用を失ってしまった。しかしこのことは、未来が野蛮にならないように期待する理由としては、明らかに不十分である。

——イザベル・スタンジェール[1]

1

グローバル資本主義の出現と地球の大気圏の変化が歴史的に一致していることは偶然ではない。炭素排出量の急激な増加――図1-1（48頁）のホッケー・スティックの「刃」のような――は、資本主義的社会関係が世界の大部分を転換させた18世紀後半に始まっている（この洞察は、ワットの石炭動力蒸気機関の発明によって1775年に人新世が始まったとする主張の背景にある）[2]。石炭について当てはまることは、あらゆる主要な環境問題についてもある程度当てはまる。湿地を破壊する都市の不動産プロジェクトやメキシコ湾での原油流出、あるいは大豆や牛を生産するために破壊された熱帯雨林を考えるとき、資本主義とその政治を考察することなしに今日の環境変化を説明することはできない。こう言ったからといって、資本主義に内在するダイナミズム、すなわち莫大な富（貨幣量と物量によって定義されるかぎりでの「富」）を生み出す能力を否定しているのではない。むしろ私たちが強調したいのは、この社会構成体が、自然史的にみればごく最近のものであるのもかかわらず（人類が資本主義社会に生きてきたのは、人類の自然史のおよそ0・01%にすぎない）、私たちの相互関係や地球との関係を根本的に変化させたということである。[3]

気候変動に対処する実質的な試みは、どんなものであっても資本主義と闘わ**なければならない**。あらゆる資本主義的な経済組織の中心にある蓄積衝動を考えてみてほしい。資本主義は物ではなく、商品の生産と消費を中心に組織された社会構成体であり、投資に対するプラスのリターンを実現することで剰余の蓄積を拡大するという命法によって絶えず動かされている。マルクスの「資本の一般的定式M-C-M'」は、このことを可能なかぎりシンプルに語っている。貨幣（M）は、商品（C）を生産するための労働力と生産手段を購入するために、資本家によって流通に投じられる。これ（M-C）が生産過程である。生産された商品は販売されなければならず、これを通じて資本家は当初の生産支出に対するリターンを獲得する。この「資本の一般的定式」の第二の契機（C-M'）が消費であり、商品に凝固された価値を貨幣――明らかに、はじめに投資されたよりも多くの貨幣（M'、プライム記号［'］はMの量的増加を示す）と交換することができる。[4] 資本家が所得として保持する部分が小さくなればなるほど、獲得された貨幣は生産過程に再投資され、さらなる蓄積が促進される。資本の流通と蓄積は、まさしく資本主義経済と結びついた絶えざる拡大の根源にある。総体としての経済成長があらゆる資本主義国民国家の主要目的であることにはそれなりの理由がある。他の方法では、資本主義的な路線で組織された社会を長きにわたって運営することはできない。蓄積は、蓄積それ自体のための蓄積を生む。これが資本主義の否定しようのないダイナミズムの源である。

商品の生産と販売を拡大し、貨幣の蓄積を促進するために社会生活を組織することは、気候変動に関して重要な意味をもっている。第一に、資本の拡大と蓄積は、生産手段へと、そして販売と消費のための商品へと、惑星を絶えず変換することを必要とする。個々の資本家はしばしば環境問題にコミットするが、**階級**としては、資本家は自然を資源の集合体として扱わずにはいない。問題は、地球の資源が有限であることだけでなく、大気中のCO_2濃度の上昇（資本主義が勃興する以前の約250ppmから、現在では400ppmを超えて増加）が、資本主義の成長命法よりもはるかに差し迫った「惑星の限界」を示唆していることである。[5] もちろん、気候変動の影響を軽減したり遅らせたりする社会的・技術的対応は、惑星の限界をある程度将来に先送りするだろうが、しかしそれを除去することはできない。気候変動において主要な資本主義的原因（すなわち、グローバル資本主義経済に燃料を補給しているエネルギー使用）に対処しないと、私たちは結局のところ失敗する運命にある。[6]

さらに、資本主義はさまざまな規模での不平等を生み出し悪化させるうえで重要な役割を果たしているため、気候変動との闘いにおいては資本主義と対決せざるをえない。グローバル資本主義の出現によって世界が劇的に不平等になったのは、偶然のことではない。グローバル資本主義の本性そのものが富と権力の不平等を生み出しているのだ。[7] アインシュタインは以下のように述べている。

私的資本が少数の手に集中する傾向にあるのは、一つには資本家間の競争のためであり、一つには技術的発展や分業の進展が比較的小規模な生産単位を犠牲にしながら比較的大規模な生産単位の形成を促すためである。この発展の結果、私的資本の寡頭制が生み出され、民主的に組織された政治社会でさえその巨大な権力を効果的に抑制することができなくなる。[8]

最近では、2007年に始まったグローバルな経済危機、オキュパイ・ウォールストリート、トマ・ピケティの『21世紀の資本』をめぐる議論、超富裕層の富の急増などさまざまな過程のおかげで、資本に内在する富と権力の不平等を深める傾向は、遅ればせながら多くの注目を集めている。[9] こういう分析は大半の場合、税政策による適度な再分配などの手段によって不平等は是正されうると考える余地を残している。だが、資本主義社会における不平等の原動力は、資本・賃労働関係そのものであり、また国家権力によるその拡張であるため、変革はそれほど容易ではない。[10]

本書の目的にとって、不平等に関する議論で最も欠けている重要なピースは自然である。気候変動は間違いなく格差を拡大し悪化させるが、このことはあまりにも注目されていない。不平等を拡大させる資本の傾向は、気候変動に立ち向かううえでの主要課題である。なぜなら、気候変動に対して有効な対応をおこなうには犠牲がともなうからであり、またトランスナショナルな同盟や階級を越えた協調が必要だからである。こうした試みにおいて、不平等は二つのレベルで致命的なものだ。第一に、資本主義経済の内部では、富と権力が不平等であるために、犠牲を共有することをつうじて連合を構築することができない。不平等はまた、富裕層——経済成長から過度に恩恵を受ける人々——の能力を固定化し、炭素集約型経済をより持続可能なオルタナティブに転換することを妨げている。米国のエネルギー企業が「気候懐疑論」に資金を提供し、炭素税に反対する政治家にロビー活動を行っていることの効果を考えてみてほしい。[11]かれらの権力の源泉は私的な富にある。第二に、世界の富と権力が、さまざまな資本主義経済において非常に不平等に配分されていることが、気候変動に対処するために必要なグローバルな妥協を妨げている。ロバーツとパークスは、国際的な炭素生産と気候変動ポリティクスを鋭く分析するなかで、炭素排出量を削減するためのいかなるグローバルな合意も達成できなかった理由として、「グローバルな不平等という問題にその根源がある」と述べている。すなわち、「誰がこの問題に苦しんでいるのか、誰がこの問題を引き起こしているのか［…］、誰が［この問題に］対処することを期待されているのか、そして誰が現在、グローバル経済によって生み出された財から過度に恩恵を受けているのか、という点での不平等である」[12]。世界が資本主義であるかぎり、こうした不平等は存続し（図5−1参照）、気候変動へのグローバルな協調的アプローチもまた阻害され続けるだろう。

リベラルは、この問題について、自分た

図5-1　1990年から2011年までの累積CO_2排出量の国別割合

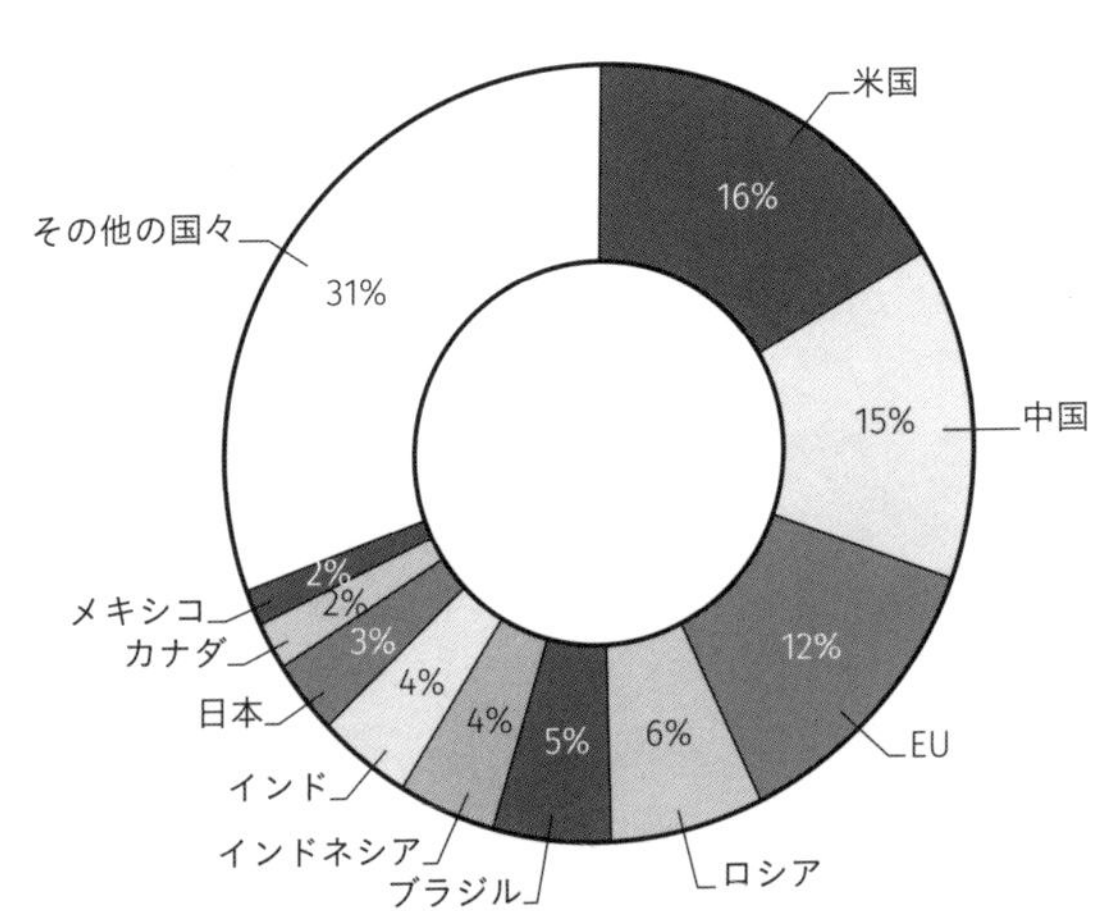

出典：World Resources Institute, 2013.

ちがもっている（自由、市場、熟議や「進歩」といった）価値観が、これから直面するかもしれない問題すべてに対して――かれらが想像もつかないような問題にすら――妥当すると信じている。だが、そのリベラルの信念は、かれらの価値観がイデオロギーの座を占めていることの証拠である。したがって、気候変動に対するリベラル資本主義の「解決策」は、たとえそれが不適切であったとしても、既存の政治的、経済的および技術的な資源を「革新的に」組み立てることで進行していく。このようにして資源の寄せ集めが現在進められており、その行き着く先が気候リヴァイアサンなのである。

本章では、この新たに出現しつつある集合体を分析・理解し、そしてその論理を批判する。私たちの主張によれば、気候リヴァイアサンは主体性の既存の形態を強固にすること、すなわち、リベラルな世界における統治の論理――リベラルな（あるいは「ブルジョワ的な」）資本概念を模倣した論理――に適した諸形態を強化することを前提としている。しかしながら、資本主義と気候変動の関係という問題は、国家主導の「インセンティブ・アライメント」や企業側の「信用できるコミットメント」によって解決することはできない。むしろ問題は資本主義社会の根底にある。地球温暖化が生態系の変容と人間の苦難を加速させる一方で、リベラル資本主義は、人為的な温室効果ガスの蓄積を単純な「市場の失敗」としか考えることができず、それに対して、例えばキャップ・アンド・トレードやカーボン・オフセット、CATボンド、リスク・ディスクロージャー[13]の義務化、洪水・ハリケーン保険など、さまざまな市場修正的政策が提案されている。気候変動への取り組みは、市民主体の法学的・科学的地位を、排出源としての役割を含むように調整することだとされ、その結果、生産と消費が適切に規制され統治されうるという。これらの変化――政治的なものの適応の諸要素――は、必然的に国民国家を呼び起こすが、その前提には、国家と市民社会の分離としての政治的なものが同時に適応することが想定されている。以下に説明する理由から、私たちはこのプロジェクトを「グリーン・ケインズ主義」と呼ぶ。

II

リベラル資本主義の理性が気候変動を飼いならすうえで、もっとも徴候的で政治的に重要な概念が、「集合行為問題」という概念である。すなわち、問題解決がすべて人にとって最善の利害であるにもかかわらず、他人もそうすると信用できる保証なしには、誰も行動のための十分な利己的インセンティブをもたないという問題である。このような枠組みは、社会福祉および／または連帯を共有するという倫理的コミットメントが、調整すべき問題（またそう知られている問題）への対応をもたらしうるという可能性を排除している――自由主義や資本主義が事実上つねにそうしているように。オーソドックスな分析によれば、こうした課題は2つの基本的な方法で対処可能であり、いずれも国家権力の行使に依存している。私たちは、私的行為者を行動領域から追い出す（そして国家を調整機構とする）か、あるいは行為主体を自己利益にもとづいて行動するよう同意させるような制度を構築する（最適なインセンティブ構造を組織化するための政策を用いる）ことができる。

いずれの場合でも、現代の経済学者や政策立案者の多くは集合行為問題を「市場の失敗」と考えている。すなわち、人間の相互作用において、さまざまな理由のいずれかによって市場が資源配分を最適な仕方で媒介できないか、または市場がまったく存在しない一領域と考えられているのだ。このような状況は、自然が課す構造的条件に起因している――「人間の自然本性」（例えば「情報の非対称性」とは、交渉相手を日和見主義へと傾ける「自然な」インセンティブを克服する手段がないせいで、利己的な私的行為者が契約を締結しない場合があることを意味している）と、大気は私有化できないという事実に見られるような、非人間的自然との、双方の意味において。言い換えれば、市場の失敗が生じるのは、資本主義市場という文脈において、行為主体の合理的な利己心か、または問題となっているプロセスの物質性のどちらか（あるいはその両方）が、うまく機能する市場の出現を阻むような場合である。こうした相互作用の領域は、サービスそのものを提供するために、あるいは（できれば）市場が機能するために必要な制度をつくりだすために、国家が正当に介入できる空間とみなされる。

古典的な市場の失敗は、いわゆる「コモンズの悲劇」に関連する「公共財」問題である。[14]公共財とは非排除性——つまり、公共財や公共財が提供するサービスに対して対価を支払わない人々が、それでもそれらにアクセスできるがゆえに商品化が困難であること——によって特徴づけられる資源である。例えば、大気中の酸素や国防によって提供される国内の治安、あるいは共同放牧地などである。[15]「コモンズの悲劇」は、生態学者のギャレット・ハーディンが、市場の失敗と呼ばれるもののせいで、共同プールである天然資源が必然的に破壊される事態を説明するために用いたタームである。「悲劇」とは社会的・エコロジー的な局面のことであって、それに巻き込まれる行為者たちは、避けがたいほど「利己的な」人間本性に動機づけられており、資源利用を管理する有効な制度によっては制御されないのである。

「コモンズの悲劇」として最もよく引き合いにだされる例が漁業である。[16]供給に関する情報が不足していること（漁業資源は移動性が高く水中にある）、漁獲努力量の監視が困難であること（海洋は統治困難な空間である）、そして捕獲技術の有効性が向上していることによって、適切に個別化されたインセンティブ構造を欠いた漁業コモンズは「自然に」劣化する傾向があると一般に考えられている。気候変動とそれとともに加速する海洋酸性化により、資源量が減少した結果、既存の資源を持続可能な手段で管理することがますます必要不可欠となっており、漁業圧力は抑制されなければならない[17]。もし人間の利己心のせいで協同や資源の集団所有が不可能であるという前提を受け入れるなら（これはあらゆる悲劇モデルにおいてアプリオリな前提である）、どの個人にとっても、財産管理責任（スチュワードシップ）を実践するインセンティブはほとんどなく、利用者は互いにゼロサムの漁獲競争に参加することになる。かれらは他人を資源へのアクセスから排除することも、他人がかれらの利用を適切に制限することもできないとわかっているので、全員ができるかぎり迅速にできるかぎり多く手に入れようと動機づけられている。そうすることで、かれらはともに漁業を破壊する。「コモンズにおける自由はすべてを破滅する」[18]のだ。

調整やその他の連帯行動は不可能だとみなされているため、こうした集合行為の「悲劇」は「市場の失敗」である。それはすなわち、正統派経済学によれば、行為者が「自由」であるときに期待されるはずの、市場を媒介とした万能薬の欠如である。解決策は2つの形態のうちの一つしかありえないように思われる。もし国家が唯一の管理者であるならば、国家はその構成員の（そしておそらくは生態系の）長期的な利害を念頭において生産装置の使用を組織化しうると仮定して、私たちは生産装置の完全な国家管理を設定できる。この国家主義的なアプローチには長い歴史がある。アダム・スミス自身、「市民社会」――行為者たちが「取引や交換をおこなう」という「自然」性向に駆り立てられて競争する領域――が社会的に必要な財やサービスを適切に、あるいはアクセス可能なかたちで供給できない状況のもとでは、こうした国家の積極的イニシアティブが必要であることを強調しており、この論理は20世紀の大半の国家活動を支えていたのだ。

しかし今日好まれる解決策は、地域の調整、国家の強制、排他的アクセスの制度――つまり私的所有権――の組み合わせである。リベラル資本主義は、それが可能な場面であればいつでも、市場に媒介された生産・交換関係を、それが効率性や生産性、「自由」を最大化するという命題にもとづいて特権化する。この命題が意味するのは、想像上の主体位置にたいする能力主義的なリターンであり、限られた手段で合理的かつ貪欲に行動する個人、いわゆるホモ・エコノミクスである。その結果、アダム・スミス以来、市場の失敗を修正することや「欠けている市場」の影響を緩和することは資本主義国家の主要な機能とされてきた。このことは典型的には、行為者が自らの行動に責任を負うことを価格メカニズムが保証するような制度的マトリックスの構築をともなう。すなわち、市場で決定された価格を支払う者以外にはアクセスを遮断し、アクセスの「権利」を私有化して市場で交換可能なものとするようなシステムを構築することだ。こうして理論的には、持続可能性にそった個人のインセンティブが生み出されるとされる。

したがって、漁業の場合、市場の失敗を是正するには、海洋空間に対する国家主権の主張、私的に付与される認可や割当のような制度の創設、水産科学（とくに監視）に対する公的投資などが求められる。あわせて、この制度的マトリックスは、情報、監視、インセンティブの問題が対処されることで、各漁業者にたいして、慎重な漁業管理に関心をもつよう促すはずだ。つまり、水産資源へのアクセスそのものが、いまや（魚に対する排他的で譲渡可能な権利という形態で）価値ある商品なのである。国家は、資源の健全性を監視し、漁獲レベルを強制し、「違法」漁業を行うフリーライダーがいないよう保証すると約束している。したがって、魚という「財産」を管理することはすべての行為者の利己心によるのである。

強調すべき点は、市場の失敗が生じる際に、リベラルはそれを市場モデルの「失敗」のせいにはしないということである。逆に、市場の失敗は、市場の「自然的」限界の証拠としてではなく、2つのタイプの「国家の失敗」のうちの一つの証拠とみなされる。すなわち規制が多すぎるか、規制が少なすぎるかである。第一の場合、大きすぎる政府が、利潤を生む可能性のある投資領域に干渉したり、（例えば）所有権の制限や民間投資の期待収益率の低下によって民間部門の参入を妨げることで、「自由」を制限している。エネルギー事業のような国有の独占企業は、しばしばこうした批判の対象となる。[19] もう一つの場合、規制が少なすぎる国家もまた市場の失敗を助長する。それはとくに、いわゆる「外部性」という「社会的コスト」を生産者に考慮させることに失敗したせいである。外部性とは、財やサービスの生産がもたらす「間接的」で、しばしば非市場的な効果のことであって、生産者だけでなく、通常はコミュニティ全体によっても生み出される。外部性には正と負がありうるが、正の外部性は通常、意図せざる結果である。実際、いくつかの例外をのぞいて、正の外部性は積極的に回避されている。なぜなら、定義上、それは私的に専有可能な収入源なしに財やサービスを提供するものであり、したがって、いわゆる「フリーライダー」を、つまり別の行為者の「イニシアティブ」から利益を得ているにもかかわらず対価を支払わない市場の寄生者を、存在可能にしているからである。

環境市場の失敗においては、負の外部性が主要な関心事となっている。「環境の外部性を内部化せよ」という要請は、現代の環境経済学の礎である。この典型をなすのは、資源利用者や消費者が商品の「フルコスト」に近いものを支払うよう、環境被害に対して税金や使用料を課すことである。こうした税金に関する机上の理論は単純明快である。環境影響のコストを増大させることで、国家はエコロジー的に「持続可能な」均衡価格を実現するよう市場に強制するというわけだ。言い換えれば、新たに上昇した価格は、環境の劣化が「許容できる」とみなされる点まで需要を減少させると期待されている。あるいは理想的には、国家の税収が環境被害を「相殺」しうるとされる。現在、多くの都市でレジ袋に支払われているわずかな料金、実質的にはレジ袋消費税を考えてみてほしい。これはうまく機能している。ほんのわずかな料金でもレジ袋の消費量を激減させるというわけだ。

では、なぜ世界のほとんどの社会のほとんどの市場で、こうした税金が存在しないのかと疑問に思うかもしれない。もっとも顕著な例をあげれば、多くの経済学者や世界銀行、その他いくつかのグローバル資本主義にとって重要な機関は、現在、炭素税（ガソリンや自動車運転のような排出をもたらす資源や活動に対する消費税）を支持している。うまく設計された、適切な価格の炭素税は、温室効果ガスを生み出すことによる社会的・エコロジー的な影響を、生産者の消費決定に確実に反映させることができるとされる。これによって、消費者は排出の「真の」コストにより近い価格を支払わざるをえなくなるばかりか、コストのかかる炭素排出量を最小化するインセンティブが高まることで、低排出あるいはゼロ排出技術のイノベーションが促進されるというわけだ。ノーベル賞を受賞した経済学者のジョセフ・スティグリッツは以下のように述べている。

> 排出の社会的コストを反映した炭素価格を課すことは、投資を大いに刺激するだろう。公平な競争の場を確保するためには、国境を越えた調整が行わなければならないかもしれない。炭素税は同時に、［他の］公的投資をまかなうために必要な相当の歳入を増加させるだろう。[20]

スティグリッツが明らかにしているように、資本主義はそれ自身の理性という条件から、永続的な成長マシーンを動かし続けるために管理されなければならない。資本主義にこうした約束を果たす能力があるのかどうかは考えるに値するものだ。（懸念をもつ多くの市民の要求は言うまでもないとして）経済学者からの助言にもかかわらず、炭素税を導入している資本主義国家はごくわずかであり、導入されている炭素税も低すぎて世界のエネルギー消費パターンに変化をもたらすことができないと証明されている。[21] 市場の失敗は実際には国家の失敗であるという診断にしたがって、ほとんどの経済学者はこうしたプログラムに効果がないことは「政治」のせいだと即断している。これは完全に間違っているわけではないが、かれらにとって政治的なものの概念はあまりにも限定的であるため、気候変動に関してなぜ資本主義が「なすべきことをなす」をなしえなかったかをいつまでも説明できない。こうしてかれらは、純粋に市場によって統治される社会という幻想に立ち返るほかないのだ。

とはいえ、要約すれば「気候変動に関して何をなすべきか」というような複雑なタイトルの、技術的で無味乾燥な政策志向の報告書を書く経済学者はいくらでもいるが、そのほとんどすべてが市場の失敗という考えにもとづいている。そのような報告書のひとつが、気候変動を管理するために必要な政府規制（「介入」）の形態に関する欧州委員会の研究である。次の一節において典型的な考えが見いだされる。

2つの市場の失敗が同時に生じるがゆえに、［気候変動に対処するためには］最初にある程度の政府の介入が必要とされる。第一に、排出削減技術に対する自然発生的な需要がほとんどないため、商業的に実現可能な、汚染をもたらすことのない財やサービスの供給は滞っている。安定した気候は公共財であるため、気候変動対策の社会的便益は、緩和コストを負担する人々によって完全には獲得されず、また自律的な気候変動緩和行動は社会的最適を下回ったままである。第二に、イノベーション後のレント収入をどれだけ期待できるかを示す、いわゆる専有可能性効果が低いせいで、企業はクリーン技術に投資するインセンティブを欠いている。社会の選好を考慮すると、グリーン・イノベーションから得られるアウトプットを広く拡散させようとする圧力がかかりそうである。そのため企業は、グリーン研究開発への投資の市場価値を十分に獲得することができないと予測し、それゆえグリーン・イノベーションへの貢献を軽視する。これとは対照的に、環境政策とイノベーション政策が相互に支援しあうことは、市場を刺激して、グリーン・テクノロジーのより広範なポートフォリオを実現できるのではないだろうか。こうしたテクノロジーは商業的に妥当なコストで気候変動を緩和することを可能にし、成長の機会を提供しさえするだろう。［…］以上にもとづいて、私たちは二重の作業仮説を立てる。第一に、負の環境外部性と負の知識外部性との組み合わせに対処するためには、環境政策とイノベーション政策の適切な組み合わせが望ましい。第二に、両方の政策を適切に組み合わせることにより、最小限の財政負担で最大の排出削減を達成することができるだろう。[22]

経済を媒介とした技術的な行動管理に頼ることは、グリーン資本主義のアドボカシーにおいて重要な戦略である。経済学は、「インセンティブ・アラインメント」による行動修正能力を自らに課し、それによって行動を理性にさらす（そして理性に服させる）。この枠組みでは、政治は――「政治社会」としての国家という狭い形態であれ、より広範な概念であれ――たんに抑圧されるだけでなく、公平無私の合理性を逸脱させるほかない純粋に否定的な場として理解されている。経済は政治的な「歪み」によって汚染されることがないままでなければならない。そのことによって、技術的な理性が私たちを救う可能性を認識するというわけだ。

要するに、市場は依然として現代においても支配的な抽象概念であり制度である。市場はそれだけで、すべての問題が織り込まれている生地を裁断するためのパターンを提供する。経済学者や政策立案者は、すでに「市場の失敗」とラベル付けされた「やること」ファイルに、なんとか気候変動を入れることで対処している。実際に多くの経済学者が、いまや気候変動を史上最大の市場の失敗と呼んでいる――ここでも問題は、温室効果ガス排出の真のコストを支払っていないということである（負の外部性）。スターン報告の言葉を借りれば（インターネットを検索すると、多くの人々による言葉だと確認できるが)、「気候変動は［…］世界が目にした最大規模の市場の失敗とみなさなければならない」[23]。この考え方はどのような政治戦略につながるのだろうか。

III

2008年、リーマンブラザーズの破綻がグローバルな金融システムの崩壊に一役買ったわずか数週間後に発表されたある解説記事で、ドイツ銀行のエコノミストたちは、この危機をエネルギーやテクノロジー、インフラストラクチャーへの投資を通じた世界的な機会として好転させようとした（かれらもまたこの危機の端役ではなかった）。かれらの主張によれば、この危機は、社会的進歩と環境的良識の両方を約束するインフラ刺激策にとっての、かつてない「グリーン有効打点」を明らかにした[24]。奈落の底から抜け出すグリーンな道の魅力を発見した機関はドイツ銀行だけではなかった。巨大な金融機関がエコロジー的機会を喜々として祝福しているのは皮肉なことだと思われるかもしれないが、世界銀行、国際通貨基金、国際エネルギー機関がすぐに合流したことを考えてみてほしい[25]。

ドイツ銀行の分析対象は、国家が資金を調達する景気刺激策であったが、それは銀行が金融システムを救うためにどうしても必要だと考えたものだった。新自由主義のことは気にするな。2008年に国家は復活し、環境に優しい投資は言うまでもなく、わずかでも景気回復を促進するために必要な投資を生み出し調整するうえで、国家が唯一の手段となったというわけだ。ドイツ銀行のCEOヨーゼフ・アッカーマンは「もはや市場の自己回復能力を信じることはできない」ことを認めたが、それは彼だけではなかった。[26] 2008年には公共支出に関するいつもの不満（それは民間投資を締め出し、インフレを引き起こし、ソブリン債を増大させる等々）は沈黙していた。その代わりに、「グリーン・ニューディール」や「グリーン・ケインズ主義」の時代が到来したのだった。

グリーン・ケインズ主義には、スーザン・ジョージのような影響力ある左派の批評家からオバマの元首席経済顧問であったローレンス・サマーズのような正統派の政策関係者まで、通常なら相容れないような諸陣営を横断するさまざまな支持者がいる。今までずっといわば多様なケインズ主義が存在してきたが、その多様さは国ごとの政治経済の違いに由来するばかりか、理論的・政治的な理由のためでもある。[27] サマーズのケインズ主義とジョージのケインズ主義は同じではない。それにもかかわらず、最も一般的なレベルでは、かれらの政策提言は同じ概念にもとづいている。かれらは、経済政策において「積極主義的な」国家へのコミットメントを、すなわち、雇用や消費者需要、政治的安定性を促進するために、債務でファイナンスされる国家支出を通じて国民経済を調整し規制しようとすることを求めている。[28] ジョージとサマーズの両氏によって提案された環境移行は、内容は異なっているが共通の認識にもとづくものだ。すなわち、雇用と需要の「最適化」という課題はいまや環境に注意を払うことを必要としているということである。たしかに、私たちの環境危機がどの程度迫ったものかということは、サマーズにとってはジョージよりもはるかにささいな問題である。しかし両者は、経済的行為者に「インセンティブを与えて刺激する」よう国家が関与することで、政治経済的な惨事を回避し、進歩または適応が可能であると信じている。

グリーン・ケインズ主義の提唱者たちは、「環境的」な再配置をともなう福祉国家モデルを支持している。[29] かれらが提案するのは、経済生活を環境に配慮して最適化するための多様な（主に財政的な）政策手段である。ドイツ銀行が示唆したように、インフラの整備と更新が優先事項である。クリーン・エネルギーやグリーン・ビルディング、その他関連分野の研究開発も同様である。例えば、公共交通機関や風力発電に国家が直接投資をおこなったり、エネルギー効率の高い建築物を増やすよう義務づけることは、グリーン・ケインズ主義的プログラムの標準的な構成要素である。課税が重要な役割を果たすのは、特定の部門や行動を促進するための負の税あるいは減税（補助金や税額控除）と、温室効果ガスの生産に関連する社会的コスト（外部性）を「内部化」するための正の排出税との両者である。例としては、再生可能エネルギー関連の研究開発に対する税額控除や、温室効果ガスの発生にペナルティーを課す炭素税などがあげられる。

もちろん、貨幣はこれらの計画の生命線であり、さまざまな「グリーン・ファイナンス」メカニズムが提案されている。例えば、国家による直接的な資金提供や、助成金の提供、対象をしぼった融資や融資保証、債権の発行と引受などである。金融政策はほとんどの場合、こうした議論から切り離されてきた。金融政策と財政政策の境界線は端の方では曖昧になってきているが（とくに2008年以降）、例えばグリーン・ケインズ主義国家が太陽光発電産業に対象をしぼった融資を引き受けたり、ましてやそれを保証することは金融政策上の操作ではない。かりに債権発行が、金利や信用市場を金融当局がコントロールするためのものだとしても、債券発行の形態が問題となっているわけではない。金融政策の目的は、一般的な価格水準（インフレ）や、信用の供給およびコスト（金利）をコントロールすることだが、国債発行に関するグリーン・ケインズ主義の提案は、信用の総供給と価格に影響を与えようとしたものではなく、むしろ都市が公共交通機関の拡張を賄うために地方債を発行するのとほぼ同じ方法で、特定の「グリーン」イニシアティブ――例えばエネルギー効率の高いインフラの更新――のための資本を調達しようとしたものだった。

これらのグリーン・イニシアティブはすべて、従来からの財政積極主義という意味でケインズ主義的である。これらの政策に求められるのは、持続可能な経済的繁栄のために、市場の決定に服しているとされる市民社会の中心に、国家とその主権を再配置することである。こうした考え方を、気候変動をめぐるパニックと第二次世界大戦後の時代に対するノスタルジーとの融合として解釈することも許されるだろう。しかし、国家の財政能力を大幅に再活性化するための議論を動機付けているのは、資本主義の「黄金時代」の記憶だけではない。その背景にあるのは、現状では金融政策が景気刺激能力の限界に達しており、資本主義国家が2007年から2008年にかけて始まった金融危機の余波によってしぶしぶそれを認めざるをえなくなっているという認識である。全体的な経済見通しがとても厳しく、有効(予想)需要が低い場合に、たとえ金利が安く低インフレであっても雇用者は投資に消極的になる(ケインズが「流動性の罠」と呼んだもの)。このような条件下では、中央銀行は金利を何年にもわたってゼロに引き下げることができるが、それはグリーンであれ、その他の色であれ、必ずしも資本主義経済に弾みをつけるとはかぎらない。これはまさに中央銀行が2008年以来行ってきたことである。この政策によって危機の深刻さは軽減されたものの、それが経済回復の起爆剤として無益であることは一目瞭然である。

グリーン・ケインズ主義の観点からすると、従来の金融措置はきわめて限定的なものである。金融政策は、それが設計された諸条件(すなわち、信用に対する有効需要がすくなくとも一定程度ある堅調な市場）のもとでさえも、つねに鈍重で不正確な手段である。環境的な目的にとってその欠点は他にもある。すくなくとも現在行われているように、相対的な「グリーン度」にもとづいて特定のセクターの金利を上げ下げすることはできないし、また他の市場に影響を与えずに、ある一連の市場の価格をターゲットとすることもできない。現在のところ、石炭火力発電所のための借入金や投入資金を、電気自動車生産者のための資金よりも高くできるような金融上の運用手段は存在しない。それが可能なのは財政政策だけである。したがって、グリーン・ケインズ主義のプログラムにとっては財政手段がきわめて重要であり、そのためには正統な介入主義的国家が必要である。多くの点でグリーン・ケインズ主義の計画は、１９３０年代および１９４０年代以来見られることのなかった政治経済的影響力をもつ国家を復活させるだろう。ドイツ銀行は、地方政府や州政府、民間のパートナーシップと協力してグリーン・リカバリーを調整するべく、国家インフラ銀行を構想している（図5-2）。ノーベル経済学者のジョセフ・スティグリッツも同様のことを呼びかけているし、ほぼ間違いなく現代で最も有名なケインズ主義者であるトマ・ピケティもまた同様である。[30] 驚くべきことに、ドイツ銀行が提案しているのは、第一次ルーズベルト政権のニューディール政策――米国最高裁判所がその調整権限を違憲と判断した介入主義的制度――とよく似ている。この惑星上で最大かつ最も影響力のある金融会社の一つが、全国復興庁（１９３３年）の再来を支持したかもしれないというわけだ。このことは、2000年代末の資本の見通しがいかに悲惨なものであったかを示している。

2007年から2008年にかけての金融的カオスの後、グリーン・ケインズ主義は、とりわけリベラル資本主義的な民主主義国の中道派や進歩派のあいだで、危機への重要な対応案として浮上した。その支持者には、経済学者で、気候変動の経済学に関する英国政府の2006年の有名なレビュー(「スターン報告」)の筆頭著者であるニコラス・スターン卿のような権力内部の人間も含まれていた。2009年のロンドン・サミットにむけたG20への意見書のなかで、スターンと共著者の

図5-2　国家インフラ銀行は経済全体に資金を調達し調整おこなうことができる

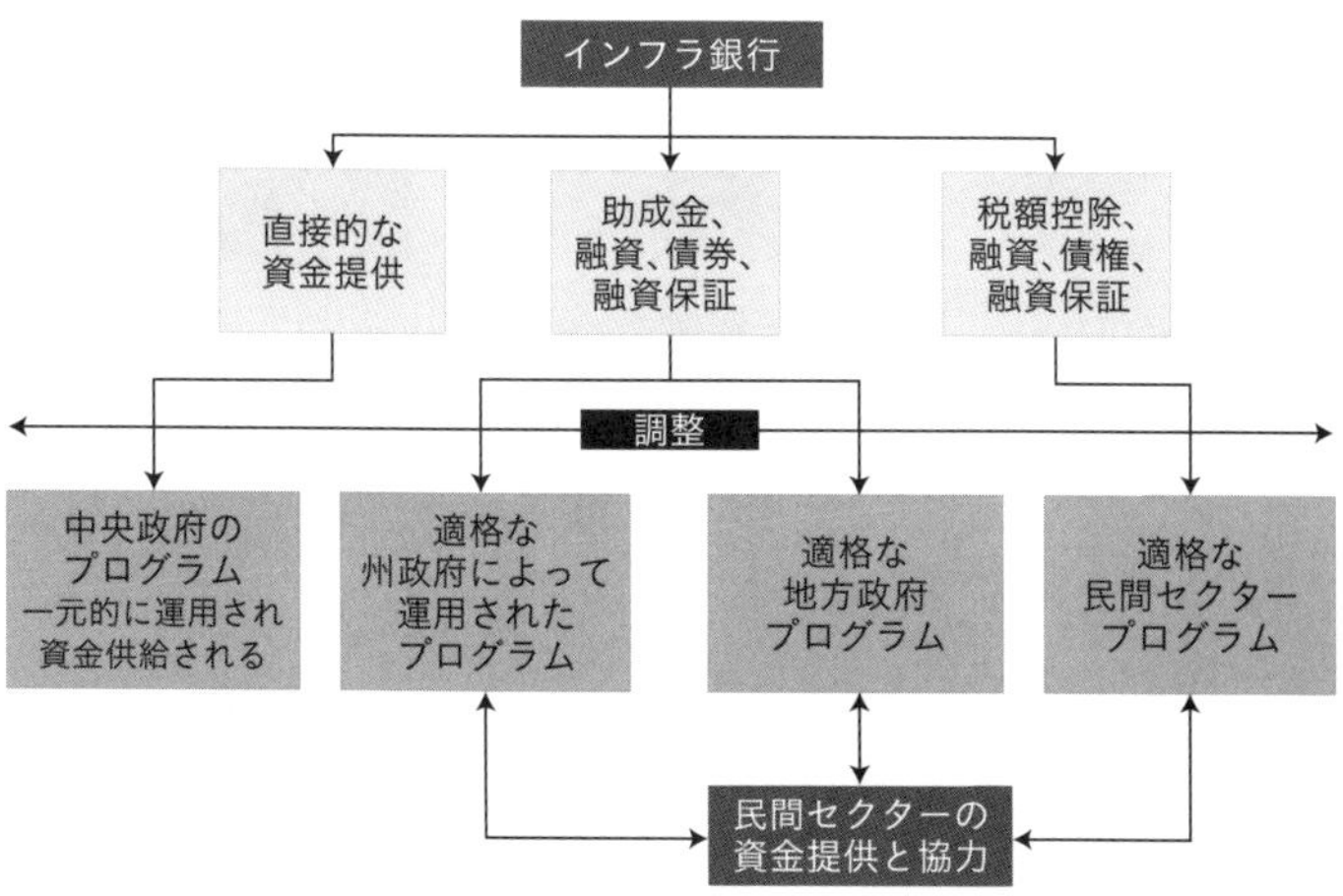

出典：Deutsche Bank's National Infrastructure Bank Model. From Deutsche Asset Management, "Economic Stimulus: The Case for 'Green' Infrastructure, Energy Security and 'Green' Jobs," November 2008, 9.

オットマー・エデンホーファーは加盟国――「世界人口のおよそ3分の2と、世界の国民総生産、エネルギー消費、炭素排出量の4分の3を占める国々」――に対し、経済と気候という二重の危機に直面すると、金融政策では不十分にしか対応できないことを認めるよう忠告した。[31] かれらは、唯一の選択肢は大規模なグリーン・ケインズ主義プロジェクトであると主張した。かれらの提案（図5－3）は多くの点でドイツ銀行ス

図5-3　グローバル資本主義の「グリーン」リカバリー

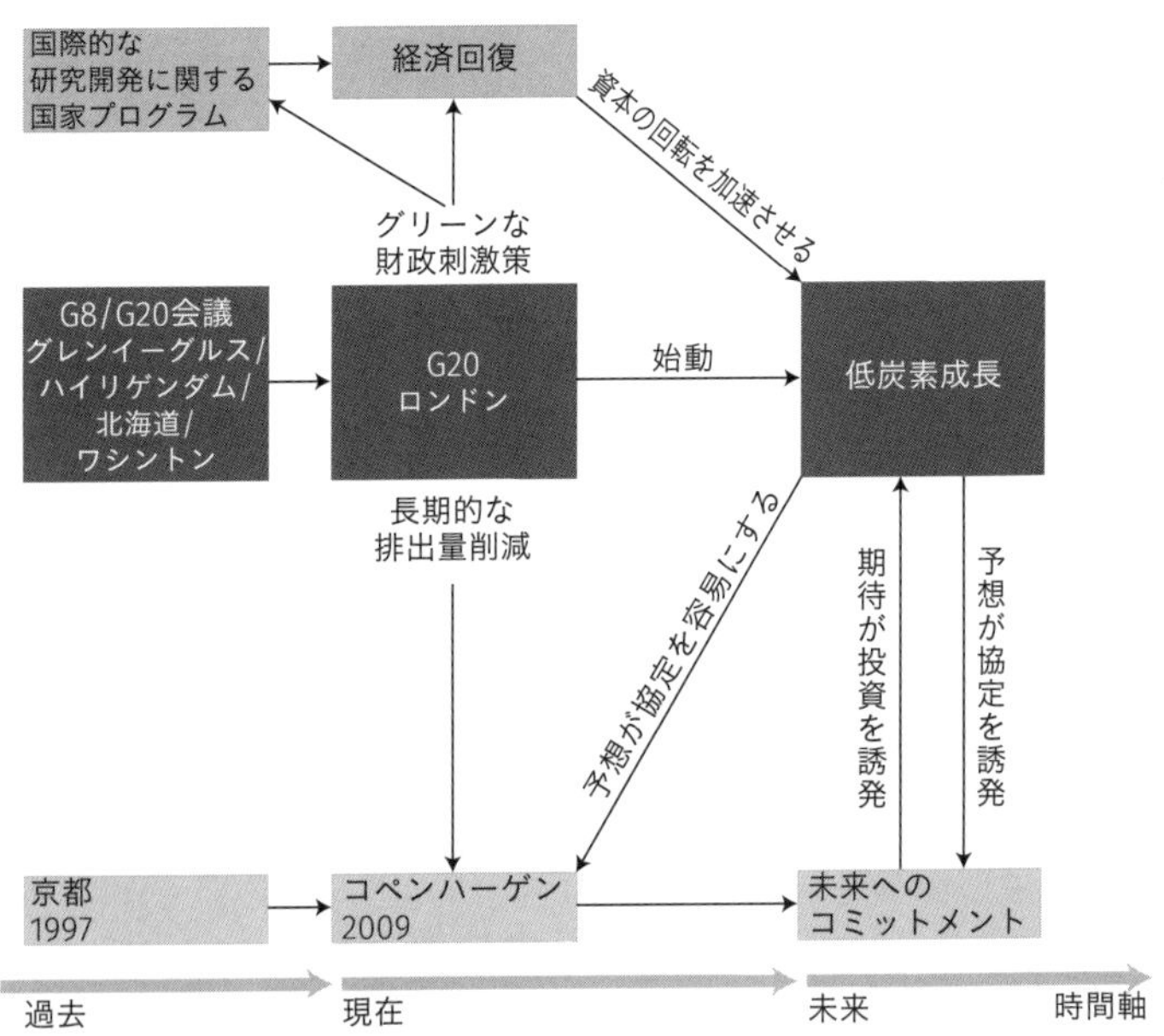

出典：Ottmar Edenhofer and Nicholas Stern, Towards a Global Green Recovery: Recommendations for Immediate G20 Action, report submitted to the G20 London summit, April 2, 2009, 17.

キームの多国籍版である。

各国政府は、グローバルなグリーン・リカバリーに向けたアプローチを2つのフェーズで構築すべきである。第1のフェーズには、短期的に総需要と雇用を押し上げる3つの措置が含まれる。政府は、［1］エネルギー効率の改善、［2］低炭素化に向けた物理的な経済インフラの更新、［3］クリーンテクノロジー市場の支援、に注力すべきである。第2のフェーズは中期的な措置により注力するものであり、［4］フラッグシップ・プロジェクトの開始、［5］国際的な研究開発の強化、［6］低炭素成長に向けた投資へのインセンティブ、から構成されている。こうした中期的措置は、将来の成長を支える市場の開発により多くの資源を投資するインセンティブを民間部門に与えなければならない。それらは、現在の投資家の信頼を強化し、また将来の持続可能な生産性向上に向けた基盤を提供することができる。最後に、［7］G20の取組みを調整することは他のすべての措置の有効性を支える。

金融危機から約10年後にこうした提案を振り返ってみると、二つのことが観察される。第一に、提案には直感的な論理があり、実践的な意味をもっている。国家は今こそはと熱心に取り組みはじめる。ケインズ主義的な刺激策が再びてこ入れするが、今度は「エコロジー的に」というわけだ。金融イノベーションは略奪的または投機的な債務でファイナンスされるものから、エネルギー効率や生物多様性の保全、そして再生可能エネルギーや炭素削減への資金調達を促進する手段を開発するための、洗練された市場へと方向転換させられた。その結果生まれたのが、私たちのおばあさんの時代のケインズ主義ではなく、炭素排出量を削減し、生産効率を向上させ、需要を刺激しながら雇用と投資の成長を促進するよう修正されたケインズ主義である。この考え方の別バージョンは、グリーン・ヨーロッパ財団の「グリーン・ニューディール」やオバマ政権の「エコカー買い替え補助金」プログラム、李明博の韓国版「グリーン成長」戦略のような、様々な政策努力を動機づけたのだった[32]。

第二の観察は、後から振り返ってみてはじめて可能となる。これらの直感的でこの上ないほど合理的に思われた議論も受け入れられることなく、提案は行き詰まってしまった。少なくとも排出量の削減や環境保護という観点では、雇用や投資水準の改善はおろか、これらの計画は基本的にこれまで何一つ実現されていない。なぜだろうか。たしかに、鋭い政策分析や高位高官の支持が足りなかったわけではない。では、その答えは本当に、よく言われるような「政治的意志」の欠如にすぎないのだろうか。グリーン・ケインズ主義を実現できなかったのは、政治家の臆病さや企業による取り込み、麻痺した有権者、気候変動否定論の影響にすぎないのか。

否である。たしかに、これらの要因（とくに化石燃料企業の権力）が、グリーン・ケインズ主義のアジェンダを押しつぶすのに役立った。しかしこのことは、語られている一連の問題について、なぜ私たちには示せる成果がほとんどないのかを完全には説明できない。それは、なぜ私たちが人為的な地球温暖化という破滅的な結果をもたらしそうな事態に直面している理由を説明できないのと同様である。

市場の失敗としての気候変動の問題を解決できるような政策を、私たちが明らかに実現できていないという事態は世界規模にまで及んでいる。グリーン・ケインズ主義的な政治的・経済的戦略を構築するという課題は、国連締約国会議（COP）のプロセスにおける約束と失敗の両方にとって根本的なものであった――つまり、（国連のような）世界国家を志向する機関だけがグリーン・ケインズ主義という注文品をお届けできる可能性があったがゆえの**約束**だが、COPの品物かごが空っぽなままであったがゆえに**失敗**であった。

パリ協定はこの二元性をよく表している。その2つの重要な経済条項は市場の失敗を是正するという論理を前提としている。パリ協定は、一方では温室効果ガスを緩和し他方では適応措置を支援するというプロジェクトに対して、投資家から資金を集めるためのインセンティブが限定的であることを認めている。これらの欠点に対処するために、この協定はあらゆる場所で市場が炭素を管理する世界へと私たちを先導している。このことは意外に思えるかもしれない。

というのも「炭素市場」という言葉は最終合意には出てこず、それはいまのところかならずしも活気づいてはいないからだ。炭素市場の規模は依然として控えめであり――2016年の世界炭素排出量の半分もカバーしていない――、取引量や排出に課される価格については控えめどころか僅少である。グローバルな金融フローからみれば、炭素市場はまったく重要ではなく、明日崩壊したとしてもほとんどの企業は気にしないだろう。2016年のEUやカリフォルニアにおいて、炭素1トンを相殺する価格は1トン当たり約13ドルとなっており、それは投資の実質的なシフトやエネルギー使用の劇的な削減をもたらすにはあまりにも低すぎる。[33]

　グリーン資本主義の観点からすると、解決策は炭素クレジットの取引を可能とする新しいメカニズムを作り出すことだ。エネルギー効率や気候緩和のために国境を越えた投資が行われることで、表面的には炭素が削減されたように見えるけれども、それには大量の炭素が含まれる。パリ協定の第6条は、この文書のなかで数少ない本当に革新的な要素のひとつだが、「持続可能な開発を支援するメカニズム」を導入している。この当たり障りないタイトルの提案は、あらゆる生態系と経済における炭素の商品化を可能とする方式について、次のように述べている。

> 温室効果ガス排出の緩和に貢献し、持続可能な開発を支援するメカニズムを、締約国が任意で利用するために、この協定によって、この協定の締約国の会合としての役割を果たす

締約国会議の権限および指導の下で設立する。当該制度は、この協定の締約国の会合としての役割を果たす締約国会議が指定する機関の監督を受けるものとし、次のことを目的とする。

(a) 持続可能な開発を促進しつつ、温室効果ガス排出の緩和を促進すること。

(b) 締約国により承認された公的機関および民間団体が温室効果ガス排出の緩和に参加することを奨励し、促進すること。

(c) 受け入れ締約国（他の締約国が、国の決定する貢献を履行するために利用できる、排出削減のための緩和活動によって利益を得ることとなる）における排出量水準の削減に貢献すること。

(d) 世界全体の排出における総体的な緩和を行うこと。

簡単に言えば、パリ協定は、炭素クレジットを交換するためのグローバルな市場ベースの枠組みを提供することで、各国が炭素緩和に投資する手段をつくり出している。REDD+モデルはグローバルなものとなった。[34] 元ボリビア国連大使・気候変動交渉代表であるパブロ・ソロンは次のように説明している。

持続可能な開発を支援するこのメカニズムは、京都議定書の第12条と第6条にもとづくものだろう。京都議定書第6条は炭素市場とカーボン・オフセットを生み出した。そして、京都議定書第12条はこうした炭素クレジットを扱うクリーン開発メカニズムを生み出した。［第6条］により、クリーン開発メカニズムは持続可能な開発メカニズムになる可能性が高く、炭素市場は先進国（附属書I）にかぎらず、世界、地域、二国間、国内などあらゆるレベルで、すべての国が利用できるようになる。言い換えれば、すべての人々が地球システムの未来に賭ける自由を得ることになる。[35]

当然のことながら、ソロンの批判に対するリベラルの反応は、「私たちは**なにか**しなければならない（しかし資本主義に立ち向かうことはできない）、だから炭素排出を監視し、第6条とクリーン開発メカニズムのもとで取引を規制できるようなグローバルな制度——現存する市場の失敗を是正できる技術的制度を構築しよう」というものである。しかし、一体どうやってというのだろうか。パリ協定後のCOPでの交渉をのぞいてみると悪魔の所業の詳細がわかる。

グリーン・ケインズ主義が進歩派やリベラルの人々にとって魅力的なのは容易に理解できる。少なくとも現代のグローバル・ノースでは、大多数の「私たち」(この場合、善意で進歩的で、環境意識の高い人々を意味する)はリベラル資本主義的秩序の恩恵を受けており、それが完全に「普通」であるがゆえに他の秩序を想像できないほどである。もしかしたら資本主義が優勢でなければと願う人々でさえ、資本主義に囚われているように思われ、内側からみるとケインズ主義が最善の、あるいは唯一の選択肢のようにさえみえるのだ。このことは真実では**ない**――それは最善の選択肢でもなければ、唯一の選択肢でもなく、実際にはまったく選択肢ですらない可能性が高い――ので、本当に気候危機に対処したいと思っている人々を含む非常に多くの人々にとって(しかも、かれらがそれによって利益を得るためだけではなく)、グリーン・ケインズ主義をこんなにも良い考えであると**思わせる**ようなものは何なのか、私たちは理解しなければならない。ケインズ主義やそのグリーン・バージョンは、その語の適切な意味で批判に値するものだ。すなわち、ケインズ主義とは、たんに資本主義が社会民主主義を装ってまかり通るだけだと結論づけるような、論争的な攻撃や軽率な棄却のことではない。こういう批判にも一抹の真実はあるが、イデオロギーの問題や私たちを制約する実践的・政治的限界に向けられることはほとんどない。そのため、私たちはこれらの考え方が依存している現状の関係を特定しなければならないのだ。[36]

ケインズ主義者の理解によれば、「自由市場」あるいはレッセフェールが政治的・経済的な大惨事に至ることを歴史は繰り返し実証してきたが、しかしまた、その大惨事は資本主義そのものではなく、その「純粋で」リベラルな形態によるものでしかなかった。[37]「自由な」資本主義市場に間違いなく付随する不安定性というカオスは、自然でもなければ生産的でもない。ケインズ主義者は、マルクスやエンゲルスが「酔狂な運試し」[38]と呼んだ、容赦のない経済的変動に耐える必要などないという前提から出発している。ケインズ主義者が確信しているところでは、私たちは、あるいは少なくとも私たちの何人かはより賢明であるので、こうした人々が責任ある立場になれば、私たちの利己主義、群集行動、恐怖への破壊的な傾向は緩和されうる。したがって、ケインズ主義は、まさにケインズが提案したように、テクノクラートや専門家に依拠した政府の支配によってつねに構築されている。このことは、将来の課題が、既存の課題をたんに21世紀風に、グリーン色に染めて微調整したものにすぎないという意味ではない。ケインズのポリティカル・エコノミーが、1930年代から1960年代を理解するのに役立ったからといって、ケインズ主義は再起動の準備ができているわけではないのだ。ケインズ経済学は、異なる時代の政治的・経済的および政策的な基盤のうえに構築された、一連の政治的・

理論的・制度的なコミットメントおよび実践である。このことは非常に重要であって、3つの基本的な違いは以下の通りである。

第一に、ケインズ主義の「黄金時代」以降の国際的な地政学的秩序の変化は、ケインズ主義者が所与とする領土的・政治経済的な主権に関連する権力と裁量を根本的に変化させた。このことは、ケインズ主義的政策が国家レベルを越えて容易にはその規模を拡大させることができないため、非常に重要である（ケインズ自身はこのことを理解しており、それがブレトン・ウッズ体制の創設に参画する動機となった）。私たちの状況についての国際経済学の常識とは対照的に、ケインズ主義の経済学や政策が前提としているのは、財やサービス、労働力、資本の国境を越えたフローを、国民国家が操作し――方向転換、削減、制限を行い――、国益に適う場合には調整することができるということである。また、ケインズ主義は、国家が国内の投資フローを部門別にそして空間的に再配分あるいは調整することを要求する。これらの諸条件が必要とされるのは、ケインズ主義が（それに間違いなくそのグリーン版もまた）投資の水準を規定するマクロ経済学的諸関係の理論にもとづいて構築されているからである。

このマクロ経済理論によれば、消費**ではなく**投資が資本主義システムの原動力である。したがって、ケインズ経済学は「投資需要」すなわち、投資決定を規定する力、とりわけ利子率と将来の期待資本収益率との関係を中心にすえている。もし借入コストが予想収益を上回る可能性があると思われる場合、潜在的な投資家は投資のために借入れを行うことはない。もし不確実性がかれらの「流動性選好」を増大させる場合（期待収益が、貸出リスクを負うことをいとわない収益よりも低い場合）、貨幣保持者（投資家や資本家としても知られる）は貨幣をそのままにして流通から遠ざけるだろう。したがって、ケインズ主義的政策は国民経済における利子率と「信頼」の一般的水準との関係に関心をむけている。先に述べたように、一般通念に反して、ケインズ主義はなによりもまず金融政策プログラムとして設計されており、財政レジームではないのだ（財政政策は金融手段の後方支援として位置づけられている）。

こうした理論および政策上の強調にもかかわらず、1944年のブレトン・ウッズ協定によって導入された固定相場制は、通貨の安定性をもたらすことで強調点を財政面へとシフトさせるよう促した。通貨の安定性は各国にたいして金融領域でのかなりの自由裁量を与え、財政能力を増強した。[39] 言い換えれば、為替レートが固定されている場合、財政プログラムを支えるための金融膨張は、国際金融市場によって、21世紀に「正常」と見なされるのと同程度に近いペナルティを受ける（または投機される）可能性はない。1970年代初頭のブレトン・ウッズ体制の崩壊はケインズ主義者を失脚させ、それ以降導入された変動相場制はネオリベラルな車輪に油を注ぐことに役立ってきた。すなわち、ソブリン債は急増し、金融資本は、緊縮財政のルールにしたがわない政治組織を、どんな規模であっても「規律化」する権力をもつようになった。

現在のグローバルな経済的編成――警察や軍事を除きほぼすべての政策領域で、反動国家を中心にして組織されている――とは対照的に、ケインズ主義が基本的な前提としているのは、現地の資本家の期待に影響を与えることで投資需要に意味のある効果を及ぼすことができる国家である。国内の期待がケインズ主義のポリティカル・エコノミーの原動力なのだ。生産や消費は言うまでもなく、現代の貿易や金融フローのグローバルな性質は、期待の諸関係を管理することを不可能ではないにしてもはるかに困難にしている。国内の利子率は必ずしもグローバルな市場での期待収益に影響を与えることはできず、実際にはそれとは関係ない場合もある。さらに、将来の結果に関する不確実性や、投資のエンジンを稼働させようという資産保有者の意思を決定する流動性選好は、グローバルなフローや為替レートの変動性という文脈においては、はるかに影響力を及ぼしにくい。投資需要はもはや国内規模では決定されないのだ。金融資本は国境を越えており、金融資本の前で頭を下げてすり寄る以外のことをしようとする政策は、ほとんど意味をなさない。

現在のケインズ主義的モーメントと過去のそれとの第二の基本的相違は、金融に関するものである。現代資本主義の金融構造は、1970年代以降根本的に変化した。第二次世界大戦後の時代、とくに米国のリチャード・ニクソン大統領〔在任1969―1974年〕、イギリスのジェームズ・キャラハン首相〔在任1976―1979年〕、カナダのピエール・トルドー首相〔在任1980―1984年〕以降のいわゆるポスト・ケインジアンの時代に、資本主義はますます金融化していった。金融的な動機、市場、行為者、そして制度がますます強力な役割を果たすようになったのだ。「貿易や商品生産ではなく、金融的な経路を通じてますます利潤が生み出されるという蓄積パターン」[40]である。

金融フローという運動それ自体には、ケインズ主義が政策やガバナンスのための経済学的枠組みとして存続することに問題を提起するようなものはない。実際、地域間や部門間で生じる国内フローは、統合され安定した現代の金融ネットワークによって媒介されており必要不可欠なものである。つまり、雇用や資本の効率性のためにこのようにフローを調整することは、ケインズ主義国家の存在理由にほかならないのだ。しかし、国際的な金融フローは――とくに高速で、規制のない、投機的な資本のフローは――、ケインズ主義をまったく機能させなくするわけではないが、きわめて不安定なものにする。このようなフローは、近視眼的で変動しやすいだけでなく、雇用とは――さらに言えば、安全で安定した契約（労働者が通常望んでいるようなもの）によって支えられた国内雇用さえも――実際にはまったく関係のない投資機会の空間を提供する。いまや利潤は、かつては国民経済の幸福度を示す最良の指標であった所得水準および雇用水準から大きく切り離されている。想像を絶するほどの富が、オフショア市場にあるか、事実上規制のないホットマネー〔短期資金〕として流通しているのだ。

当時のケインズ主義と現在必要とされているものとの第三の違いは、理論的にも実践的にも、ケインズ主義が物質のスループット〔マテリアル・フロー〕によって動かされるということである――その物質が太陽光パネルであれ有機アボカドであれ。世間で知られたあらゆる未来のグリーン・エネルギー生産の核心は、たんにエネルギーのためのエネルギーではないということである。クリーン・エネルギーはすべて、諸産業に電力を供給して、エネルギー生産者自身を含む全雇用を供給するために生み出される。しかし工場やコンサルティングサービス、そしてレストランは、どれも物の絶え間ない生産に依存している。さらに商品の流通は、太陽光発電で動かされ近隣のレベルで発展していく場合でも、生態系に影響を与えるのだ。

だが、フレッド・ブロックが示唆するように「グリーンな大量消費経済は矛盾語法に聞こえるかもしれないが、かならずしも矛盾ではない」。もしかしたら、現在のエコロジー的苦境から抜け出す手段を消費または生産できる**ようにする**方法があるのかもしれないというわけだ(ただし、私たちが「私たち」を拡張して、すでに裕福で安全を得ているリベラル資本主義の中心国以外にいる人々を含めると、この方法はほぼ実行不可能となる)。この希望は、グリーン・ニューディールやグリーン・ケインズ主義の事実上すべての提案を特徴づけるものだ。それは、「財の消費からサービスの消費への加速的なシフト」の可能性にもとづいており、「サービスは財よりも資源集約的ではない傾向があるので、消費の増加による環境負荷を減らすことができる[41]」というものである。このような考え方は、将来の気候に対する組織労働者の性能評価を支配しているが、由緒ある『フィナンシャル・タイムズ』（2008年以降ケインズ主義にはるかに共感するようになっている）さえもこの考え方を取り上げており、「気候変動を制御するために必要な投資は大規模であるが、リーズナブルで収益性がある」と主張している。[42]コラムニストのマーティン・サンドブは「エネルギー革命の収益性向上」（再生可能エネルギー価格の下落や発電容量の増加、グリーン・リストラクチャリングにともなう負の削減コストなど）を称賛し、「気候変動政策の経済性に対するテクノロジーによるプラスの効果は息をのむほどだ［…］「安い」という言葉ではこの点を完全に捉えきれないので、「儲かる」といったほうが適切だ[43]」と言い聞かせている（信じられないかもしれないが、彼が主張する「技術楽観主義」が私たちに想像させるような驚異とは無縁の話である）。

これらの見解はどれも非常に魅力的であり、魅惑的でさえある。それが本当だと想像してみよう。私たちの政治経済学の道具箱には、大洪水になりかねない未来を、より多くの物、より多くの利潤、そしてより少ない第一世界の罪悪からなる、大洪水のない未来（あるいはより良い未来）に変える手段があることになる。グリーン・ケインズ主義者の提案には、「公正な移行」をともなうエコロジー近代化論に関連する一連の制度と政策――化石燃料補助金（国際通貨基金によれば、年間約5・3兆米ドル）の満了と再投資、グリーン投資イニシアティブ、分権化された生産とエネルギー・システム、グリーン・バンクなど――がある。[44] 政策パッケージ全体は、現時点では実行可能な唯一の選択肢以上のものに思われる。つまり、地球を完全な破滅から救うだけでなく、経済停滞という問題に対する進歩的な解決策をも約束しているように見えるのだ。

この政策パッケージは、実際、まさにケインズが意図したとおりのものである。『一般理論』における彼の目的は、現代の資本主義社会を管理するテクノクラートにとって有用な（つまり「一般的」な）資本主義的近代性の理論を提供することであった。マルクス主義においては自明の理として通っているが、ケインズはたしかにラディカルではなかった。しかし彼は、資本主義以上のものが、すなわち「文明」が危機に瀕していると心から信じていた。彼は1938年に次のように書いている。「文明というものは、ごく少数の人々の個性と意志によってうちたてられた薄くて頼りない外殻であって、それを維持する手段は、巧みに伝達され悪賢く保全されてきた規則や慣行だけである」。[45] 彼の考えが幅広く流通し始めた1940年代――リベラル資本主義の中心部では、30年以上に及ぶ災厄が終結した時代――において、そのような規則や慣行がもつ魅力の少なからぬ部分は、「文明」全体が断崖にあるという感覚が幅広く共有されていたという事実によるものだった。これこそがケインズ主義の**他でもない**根本的基礎であり、そして今日、グリーン・ケインズ主義の問題をきわめて差し迫ったものにしているのは**文明**という存在の不安定性である（ケインズ主義経済学への一般的な関心ではない）。ケインズ主義は奇跡を約束する。すなわち、革命なしに革命的転換を組織することである――私たちはすでに行っていることを行えばよいだけだが、ただし「グリーンに」であり、そうすれば私たちはより豊かに、より平等に、**なおかつ**、宇宙船地球号の良き財産管理人になれるのだ。資本主義の惑星的課題に対するこの統制的応答にかけられた見込みのない希望は、エリートたち――それを実行するための知識と権力をもつテクノクラートと経済的グループ――の手に権力と資源をさらに集中させる可能性が高く、したがって私たちは、これらのエリートたちが依拠する政治的現状によりいっそう従わなければならなくなる。これはリヴァイアサンが惑星的主権を僭称するのを促すことになるだけだ。

ここで注目すべきは、リヴァイアサンとビヒモスのあいだで進行中の対立の一要因が、現在の地政学的騒乱の根本原因の一つでもあるということだ。すなわち、グローバルな政治経済大国としての中国の台頭である。残念なことに、気候政治の議論において、中国はしばしば一つの問題として、つまり非道徳的な汚染者としてみなされているにすぎない。北アメリカや西ヨーロッパでは、どんなに私たちが「良いこと」をしようとも、「中国」がそれを最終的には無駄にするので、気候変動を遅らせる私たちの努力は無意味である、と口にする頻度がどれほど多いことか。これは無知の産物であるか、人種差別的なヨーロッパ中心主義の産物であり、時にその両方であることもある。

中国の資本主義は、ヨーロッパや北米の資本主義とは明らかに異なっている。しかし、この違いは、一時的な特殊性や文化的な「多様性」としてではなく、中国が完全に資本主義になるまでの特殊歴史的で政治的な経路の産物——この帰結は資本主義世界全体にとってますます決定的なものとなっている——として見るべきである[46]。中国の独自性を正しく評価することは、気候政治や気候リヴァイアサンにとって重要な意味をもっている。それはたんに、中国の炭素排出量が他のすべての国民国家のそれを上回っている（2013年には世界全体の4分の1。ただし、一人あたり排出量はなおも相対的に少なく、例えばカナダや米国の半分以下である[47]）からという明白な理由からではない。汪暉が説明しているように、グローバルな気候変動に対する中国の貢献を理解するには、階級政治と国際分業の分析を主軸におく必要がある。

西側諸国では、多くの人が中国のエネルギー消費や環境問題、移民労働者や低賃金労働の搾取に関する問題を、人権やその他の国際的協定の文脈で理解しているが、これらの問題と国際的な産業移転との関係を調査したことはない。中国が世界の工場になることと、西側諸国の脱工業化との関係は明らかであろう。気候変動やエネルギー問題、低賃金労働、さらには国家による抑圧メカニズムでさえ、すべてが新たな国際分業にとって不可欠な側面である。[48]

1990年以降、中国の炭素排出量が劇的に増加したことは、グローバルな政治経済の地理的変化の影響によるものであり、中国の工業生産と階級関係がますます中心的で矛盾した役割を果たすようになっている。中国は世界の商品生産の中心であるが、消費のほとんどは他の場所で生じている。これにともなう炭素排出に対して誰が責任を負うのか。工業生産が欧米から中国にシフトしたことは、生産がもたらす社会的・環境的な影響をもシフトさせた。地域的な影響（生態系の破壊、都市環境の劣化）はかなりの抵抗を生んでいるが、これまでのところ、ほとんどは共産党によって封じ込められている。

今世紀のある時点で、中国を中心とするグローバルな商品生産の局所的、地域的、惑星的な影響が結合して、現在の秩序の社会的・エコロジー的矛盾が加速していくだろう。中国国家はどのように対応するだろうか。これは間違いなく今日の世界で最も重要な問題の一つだが、評価が難しいことで知られている。複数政党制の選挙をともなった形式的な議会制民主主義の国家装置が欠如していることで、中国の資本主義国家は「例外的」なものになっているばかりか、ヘゲモニーが移行する際に危機に陥りやすくなっている。[49] さらに、抗議の徴候が非常に効果的に抑圧されている社会では、ヘゲモニーの成立過程の効果を測定することは困難である。[50]大衆の政治化の盛り上がりと退潮——中国近代史の中心にあるダイナミクス——は間違いなく続くだろう。しかし、その方向や時間性、効果を予測することはできない。[51]

私たちはこれらの複雑な問題に答えることはできない。だが、中国のリーダーシップがますますグローバルなものになることで、気候ビヒモスよりも気候リヴァイアサンの可能性が高まっている。簡単にいえば、中国のエリートたちは、グローバルな無秩序を受け入れるよりも、資本主義的な惑星管理を支持する可能性が高い。しかし、それは今後数十年間の中国のリーダーシップとその階級的基盤に大きく左右される。いま中国共産党によって提唱されているような、「科学的に調和のとれた社会」という抽象的なイデオロギー的コミットメントは、決して気候リヴァイアサンの実現を保証するものではない。中国における現在のヘゲモニー形態は、社会的不平等や環境問題の深刻化など、気候変動がさらに悪化させるような基本的課題に直面すれば、確実に亀裂が生じて変化するだろう。世界最大の経済と人口によって国家の地政学的権力は巨大なものになるだろうが、それによって、その都市が住みやすくなったり、その市民が現行の政治的編成に満足することが保証されるとは限らない。さらに、アジアにおける潜在的には数億人ともいわれる気候移民の移動は、中国の地域的ヘゲモニーに対して重大な挑戦となるだろう。結果として、今後数十年のあいだに中国は確実によりいっそう強大になるだろうが、よりいっそう不安定にもなるだろう。たとえ中国共産党が、20世紀におけるその種の政党のどれよりも耐久性がありダイナミックであることが明らかとなり、突然崩壊するような兆しが見えないとしてもである。

したがって、気候変動は中国国家のヘゲモニーを無効化するものではないだろうが、そのかわりに、惑星的なグリーン・ケインズ主義に向けた中国国家の改革を引き起こすかもしれない。これは一見すると意外にあり得ないシナリオではない。限られたものであれ、矛盾したものであれ、中国の気候変動に関するリーダーシップは、他のほぼすべての資本主義社会のそれよりもはるかに実質的なものであることが明らかになっており、また何はともあれ党のエリートたちは自己利益のためにグローバルな炭素緩和と急速な気候変動への適応が必要であることを認識している。２０１７年のダボス会議で習国家主席がトランプに米国をパリ協定から離脱させないよう警告した時、彼は気候毛沢東主義と融合した資本主義的グローバリゼーションのネオリベラルな擁護論を提示した。「経済的・社会的進歩を追求しながら環境を保護することは重要である――人間と自然との調和、そして人間［と］社会との調和を実現するために[52]」。もちろんこれは、言うは易し行うは難しである。中国の資本主義的政治経済は、世界中の商品を変換し、世界中の商品を生産することで成立しているので、「調和のとれた」かつ／あるいは「グリーンな」資本主義の未来を構築しようとする試みは、惑星的主権の問題を押し進めることになるのだ。

V

あらゆる種類のケインズ主義と同様に、グリーン・ケインズ主義は頑強な国家を必要とする。ここにグリーン・ケインズ主義の政治的限界がある。というのも、リベラル民主主義の国家——すくなくとも現在存在しているような国家——がグリーン・ケインズ主義を生み出すというのはまったく考えられない話であり、すくなくとも私たちが直面している問題に適したグリーン・ケインズ主義はありえないからだ。そして、かりに可能だったとしても時間がかかりすぎるだろう。したがって、グリーン・ケインズ主義は政治的根拠において矛盾を、しかも重大な結果をもたらしかねない矛盾を含んでいる。

おそらくケインズ主義の最大の欠点は、市場を国家の唯一の「外部」としてアプリオリに仮定しているために、必要な仕事が国家なしで行われる可能性を想像さえできないことだ。[53]ケインズ主義者（また、おそらくすべてのリベラル）にとって、国家と市場はすべての社会的空間を満たしている。かれらは、複数の社会的分野からなる世界、すなわち、組織的あるいは配分的な仕事が成立可能な他の空間が存在する世界を考えることもできない。この概念上の限界は、エリートの常識と完全に共存している。重要な行為はすべて国家**あるいは**市場の領域で起こり、それはゼロサムゲームである（これが、国家財政による投資が民間資本を「締め出す」とリベラルが非難する理由である——かれらの観点からは、他に取って代わられるものは何もないのだ）。その結果、市場がすでにその課題に対して不十分であることは明白なので、国家が不可欠な存在となる。すべてのリバタリアンが「自由市場を」とわめくのに対して、国家の消滅を望むエリート社会集団など世界に存在しない。それどころか、国家を掌握することが、ほぼつねにエリートという地位を定義する特徴である。これは、なぜケインズ主義が——グリーンであろうと、そうでなかろうと——危機の瞬間にこれほど魅力的なのかを、またなぜその他の選択肢がこれほどユートピア的で、無益で、あるいは絶望的にみえるのかを説明するのに役立つ。

どんな一国ケインズ主義も、領土内で正当な暴力行使と正当な資源配分の両方を独占する主権国家を前提とし必要としている。しかし地球温暖化は、領土的な国民国家が危機に対処するには不十分であることを露呈させている。地球の表面は、隣接しているが本来は区別され重なり合うことのない区画の、混沌とした塊のような配列で覆われており、それぞれの区画が他のすべての人々に災難をもたらす一定の可能性を有している。それゆえ、グローバル・エリートたちにとっては、現代の国家におけるどんな個人や下位集団も、その役割を果たせないことは明らかである。明らかに必要なのは近代的国家主権によらないガバナンス方法であるが、同時にその必要性はまさにその諸主権国家の一部によって否定されている。気候変動のカタストロフという問題に対してグリーン・ケインズ主義的な解決策を与えるうえで、国家には解決策が必然的に欠如しているように見えるが、このことだけが国家の問題を解決する。規制と意思決定という国家の役割はまったく全面的に不確定なものであり、それがどんな形態をとるかについても言うまでもない。問題の規模が非常に大きいので、国家なしでこの問題に立ち向かうことはできないように思えるが、しかし、現在構成されている国家が責務を成し遂げることもできないように思える。私たちは、現在の地政学的および地経学的編成のもとでは正解がないという状況に直面しているのだ。

政治的パラドクスをもっとはっきりと言い直すなら、その矛盾——資本の成長が地球を破壊しているというエコロジー的矛盾を含む——に対処するために、資本主義は惑星の管理者、すなわちケインズ主義的な世界国家を必要としているのである。しかし、エリートたちはそれを構築することに消極的であり、また奇跡的にそれが実現する可能性も低いように思われる。したがって、気候変動に対する明白で唯一の資本主義的な解決策は、現在のところ成立不可能である。人類を救える可能性が唯一かろうじてありそうなグリーン・ケインズ主義も、依然として領土的国民国家を前提としているからである。このことから当然出てくる論理的帰結は、規模をぐっと拡大することだ。すなわち、惑星的な気候変動に対して、どこであれ一国でグリーン・ケインズ主義的なプログラムが成功するかどうかは、他のすべての国のコミットメントに左右されるということだ。こうして、ある種のグローバルなグリーン・ニューディールあるいは「グリーン・ブレトン・ウッズ」を生み出す動機が生まれる。これは明らかに、コペンハーゲンからパリまで(あるいは私たちが次に希望を託す場所まで)のあらゆるCOPで、リベラルかつ進歩的な諸勢力が理想とするような目標である。[54]

この惑星的ケインズ主義は、この手段以外には「避けがたい」とされる現実政治を、つまり一連のもっぱら国内的な編成をだめにしてしまう現実政治を弱体化すると考えられている。というのも、惑星的ケインズ主義は、「グローバル・コモンズの典型事例」を悩ます諸問題を、つまり市場の失敗に結びついたフリーライダー問題や集合行為問題を制限するからだ。ダニ・ロドリックが述べているように「コスモポリタンとしての意識がなければ、二酸化炭素を好きに排出し、他国の炭素抑制策にただ乗りするのが最適の戦略になる」。これが惑星規模での「コモンズの悲劇」である。[55] ケインズ主義は、自己利益と公共の利益は国家によってのみ調整されうるという前提にもとづいて構築されている。それゆえ、プラグマティックでリベラルな現実主義は、より高次の権力に、すなわちただ乗りへの衝動を抑制するか、すくなくとも封じ込めることができる権力に答えを見出そうとする。しかし、その還元不可能な主権的基礎ゆえに、グリーン・ケインズ主義のプログラムは、そのように行動するうえで、コスモポリタン的な基礎以外に、すなわち、国家にもとづく主権的自律性というケインズ主義の土台を侵害するような基礎しか想像することができない。惑星的ケインズ主義は、惑星レベルの「エコロジー的刺激」のなかに「自己利益」のメカニズムを構築することを提案できないのだ。[56]なぜなら、こうしたメカニズムまたは制度にとって明らかに必要なのは、それを支える権力が「利害関心をもつ」ところの地球の国民的諸部分に対して、強制力をもつということだからである。

こうした一連の考え方の論理的結論は、重要であると同時にはっきりとしたものである。トランスナショナルなケインズ主義は、それなしではケインズ主義が考えられないような主権的主体のトランスナショナル版を確立することを前提にしてはじめて成り立つ。それゆえ、惑星的グリーン・ケインズ主義は、その規模と大きさにおいて私たちが問題に立ち向かううえで希望をもつことのできる唯一のものに思われるが、以下に示す2つの惑星的な道筋のいずれかをたどることを余儀なくされている——どちらも最終的には同じ行き先に至るのだが。

第一の道は、すべての関係者が、良いものではないが、少なくとも現状よりはましだと考える、同意にもとづくグローバルな協定を構築することである。スティグリッツが言うように、「効果的なアクションはグローバルでなければならない。しかし、グローバル・ガバナンスの現在のシステムに欠陥があるために、なすべきことに対して適切なアクションがいまだにとられていない[57]」。こうして気候条約の立案者たちには、このような協定を実行しうるどころか想像することもできないように、それを歪曲することが求められる。つまり、ことの本質を捉えた計画を作ることは不可能なのだ――それでも**何かを**やらねばならないのだが[58]。こういうわけで、提案はつねに非常に定型的で空疎なものに思われ、実質的な目標や、実施のための手段およびタイムラインを事実上含んでいないことが多い[59]。問題の診断は、私たちが必要だと知っている事柄と、それがまったく不可能であるという常識的判断との間の崖っぷちへと、絶えず私たちを連れていくことになる。

だから、不可能が必然であることを認める前に、「私たち」は断崖に集まり、裂け目をなくすために地政学のあらゆる性質を互いに列挙する必要がある。例えば、影響力のある米国のエコノミストによる最近の評価によれば、効果的なグローバルな協定には、以下のものすべてが含まれていなければならない。すなわち、グローバルな協力、参加と遵守のための適切なインセンティブ、公平性、費用対効果、国際レジームとの一貫性、検証可能性、実用性、現実主義である[60]。これらの思考実験が協定の構造に課す条件そのもの（現実政治に関連する問題への逆説的な反応）が、こうした提案を事実上、実現不可能なものにしている。それは橋を――「世界最大の集合行為問題」という裂け目を越えて反対側のグローバル・ヴィレッジに至るための、普遍主義的で参加型の気候倫理という橋を――設計するようなものであり、私たちは自分たちの重さを支えることは決してできないと分かっているのだ。京都からパリまで私たちは立ち往生したままである。希望に満ちた心で崩れかけの土のうえに足を乗せながら。

それゆえ、私たちは第二の可能な道という残酷な幽霊に直面することになる。それは超国家的な「エコロジー的刺激」への利害関心をもち実現不可能な制度的能力をそなえていると自称する、一つの国民国家あるいは少数の国民国家の出現である。これこそが気候リヴァイアサンである。それは、投資を調整し、生産能力や破壊能力を配分し、フリーライダーに対処することで、惑星的ケインズ主義という主体に課された重荷を担うことができると主張するだろう。

これらふたつの主権がもたらす結果の違いは、あったとしてもはっきりしたものではない。どちらもリヴァイアサンの役割を果たすことができるだろう。そして、環境災害の不均等な波と闘おうとする孤立した国民国家からなる世界にとって、戦争を期待することが解決策として合理的であるかぎりは、一国グリーン・ケインズ主義でさえ、気候リヴァイアサンという第二の道に導かれることになる。ケインズ主義が世界大戦の産物であり、世界大戦に深く依存していたことを忘れてはならない。いずれにせよ、人新世における資本の論理は、不本意ながらも惑星的主権を指し示している。したがって私たちは、その潜在的な出現の条件を検討しなければならない。

6

惑星的主権

人間をますます強固に掌握するこの社会は、同時に、
みずからの非合理性と手をたずさえながら成長しています。
しかも両側面は構成的な関係にあるのです。〔…〕
世界は狂っているというだけではありません。
狂っていて、なおかつ合理的なのです。〔…〕
しかしながら一つの権威あって、これが全面的破局を潜在的に防いでいます。
この権威にこそ訴えかけねばなりません。

——テオドール・アドルノ[1]

I

私たちの考えによれば、いまや政治的なものは惑星的主権を受け容れるべき状況に適応しつつある。先に図2-2として示した、2×2の発見的図表（「パネットの方形」）の左列を見てほしい（第2章、97頁を参照）。この二つの形態が表すのは、世界がそれにそって進んでいくかもしれない二つの大まかな軌道であり、二つの惑星的主権、その資本主義的および非資本主義的な二形態である。両者は、技術的にも空間的にも「常態としてのカタストロフ」に適切に対処するために、地球上の命を守れと書かれた錦の御旗をかかげている。だが、惑星的主権の出現を促すことができるものとは何なのか。私たちの「ウェストファリア的」世界から惑星レベルでの管理へ、どうすれば移行できるのか（そもそも領土的国民国家をどうにか維持しながら惑星的主権に到達することなどできるのだろうか）。こうした問題を本章では扱う。そのためには国際関係論の研究者たちと対話する必要が出てくるだろう。その誕生以来ずっと、国際関係の分野では「世界国家」は成立しうるのかという展望が議論されつづけてきた。この議論の哲学的源泉にも、とくにカントとヘーゲルにも考察を広げる必要がある。衒学趣味と思われてしまうかもしれないが、現代思想のルーツを見定めることは、より堅固な基礎に立って将来の地政学的変化を分析するために役立つだろう。

目的は、未来を予測することではない。それは私たちの手に余るし、もちろん他の誰にも不可能なことである。とはいっても、惑星レベルでの気候変動のおかげで、現代人のほとんどは未来予測を試さずにはいられなくなっている。30年後や100年後に世界の食糧事情や水事情がどうなっているか予想してみたことのない人がどこにいるだろうか。ましてや、未来の人間はそれにどう対応するのかという、より重大な問題について誰が想像しないでいられるだろうか。焼けつくような猛暑の夏に、子や孫の将来を（ふつうは恐ろしげに）思い浮かべてみようとしない親なんているだろうか。そして左派なら誰だって、そういう恐ろしい未来が実現されないようにするにはどうすべきかと、少しくらいは考えてみたことがあるのではないか。

そうだとすれば左派は、政治的理由からも実存的理由からも、未来をどう考えるべきかという戦略を——政治理論を、という人もいるだろうが——立てる必要がある。いかなる未来予測であれ、最善でも理想主義、最悪なら反動にしかならないというのはマルクスの洞察だが、もはやそれをくり返したところで何も始まらない（いまなお含蓄のある知恵であることは確かだけれども）。未来に関する豊かな思弁は、それにどんな限界があるにせよ、分析のためにも政治のためにも、現在とりうる他のどんな選択肢より優れたものだといえる。いま世にある選択肢といったら、すべてが「いつもどおり」だから大丈夫と思い込むとか、テクノ・ユートピアンたちが言いふらす嘘の希望を抱いてみるとか、ニヒリズムに浸ってみる（「もうお手上げ」といいながら）とか、そういうこと以外にはないではないか。もっとひどい選択肢もある。黙示録的な本や映画が提供するビジョンをリアルだと思い込み、スペクタクル的でディストピア的なコンテンツ商品にハマりながら恐怖を麻痺させるのだ。豊かな思弁を測定しうる低俗なハードルがあるとすれば、それはハリウッド映画がよくやる不安とパニックの美化である。

注意深い思弁とは、しっかりと根拠づけられ、慎重で懐疑的でなければならない。善意の人であっても、単純化され偏った分析への誘惑に、たやすく屈してしまう。思慮深く博識な学者が私たちの気候政治を思弁する場合ですら、説得力のあるものになるとは限らない。たとえば、ナオミ・オレスケスとエリック・コンウェイの「クライメート・フィクション cli-fi」小説『こうして、世界は終わる』〔原題は『西洋文明の崩壊』〕がそうだ。同書は、現状を診断するために、2393年のディストピア的でポスト黙示録的な未来のなかに現代を投影する試みである。

気候変動というカタストロフが迫っているという警告が何十年にもわたって無視されているうちに、気温の急上昇や海面上昇、干ばつの拡大などが進んできた。［…］２０９３年の大崩壊においては、西南極氷床（にしなんきょくひょうしょう）の融解により人口大移動が起こり、そして世界秩序が完全に作りなおされた。第二次中華人民共和国による大崩壊三百周年記念式典からはじめて、ある高齢の学者が、読み手の心をつかみ、深くゆさぶる報告を書き記す。啓蒙思想の子孫たち、いわゆる先進産業諸国の政治的・経済的エリートたちが、しかるべき行動をとらず、ついに西洋文明の崩壊を引き起こしてしまったのは、いったいどうしてなのか。報告が伝えるのは、このことである。[2]

同書のイントロダクションでは「「自由」市場へのイデオロギー的執着」のせいで「西洋文明は第二の暗黒時代に突入」したと説明される。[3] この物語は、前未来の時制を採り入れたことにより、新自由主義の病理と、それがもたらすであろうと（「回顧的」に）告げられるディストピア的世界——中国に指導され、国家に統制された「新共産主義」の世界——とにかんする一種の道徳的訓話となっている。[4] オレスケスとコンウェイは同書のエピローグで、この物語から次のような教訓を引き出している。「中国が気候変動による災害を切り抜けた」ことは「中央集権政府の必要性の証明」となり、「そのことが［…］新共産主義中国」の誕生につながった」。他方で「新自由主義者」は「先を見越した措置をとらなかった」せいで「最も忌み嫌っていた形の政治体制を拡大させてしまったのだ[5]」。

このファンタジー――これは新自由主義の敗北に関するリベラルなファンタジーにほかならないが――についてもっとも目を惹くのは、そのあからさまに地理的な枠組みである。すなわち、惑星レベルの気候変動がもたらすのは**西洋**文明の崩壊であり、その結果として中華文明（つまり**非**西洋文明）が確立するのであって、**もしも**現在の「西洋」で新自由主義が勝利するならば、未来の世界国家の中心は中国になるだろうというのである。このようにオレスケスとコンウェイの短編は、現代の気候論争を東洋学者（オリエンタリスト）の手法でマッピングしている。今日、気候変動への対処を怠れば、明日には中国の勝利と「西洋」の敗北を見るだろうというわけだ[6]。物語はたんに西欧中心主義的であるだけでなく、さらには決定論的でもあり、おまけにマルサスの暗い影を最大限効果的に取り入れている。西洋文明の崩壊をもたらした引き金は、西南極氷床（にしなんきょくひょうしょう）の融解だとされる。因果関係がはっきり説明されてはいないが、それに続いて人口大移動と疫病の流行とが起きたと語られている[7]。

未来の世界地図は荒涼としている。かつて西洋文明をなしていた国々のなかで登場するのは、英国（ただし「カンブリア」と改名）と、ドイツ、米国、カナダだけである。アフリカにかんしては、54か国のうち一国も名前が挙がらない。実際には、アフリカの運命が話題にのぼるのは三度だけ、しかもつねに大災害のメタファーとしてである。一度目には、アフリカは飢餓に襲われた。二度目には「特にアフリカで政権が倒された」。そして三度目には、アフリカに「人がいなくなった」とされる。こうしてアフリカは舞台から退き、その物語上の役割を終える。[8]残りの話は別の場所で続けられる――自分たちの文明を待ち構えている大災害を正しく見定めることに失敗した、西洋の思想家たちのもとで。そして当初、人類が地球の物理学的および生物学的な諸機能を変化させていることに最初に気づいた科学者たちのなかで、西洋に起こりうることを理解した者はほとんどいなかったという。「例外の一人」が「有名な未来研究家のポール・エーリック」であり「彼の著書『人口爆弾』〔宮川毅訳、河出書房新社、1974年〕は広く読まれたが〔…〕**誤りと見なされていた**[9]」。この文章は、何を言いたいのかよく分からない。というのも、ポール・エーリックは正しかったではないか。彼がホルドレンとともに提唱した惑星的レジーム〔第2章のⅢを参照〕を、私たちは築くべきだったのだ。それを怠ってしまうと、私たちは〔オレスケスとコンウェイがかれら自身で危惧しているとおりに〕まっしぐらに西洋の破滅と東洋の勝利とに向かっていくことだろう。

この本はベストセラーである。[10]米国の「進歩派」たちにとっての極めつきの悪夢を、かれら自身が空想的に説明したものが本書である。その筋書きにおいては、地球の救済者である気候リヴァイアサンの覇権を、反動的な気候ビヒモス（同書の攻撃目標である「ネオリベラル」な気候変動否定論や市場原理主義に代表される）が妨害する。ところが気候ビヒモスは、気候毛沢東主義（「新共産主義」中国）にいたる道へと世界を追いやってしまう。ドナルド・トランプを勝利させた大統領選挙を見れば、このようなファンタジーを信じたくなる誘惑にかられるかもしれない。だが、よりよい世界をかちとる希望を左派がまだ捨てていないのなら、これよりもうまく思弁をおこなわねばならない。つまり、よりよい物語を引き出すために、政治的な未来を思弁するという課題に挑もうということだ。ただしそのさいには、分析の前提をはっきりと提示し、採用する概念や主張を歴史のなかに位置づけ、そして私たちの政治経済的秩序を規定している資本主義的な社会関係を的確に、かつ失望することなく考察する必要がある。

　この取り組みにおいては、もちろん因果関係が大きな難題となる。原因について主張することは避けられないし、そうしなければ私たちの思弁には一貫性がなくなってしまう。ただし、機能主義という落とし穴（「システムはこういうふうに機能しているに違いない」といった）には要注意だ。それに、科学によくある問題だが、筋違いなやりかたで具体性を追求すること（「2100年までに海水面は2・2メートル上昇する、つまりカオスが訪れる」といった）もまた避けねばならない。とはいっても、どうすれば機械的な因果論（あるいは荒っぽい推論）に陥らずに思弁を進められるのか。気候政治についていえば、ほとんどのモデルは単純な論理展開にもとづいている。急速な気候変動 ⇓ 資源紛争 ⇓ 暴力のまん延 ⇓ 社会の機能停止、あるいは、急速な気候変動 ⇓ 資源紛争 ⇓ 社会の機能停止 ⇓ 暴力のまん延などといった論理展開だ。二つ目から四つ目の「各段階」の順序にバリエーションがあるのは、気候変動には数えきれないほどの自然学的変化がともなうからである。いずれにせよ、論理展開の組み合わせは無限だ。たとえばオレスケスとコンウェイの物語は、西南極氷床の融解 ⇓ 人口大移動と疫病の流行 ⇓ 西洋文明の終わりという具合に進む。

実に多くの著作が、気候変動に付随する別々の現象（雨量の増加と減少など）や、社会紛争にかんする別々の現象（戦闘の増加と減少など）のあいだに、相互連関があるかのように論じている。それとは対照的に社会科学者たちは、未来の推測にあまり貢献できておらず、これまでに見てきた単純な因果関係のモデルのどれが「真実」なのかをはっきりさせるには、ほど遠いところにかれらはいる。[11] とはいえ、未来予測のスケールを広げるために経験的事例をさらに盛り込んで、全地球の未来についての意味ある主張を根拠づける、というわけにはいかないことも確かだ。そうするには分析上の問題があまりに多すぎる。[12] しかも、これらのモデルが予測する未来の諸変化だけでなく、その解決策（あるいは適応策）といわれるものもまた、実はその多くが、モデルによる説明の対象に含められるべき「問題」なのである。たとえば米軍のモデルは、21世紀のうちに中東では水不足のせいで社会紛争が増えていくと示唆している。今まさに中東が「人間の適応能力の限界点を超えると予想される」ような気温上昇を遂げつつあることをふまえれば、これには反論しがたい。

南西アジアの多くの場所では、将来の気候はどうなるのか。それを占うためには、紅海のアフリカ側、北アファール地域にある砂漠〔ダナキル砂漠〕の現状が、妥当な比較材料となるだろう。その極端な気候条件〔世界でもっとも暑い地域の一つとされる〕のせいで、この地域にはひとりも定住者はいない。[13]

すでに米軍は、このような展開を計画に組み込んでいるとして非難されている。20世紀に米国がおこなってきた中東介入の諸帰結をおおまかにでも知っていれば、前述のモデルが予期する中東の気候変動に米国はどう対応するのか、誰でも予測はつくだろう。つまり米国は、暴力的で地域を不安定化させるような手段を「適応策」として用いるだろう。その正確な形態や帰結までは予測不可能だとしてもだ。

私たち左派は幸運にも、この乗り越えがたい壁に正面衝突する必要はない。別のアプローチがあるのだ。左派の思考やポリティクスを一貫性があって有効なものにするためには、気候変動と文明の関係についての「正確な」因果関係モデルなどいらない。正確な予測が不可能だからといって、もうお手上げということにはならないし、未来を一定の範囲で予見する試みを諦めるべきではない。むしろ、あらゆる気候変動がもたらす未来を予測困難にしている最大の要素は、政治的なものという問題である。どんなモデルや理論においても真の問題は、他でもない**政治的な**次元において、世界が気候変動にどう対応し、どんな結果をもたらすのかである。過去数十年のあいだに、気候への諸影響のうち人類を原因とするものが重視されてきたことをふまえれば、人間の政治的対応のありかたは、人間のみならず人間以外の世界にとってもまた、途方もなく重大な問題となるだろう。実に、私たちの分析対象のより正確な呼び名は、気候変動よりも「気候―政治変動複合体」ではなかろうか。この複合体は、単純な因果関係にもとづいてモデル化することはできない代物である。[14]

それでは、どうすればいいのか。第4章で提示した、気候問題への政治的なものの適応という主題に戻ると、私たちがおこなうべき因果関係の考察は、少なくとも二つの条件を満たす必要がある。第一に、支配的な政治経済的秩序がどんな傾向や矛盾を含んでいるのかを特定したうえで、この秩序のありうる変化の道筋を描き出さなければならない。第二に、そのような傾向や矛盾を理解するために私たちが頼っている政治的・哲学的概念そのものを、歴史のなかに位置づけねばならない。目指すべきは、機械論的モデルによる未来予測ではなく、複合的で理論的なレンズをつうじて、一貫性のある思弁をおこなうことである。

II

政治的なものが惑星的主権に適応しつつあるという考えには、多くの先例がある。「世界政府」の空想に満ちた予測とその拒否というテーマについては、少なくともプラトンにまでさかのぼる長い歴史が書けるだろう。この主題にかかわる諸作品――カントや、より現代的な思想家でいえばハンナ・アーレントやアントニオ・ネグリの著作を含む――からは、一連の重要な問題がもちあがってくる。昔の思想家たちが世界政府（またはそれに似たもの）を予期したのに、いまだにそれが成立していないとすれば、気候リヴァイアサンに関する私たちの主張の真価を、どうやって見定めればいいだろうか。そして、私たちが明日に迫るカタストロフを防ぐために今日働きかける相手とは、いったいどんな形態の権威なのだろうか。本章における私たちの目的は、この問題に取り組むために世界国家という観念の略史を辿ることである。この歴史は、「政治的なものの変容における」因果関係を跡づけるためのものではない。そうではなくて、自分たちがどこに向かっているか分かると考えた興味深い思想家たちの見解のなかに、私たちの分析を基礎づけてみたいのである。

ホッブズもそうだが、カントは根本的に「近代の」思想家である。ただし彼はいつでも政治哲学者だと見なされているわけではない。彼の最重要な政治的著作は『実践理性批判』（17

81年）よりも後の時代、ヨーロッパを根底から揺るがす大変動のさなかに書かれた。カントの生涯は西欧における資本主義的な国民国家の成立期と重なっており、彼が人生の倫理的展望を分析したのは国民国家の出現への反応としてであった。理性を行使する個人の権利と尊厳のもっとも高名な代弁者の一人が彼であり、その立場はルソーと近代リベラリズムの中間地点として解釈されるのが典型的である。しかしこの解釈には議論の余地が大いにあり、彼の著作の政治的志向は容易には確定できない。ホッブズの『リヴァイアサン』と同様に、カントの政治的著作もまた、出現しつつある秩序の正当化であったと解釈する者がいる。だがその一方で、ホッブズの「主権にかんする権威主義的な見解や［…］突然の死への恐怖という心理学的想定にもとづいた社会の説明」を、カントは批判していたと指摘する者もいる。[15] さらに重要な点として、カントの政治分析は、彼自身がそこに生きた世界とは根本的に異なる世界を指し示している。私たちは彼の政治的著作を、ヨーロッパで生じていた変化の分析としても、思弁的批判としても読むことができる。

コスモポリタニズムにかんするカントの議論は、この批判の中心をなしている。彼が想定した政治とは、人々が他の全人類に、異なる出自の人々に対してさえも倫理的に責任があるかのように行為することであった。この立場はえてして現代のリベラル多文化主義と同一視されるが、それは矛盾に引き裂かれたイデオロギーであって、米国の覇権や帝国主義にとってこの上なく有用なものだと証明済である。ところが、カントの有名な論稿『永遠平和のために』のなかに示された彼のコスモポリタニズムをあらためて概観してみると、話はそれほど単純ではないことが判明する。カントが筆を進めていたとき、ヨーロッパはフランス革命にはじまる大変動の渦中にあった。標準的な解釈によれば、カントが『永遠平和のために』を書いたのは、この大変革の帰結にかんするリベラルな展望を簡潔に示すためであって、共和政の立憲国家からなる連盟を創出することにより、革命のある種の遺産（たとえばブルジョワ的自由）を確保しつつ、別の遺産（たとえば国家への民衆的抵抗）を抑え込むためであった。しかしカントはまた、その種の連盟の安定性を保証する諸条件をも見定めている。彼が提示した諸条件は、当時にはまったく急進的なものと見なされただろう（いくつかの点では今日においてもなお急進的なものである）。

〔…〕もっとも残酷でもっとも巧妙に考え出された奴隷制の本拠地である〔カリブ海の〕砂糖諸島が、少しも本当の利益をあげず、ただ間接的に、〔…〕つまり艦隊の水兵を養成するために、したがってふたたびヨーロッパで戦争を遂行するために奉仕している〔…〕。しかもこれをおこなっているのは、しきりに敬虔なることを口にし、不正を水のように飲みながら、正統信仰において選ばれた者とみなされることを欲する列強国なのである。

ところが、ひとたび地球上の諸民族のあいだにあまねく広まった共同体（その規模の大小は不確定であるものの）は、地球上の**一つの**場所で生じた法の侵害が**あらゆる**場所で感じられるほどにまで、いまや発展を遂げたのである。だから世界市民法の理念は、法についての空想的で突拍子のない考え方ではなく、いまだ国法にも国際法にも書かれていない条文の、人類の公法一般への、したがってまた永遠平和への、必要な加筆である。こうした条件のもとでのみ、人は永遠平和に向かってたえず接近しつつあると自負することが許されるのである。[16]

これらの文章は、1795年、ハイチ革命が起きていた頃に書かれたものであり、ヨーロッパの植民地主義と奴隷制、そして戦争に対するカントの批判を反映している。彼はコスモポリタニズムを「人類に共通に属している地表への権利」と同一視する一方で、自然権を理由にヨーロッパ人の植民を正当化しようとする人たちを批判している。

［…］この歓待の権利、すなわち外来者の権限は、古くからの居住との交通の**試み**を可能にする条件のもとでのみ有効である。――こうして遠隔の諸大陸がたがいに平和な関係を結び、その関係はついには公共的で法的なものとなり、結局は人類をますます世界市民的

体制に近づけることを可能にするのである。[17]

この「世界市民的体制」は、正確には「世界政府」ではないが、それとかけ離れたものでもない。「人類に共通に属している」諸権利を尊重する共和政国家の連盟についてカントは論じたが、ある程度諸国家の集団性が成立していることをそれは前提している。ただし、加盟国が共和政体であることもカントの仮定には含まれており、それはすべての国家（や領土）を単一の権力のもとに置くことなど不可能だと彼が信じているからである。これは国際連合のようなものを設立する提案に聞こえるかもしれないが、しかし現代の国連システムは、カントが設けた平和の諸条件を満たすにはほど遠い。彼は常備軍の廃止と、あらゆる戦争準備の廃止とを呼びかけ、また共和政国家が、その内部において他の諸集団を支配する力をもった一集団によって指導されるべきではないと主張した。[18] 実際には、ほとんどすべての国連加盟国が常備軍をもっている。それに、国連システムを支配しているのは安全保障理事会であって、歴史上もっとも強力な軍隊をもった一握りの資本主義国民国家が安保理を構成している。

こう述べたからといって、カントが世間知らずのポリアンナだったと、みなが互いに親切になれば最後には全部うまくいくはずだと指で十字を切りながら祈る楽天家のようであったと示唆したいわけではない。むしろ彼は、人間や国家に自覚的意志や善意を実行する能力があることには大いに懐疑的だった。この点にかんしてカントは、「永遠平和」の観念が表面的に示唆するよりも、ずっとホッブズに近い。柄谷行人——彼はカントを通常そう見なされるよりもはるかにラディカルな思想家として理解している——が論じたように、カントは「人間本性の奥深くに巣食う暴力性を十分に承知しており、それを「非社交的な社交性」と呼んだのである。ただし同時に彼は、この暴力性を最終的には抑制することができると信じていた[…]。カントによれば、諸国家の連盟ひいては世界政府は、人間の善意や知性ではなく「非社交的社交性」および戦争によってもたらされるのである」[19]。

現存のリベラル世界秩序とカントのヴィジョンとが同一視されるときには、別の問題もまた政治制度的領域および政治経済的領域の双方において生じてくる。多大な影響力をもつリベラルな市民社会の諸モデルを支えるために、カントは（たとえばジョン・ロールズやユルゲン・ハーバーマスによって）駆り出されてきた。だがそれと同様に、それぞれのリベラルなモデルを（ほぼつねに問われざる前提として）作動させている経済的メカニズム、すなわち貨幣に媒介された資本主義市場に対して、カントは決して無批判ではなかったということもいえる。リベラルな諸モデルのどれにおいても、市民社会は資本主義的交換のうえに組み立てられている——その内部において構成されている場合すらある。だがカントは『永遠平和のために』で「貨幣の力」を、国家権力がもつ力のなかで、戦争にさいして「おそらくもっとも信頼できる」

ものだといい、またしたがってコスモポリタニズムの主要な障害と見なしている。[20]彼が提示するのは万人の承認と尊厳にもとづく社会生活であり、そして彼にとって尊厳とは「一切の価値を超出した崇高なもの」である。[21]

この普遍的尊厳に基礎づけられた「世界市民的体制」は、居心地が悪いがごくありふれた政治的立場、つまり思弁的な提案という立場のなかに置かれている。この立場は、その根本において進歩的であると同時にロマン主義的であり、さらにはノスタルジックですらある。「**かれらに謝金を払うことさえできれば**、自分で考える必要はなくなり、他人がかならずや自分のかわりに面倒な仕事を引き受けてくれるだろう」ということが、彼の時代においてますます真実味を帯びるようになってしまっていると嘆きつつ、この俗悪さが啓蒙によって克服される可能性をカントは歓迎している。[22]いまや「地球上の諸民族」をそのなかに統一するものとしてカントが提示する「あまねく広まった共同体」は、これら二つの関心に同時に対処しようとする思弁的な提案である。それは歴史において戦争と憎悪から脱出しようとする政治的前進の一歩であるだけでなく、利己的な生産および交換へのぎとぎとした関心から「公共的理性」の理想化された領域へと、すなわち「完全な共同体、ひいては世界市民の社会」へと上昇する階梯の一段でもある。[23]

もし「あまねく広まった共同体」や「世界市民の社会」といった語が、ロールズの「原初状態」やハーバーマスの「間主観的な討議倫理」を多分に連想させるとすれば、それは実際にこれらの観念のあいだに親近性があるからである。カントはリベラルな政治理論において中心を占めるようになったが、その一方でリベラルなポリティカル・エコノミーにおいては主流にあるとはいえず、むしろこの方面では少しわずらわしいとさえ思われている。貨幣と交換を中心に組織される市民的生活をカントは冷笑する。そして、みずからの理性を行使しようとする「世界市民の社会」が到来するという彼の予告は、そう告げることが実際その到来を促すだろうという希望を抱きながら、近代における諸矛盾——愚かしい利己心をともなう啓蒙された理性——をパフォーマティヴに止揚する試みなのである。平和で普遍的な共同体にかんするこのヴィジョンは、その後の数世紀間で支配的となったポリティカル・エコノミーによって脇に追いやられつづけた。だがそれとともにいつも、資本主義がそのような世界をいつか実現できるほどに世界を豊かにするだろうという見込みがあったのだ。その意味では少なくとも、あらゆる種類のリベラリズムは、歴史の水平線の向こうに世界政府の到来をひそかに期待しているのである。

III

世界市民的で非軍事化されたカント流の永遠平和は、ヘーゲルにはその現世的基礎をまったく見出しえない代物であった。国家を「超出した」ものがあり、それが国家間の紛争を解決しうるなどという考え方は、ヘーゲルにとっては甘いものでしかなかった。彼の『法の哲学』は、ナポレオンのリベラル帝国主義により開始された、終わりの見えない戦争が起こりはじめた時期に書かれたが、そのなかで彼は次のように述べている。

> 国家間には大法官は存在せず、せいぜい仲裁者と調停者が存在するだけであり、この仲裁者と調停者もまた、ただ偶然に、すなわち特殊な意志に従っているだけである。諸国家の連盟による**永遠平和**というカントの考えは、それによれば、この連盟があらゆる戦いを仲裁し、そして各国によって承認された力としてあらゆる不一致をかたづけて、戦争による決定を不可能にさせるものになっているが、この考えは諸国家の**同意**を前提としている。ところが、この同意は、道徳的、宗教的、あるいはまたどのような根拠や考慮によるにせよ、概していえば、つねに特殊な主権的意志にもとづくものであり、そのためにつねに偶然性がつきまとっているのである。[24]

つまりこうである。国家間で生じる個々の紛争をつうじて、ある種の国家横断的な制度（たとえば国境紛争を解決するための国家間交渉を促進する国連特使のような）がもたらされるに違いない。だがそういう臨時の限定的な実例を積み重ねても、それがカントのいう「世界市民の社会」へと「成長」するとは考えられない。ヘーゲルによれば、さまざまな国家が争いあう諸事例において開かれている道は二つある。第一は、紛争当事者たちがなんらかの合意に至る道である。さもなくば、第二の道として「国家間の戦いは、［…］〔それらの〕特殊意志が一致を見出さないかぎり、ただ**戦争**によってのみ決着しうる[25]」。

「世界市民的体制」という展望に対するヘーゲルの懐疑的態度は、この体制を実現しようとしたかに見えるナポレオンの血にまみれた試みの失敗と、それに対する反動という廃墟のなかを彼が生き抜いてきたことにある程度は由来するのではないか。それも考えられないことではない。ともあれ、ヘーゲルの批判は二つのありうる政治的結論を指し示している[26]。第一に、カントのコスモポリタニズム構想を「現実主義」と呼びうる立場から非現実的な夢想とみなし、世界政府は端的にいって不可能だと結論づけることである。この見解は、今日の状況において正当化できると思われるが、諸国家からなる既成の世界秩序を「自然の」地政学的均衡と捉えている。この均衡は、ときに揺らぐこともあるかもしれないが、長い目で見れば安定した永続的な秩序なのである。

しかし第二に、これとは劇的に異なる結論もまたヘーゲルの批判からは引き出すことができる。「現実主義的」立場から見ればヘーゲルは、国家を基本要素とする既成秩序の論理が、またしたがって国家間戦争の論理が、結局のところ不可避なものであることを確認している。そうだとすればヘーゲルの批判は、本質的には「永遠平和」の理念に、その「現実主義的」反論として永続戦争（あるいは少なくとも不可避の戦争）の概念を対置させるものだということになる。しかしながらヘーゲルの議論は、平和の不可能性（なぜなら人間は戦争をやめないだろうから）ではなく、むしろ永続性それ自体の不可能性を主張するものとして理解することもできる。この場合に問題となるのは、カントの思弁的な永遠**平和**ではなくて、人間は永久不変の状態に、あるいはどんなものであれ歴史的な均衡状態に到達できるのだという、カントの無批判な想定のほうである。こうした観点から私たちは、絶え間ない矛盾と政治変動、あるいは今でいうところのヘゲモニーをめぐる闘争を予期すべきなのだ。

［…］国家間の関係は諸国家の主権をその原理とするがゆえに、そのかぎりで諸国家は自然状態のなかで相互に向きあっており、また諸国家の権利はその**現実性**を、［…］諸国家の特殊意志においてもっている。先の普遍的規定は、［…］**当為**に留まり、そして実状は、

条約に従った関係の成立と、この関係の破棄とのくり返しになる。[27]

こうした（さまざまな社会集団を巻き込む）国家内の闘争や（主権の承認、資源、領土などをめぐる）国家間の闘争は、相互的諸関係の総体を、ある秩序から別の秩序へと、たえず変化するダイナミズムのなかで突き動かしていく。この過程には必然的な終点はなく、その数はどうあれ、異なる諸結果をつねにもたらしうる——先のヘーゲルの言葉を借りれば「つねに偶然性がつきまとっているのである」。

Ⅳ

ヘーゲルの政治分析において、ポリティカル・エコノミーは本質的要素である。当時、人々の日常に関する関心は、偶発的な例外を除けば、まるで歯牙にもかからないものであったが、しかしヘーゲルにとっては、近代政治からのありふれた逸脱ではなくむしろ近代政治の核心に関わるものであった。正義や「権利」はつねに理性と結びついているかもしれないが、しかし生活における必然性から切り離せないものでもある。ヘーゲルによれば、こうした俗っぽい関心が、カントの予期した超国家的な「世界市民の社会」においては放棄され、この社会が理性を養分として生き永らえるだろうと想定されているのだとすれば、今日でもなお激動の国家中心的世界に結びつけられたままの人々にとってカントの議論は役に立たないであろう。この国家中心的世界では永続的な安定性は成立しえない。そして哲学的な諸概念が現れ出てくるのは、国際関係論やポリティカル・エコノミーの露骨な文法のなかにおいてである。つまり、大国、覇権、帝国、そして国家と呼ばれるダイナミックな集合体の内部と国家間に成立するダイナミックな社会状態を分析する方法のなかである。

　それにもかかわらず、国際関係論における「構成主義」の理論家であるアレックス・ウェントは、彼が「不可避の世界国家」と呼ぶものへと私たちを向かわせる力が、この世界で働いていることを見てとっている。[28]どちらの命題も、つまり世界国家もその不可避性という命題も、ばかげた話に聞こえるかもしれない。実際、２００９年に世界国際関係学会の会長に就任したトマス・ワイスは、その就任演説で次のように皮肉った。「頭のおかしな人だと他人に分類してもらうための確実な方法は、世界政府について語ることだ。仮説としてであれ、あるいはもっとひどいことだが、望ましい将来の帰結としてであれ[29]」。だがそれでも、世界政府にかんするある種の展望は、惑星的主権という形態においていまだに大きな活力を保っている。その理由はごく単純だ。本章のエピグラフでアドルノがいうように「全面的破局を潜在的に防いで」くれる「権威」が求められている、ということである（アドルノが考えていたのは核による人類絶滅のことであったが）。カタストロフを目前にして、人類は「この権威にこそ訴えかけねば」ならない。[30]

先に言及したように、世界政府の、より正確にいえば世界国家の可能性には、多くの人々が疑念を表明してきた。１９４０年代以降の破局が続いていく——第二次世界大戦、ホロコースト、原爆によるヒロシマとナガサキの壊滅、そしていうまでもなく朝鮮戦争や、世界中で生じた反植民地戦争等々——なかで、その始まりの時期に、世界国家の真価と展望にかんする活発な哲学的論争が生じた。とりわけアルベルト・アインシュタインとバートランド・ラッセルは、もっとも熱心な世界国家の提唱者であった。かれらの議論によれば、地球を人が住めない惑星にしてしまいかねない兵器が存在するという状況下で、はっきりとした二者択一を人類は突きつけられている。紛争に陥る傾向をもったアナーキーな国家間システムを克服する（これによってカントが夢見た平和な共和国を実現する）か、このシステム自体を破滅させてしまうか、そのどちらかである。[31] 迫りつつある破局という文脈において、アインシュタインは次のような議論によってカントの提案を更新した。

司法的決定をもって国際紛争を解決することができるような世界政府が創り出されねばならない。そのような政府は、諸政府および諸国民によって承認された明快な憲法に基礎をもたねばならず、またこの憲法は攻撃兵器の配備をおこなう唯一の権限を世界政府に与えるものでなければならない。[32]

1945年8月、米国がヒロシマに原爆を投下してから数日後ラッセルは次のように書いた。

ヒロシマの破壊は、科学の勝利と政治的および道徳的な過ちとの組み合わせを、それ以上のものが考えられないほどに劇的でおぞましい光景として世界に見せつけた。［…］人類の未来にかんする展望は、いまだかつてないほどに憂うつなものである。はっきりとした二者択一を人類は突きつけられているのだ。私たちはみな滅ぶか、さもなくば、ちょっとばかりの共通感覚を必須のものとして身につけるか、そのどちらかしかない。［…］終わるのは戦争か文明か、二つに一つであり、もしも戦争が終わるのだとしたら、新しい爆弾を製造する唯一の権限を手にした国際機関が成立しなければならない。ウラン供給はすべて国際機関の管理下に置かれ、国際機関が武力により鉱産物を保護する権利をもたねばならない。そのような機関が設立され次第、既成のあらゆる原子爆弾およびその製造プラントはそこに引き渡されねばならない。そしてもちろん、何であれ引き渡されたものを保護するために、国際機関はじゅうぶんな武力をもたねばならない。このようなシステムがひとたび創設されれば、国際機関は逆らえないものとなり、そして戦争は終わるだろう。[33]

第二次大戦をくぐり抜けた左派の多くにとって、この「核に直面した一つの世界主義」は魅力的なものだった。[34]その哲学的な真価は別としても、この理想は歴史によって打ち負かされた。実にそれは冷戦の一犠牲者であったのだ。ラッセルの名誉のためにいえば、彼はそのことを1945年に予見していた。「しかし以上に述べてきたことはユートピア的である。兵器のプールという提案に米国は同意しないだろうし、ましてやソヴィエト・ロシアはそうだろう。どちらも、相手を滅ぼすための手段を手元にとっておくと言い張るだろう[35]」。

ほとんどの政治哲学者はアインシュタインやラッセルの考え方には従わなかった。米国とソ連との世界史的な決裂の影響下で、諸主権の統一は不可能であるばかりか恐ろしいことだと考えた者は多くいた。ハンナ・アーレントによれば、無数の人々が「世界政府」をして、核による絶滅から地球を救うことを目指すものだと夢想したが、しかしそれは「真の政治を、すなわち各々の権力を完全に保持したままで平和裏に共存する異なった諸民族を、屈服させ消し去ってしまうものである[36]」。アーレントは生涯にわたって、世界国家への願望を全体主義に、あらゆる抗議をつねに反逆罪として扱う全体主義に、結びつくものと見なした。[37]この関連性は、善意の「超国家的機関」によって断ち切れるものでもない。そのような機関は「機能しないか、たまたま最強である国家に独占されることになり、そうなると世界政府ができあがってしまい、それはいともかんたんに想像を絶する恐るべき暴政になるかもしれない[38]」。

私たちの政治的展望にかんする以上のような診断から、アーレントはカントに対する「現実主義的」批判を復唱しているのだと思われる。個人であれば自分自身の尊厳を保ちながらも集合的意志により団結することが可能だが、それとは異なり国家は、他の諸国家とともに一般意志を形成することはできない。他の国家に対して、国家はつねに自然状態に置かれたままである。諸国家の根本的な結びつきは、事実上、否定的なものである。アーレントによれば「地上の平和の保障なる考えは、円を四角にするのと同じくらいユートピア的」なのだ。ただし――なお、これは重要な「ただし」であるが――このことは、次の場合にのみ当てはまる。すなわち「国家の独立、すなわち外国の支配を受けないことと、国家の主権、すなわち外交にかんして抑制と制限のない権力への要求とが同一視されるかぎりで[39]」。

アーレントの議論は、カントの永遠平和を断固支持するものでは決してないが、しかし諦めに染まったリアリズムでもない。彼女の思考は、ラッセルのそれに劣らず「相互確証破壊」(核保有国間での相互牽制)という実存的危機により形成されているが、しかし彼女が引き出す結論は、より「概念的」なものである(この語を最大限に「応用的」な意味で用いるとすれば)。今日では「大国間の戦争は[…]暴力手段が怪物のように発達したために不可能となった」と語るとき、私たちは「国家の概念」や「主権の概念」を越え出てしまったのである。これらの概念こそが「国家間的な性質の紛争は究極的には戦争によってしか解決しえない」ことを確証していたのだった。[40] カントと同じようにアーレントもまた「連盟」を、ただし明確に「国家**間**」の権威を、唯一の制度的な解決策だと考えている。[41] この権威は国家間的だが、しかし「新しい国家概念」のもとに創設される。つまり言い換えれば、それは政治的なものの適応であり、そこでは「連盟をなす諸単位が権力を相互に抑制し統御する」のである。[42]

この提案の枠組みをこえて、諸国家によって集団的に承認された非全体主義的世界国家へと想像力を広げることはできるだろうか。ときに扱いにくい周辺的なテーマに政治的論争は多くの年月を費やしてきたが、しかしそのあとで、世界政府が議論の主題として戻ってきた。それは部分的には冷戦終結のためであり、部分的にはグローバルなエコロジー危機の認識が広がってきたためである。議論を復活させた中心人物はアレックス・ウェントであり、彼の論文「なぜ世界国家は不可避なのか」は、世界政府が到来するというだけでなく、それは避けられないものだという目的論的な議論を立てている。

ウェントの主張を基礎づけるロジックは兵器開発である。国家は自分自身を（その市民たちを）守らねばならないので、おのずと競いあう。だからこそ国家は「防衛」を追求する、つまり他の国家に承認を強いるためにじゅうぶんな兵器を得ようとするのである。兵器技術は時間的にも空間的にも不均等に発展するので、さまざまな国家がさまざまな程度の「防衛」能力をもつことだろう。このことが、承認を確保する能力があるかどうかという、消えない不安を国家にもたらす。国際関係論におけるリアリストは、このことで世界情勢は袋小路に行き着くと考える。この終着点（オメガ・ポイント）において、国家間の関係は永続的アナーキーをなしている。そこにあるのは相互不信、つまり「防衛」（戦争）のための競争的軍備であり、せいぜいのところ覇権による安定性である。ところがこの議論は、無際限に恐ろしさを増していく兵器開発そのものによって致命的に掘り崩されてしまうのだと、かつての論争に見られた主張を思い出させる口ぶりでウェントは論を立てている。国家間の防衛競争が行き着くところは、国家の破滅に（それも、ひょっとしたらすべての国家の破滅に）なりかねないような状況である。とにかく大量破壊兵器が多すぎるのだ。諸国家からなる世界システムが向かいつつある終局的状態ないし目的（テロス）は、転換されねばならない。「承認をめぐる国家間の闘争」は、新たな局面に、すなわち「集団的なアイデンティティ形成に、および結局のところ［世界］国家に」到達するのである[43]。

　明らかにウェントの理論は、フランス革命後に現れ出た政治秩序にかんするカントとヘーゲルの思想のうえに築かれている。人間の「非社交的社交性」にかんするカントの悲観的評価と、承認をめぐる闘争という進行中のダイナミックな過程にかんするヘーゲルの診断との、双方をウェントは受容している。彼にとって「みずからの主体性の承認をめぐって個人間および集団間でくりひろげられる闘争は［…］アナーキーのロジックによって世界国家へと道筋をつけられている。軍事テクノロジーと戦争をますます破滅的なものにしていく傾向をアナーキーはもたらすのである」[44]。ここで難問が浮上する。それは答えが見つからないものだと、多くの人が正しくも考える問いであろう。すなわち、軍事と戦争のダイナミクスに駆り立てられた国家間システムは、どんな結末に向かっているのだろうか。

三通りの終局的状態が、おのずと示唆される。1．共和政国家の平和的連合。2．国民国家から構成され戦争が正統でありつづける現実主義の世界。3．世界国家。第一のものはカントに、第二のものはヘーゲルに結びついているが、かれらは二人とも、自分の構想をあからさまに目的論的な根拠のうえに置いた。それゆえに、世界国家の可能性を拒否するさいにはカントもヘーゲルも、世界システムの組織原理でありつづけるのは厳密に言ってアナーキーである、という想定に同意しているのである。ただしかれらは別々の種類のアナーキーを想定しているのではあるが。進歩のメカニズムについていえば、カントとヘーゲルは別々の方法においてではあるが、やはり二人とも紛争の役割を強調している――カントは人間の「非社交的社交性」を、ヘーゲルは「承認をめぐる闘争」を［…］。カントは紛争が共和政国家を作り出す傾向を見通しつつも、それが国境を横断する集団的アイデンティティを発展させるだろうとは考えなかった。彼にとって国家は、主権を維持するエゴイストでありつづける。ヘーゲルは異なる結末を根拠づけたが、それはまさしく、諸個人のエゴイスト・アイデンティティを集団的アイデンティティへと、つまりは国家へと作り変えることが承認をめぐる闘争の結果だからである。だがこのことをヘーゲルは、個人間の闘争の結果としか想定していない。国家もまた承認を求めるが、しかし自己充足的な総体性としてありつづけるだろうと彼は考えている。承認をめぐる国家間の闘争は、超国家的な連帯を生み出すことはなく、複数の国家からなる世界という「歴史の終わり」に私たちを置き去りにするのである……。[45]

これは（目的論的な筋書きにそって改作された）カント的前提とヘーゲル的前提との組み合わせである。この組み合わせにウェントは世界国家の出現の根拠を見出す。この筋道を成立させているのは二つの重要な条件である。第一に、承認をめぐる国家間の闘争が一種の集団的アイデンティティを作り出すはずであること。もっとも強大な諸国家（他の国々はその後を追うだろう）を連合させる、なんらかの原理が現れつつあるに違いないというわけだ。その原理が、ヘーゲルのいう「国家間の関係は諸国家の主権をその原理とする」という条件を無効にするはずなのである。[46]第二に、世界国家を実現するための手段が、しかも原理としてだけでなく具体的手段としても存在していなければならないこと。言い換えれば、世界国家は国家という基準に合致している必要があるだろう。これら二つの条件が満たされているならば「承認をめぐる国家間の闘争は、個人間の闘争と同じく、集団的アイデンティティの形成という結果に、つまり結局のところ一つの国家という結果にいたるだろう」とウェントは論じる。

その理由の一つは［…］テクノロジーの役割に関わる。カントが世界国家の可能性を否定したのは、部分的には、当時の技術水準がその可能性をあらかじめ排除していたせいでもある。そしてヘーゲルは、終局的状態においても戦争が正当な手段でありつづけると想定したとき、その代償が耐えがたいほど大きなものになるとは考えもしなかった。かれらは二人とも、20世紀の劇的な技術革新を予期しなかったが、それは部分的には安全保障のジレンマを要因とする革新であり、したがってアナーキーな国際秩序そのものから生じた結果なのである。ダニエル・デュードニーが確信を込めて論じているように、戦争のコストが、そしてまた組織可能な国家の規模そのものが、技術革新によって極めて大きくなったのである。[47]

ウェントのいう「不可避な」世界国家を根拠づけるロジックは、1940年代にラッセルやアインシュタインが用いたロジックと同じである。ただし、その頃よりも今日の兵器のほうがはるかに強力で精密かつ機動的になったという違いはあるが(このことでアインシュタインとラッセルの主張は説得力を増すばかりだ)[48]。実際、世界国家をめぐる論争を中断させたのは冷戦であった。その終結は、ときに「歴史の終わり」として歓迎されたが、別の結果にもつながった。つまり、世界政府への展望が復活したのだ。

国家間の承認をめぐる闘争は、テクノロジーの諸変化と結びつくことで、世界システムを世界国家へと駆り立てていくだろうとウェントは言う。つまり彼は、もはや戦争は行使可能な「最後の手段」ではないというアーレントの結論を共有している。しかしアーレントは、迫りくる破滅が政治的なものに適応を強いることで世界平和を達成できるようになるとはあまり信じていなかった。しかも彼女は、世界政府を要求することが「想像を絶する恐るべき暴政」につながるものだと見なしていた。ウェントはそれよりはるかに「楽観的」である——相互確証破壊という限界点に達したことで世界は適応を迫られるだろうと期待する点でも、非全体主義的な世界政府は同着語法ではないと信じている点でも。

この「楽観的」分析からは、ウェントが答えないままに残したいくつかの難問が提起される。第一に、このような変化がテクノロジーの発展とともに進むとされるが、どんなテクノロジーによって、またどうしてそうなるのか。ウェントは大量破壊兵器に触れているだけだが、しかしヒロシマ・ナガサキからほぼ80年が過ぎた今、私たちは第二次世界大戦の終結時と比べても、世界国家にほとんど近づいていない[49]。第二に、もし「集団的アイデンティティ形成」をつうじて世界国家が到来するのだとすれば、何がこの集合体のイデオロギー的基礎をなすだろうか（明らかにナショナリズムではないだろう）。第三に、世界国家の出現は、現存する国民国家の大部分が（そして有力な国々のほぼすべてが）特殊資本主義的な性格をもった国家であることによって、どんな影響を受けるだろうか。ウェントは資本主義の問題をかっこに括っている。資本の論理は世界国家の出現をさらに後押しするだけだと彼は述べるのだが、しかしどうしてそうなるのかは説明していない。

ウェントの見解を練りなおすために、ここでは第一の問題だけに取り組もう。ただし他の二つの問題も、論点の明確化に資するかぎりで短く考察する（もっとしっかりと紙幅をとって論じるに値する問題ではあるのだが）。（非全体主義的な）世界国家における集団的アイデンティティをイデオロギー的に基礎づけるものは何かを考えることは、まるで魔法の万能薬を探すようなことかもしれない。それがどんなものかを知ることができれば、私たちは「普遍的市民権（シティズンシップ）」へと大きな一歩を踏み出すことだろう。第5章で述べたことだが、国家間の承認をめぐる闘争を解決しうるようなイデオロギー形態は、地球上の生命の「財産管理人」というイデオロギーであろう。二つの主導的な資本主義国家である米国および中国のエリートが中心となって、主権が惑星を基礎として組織され正統化されるように、政治的なものを再構成することができると想定しよう。このエリートたちは、あたかも惑星全体の一般的利害を代表するものであるかのように、自分たちの利害を提示することだろう。国家間システムのレベルにおいて、この想定が代弁するのは根本的にエリート中心のプログラムである。たとえそうだとしても、共通認識となった惑星レベルの非常事態という文脈においては、エリートたちは実質的な正統性を付与されるかもしれない[50]。何であれ世界国家へと向かっていく見込みのある運動はそういうエリート主義的な特徴を帯びるだろうが、まさしくこの特徴においてこそ、資本の役割にかんするヒントもまた含まれているのである。この役割はほぼ確実に、あらゆるエリート的プロジェクトの基本的要素をなしている。結果的に私たちは、資本の役割が問題になるという点では、資本の論理が世界国家を作動させるだろうというウェントの見解に同意する。というのも、労働力の再生産についてはいうまでもなく、資本の流通と蓄積の基盤を維持するためにも「集合行為問題」（第5章のIIを参照）を解決する必要があると思われるが、それを惑星レベルで達成できるのは資本だけだからである。実際、ジョヴァンニ・アリギによれば、資本主義の歴史において、資本の矛盾はいつでも、政治的にも地理的にもより大きな規模の解決／ガバナンスへと駆り立てられてきたし、そして間違いなく、米国の良き時代（ベル・エポック）には地球だけが、矛盾を解決しうる唯一の政治的・地理的スケールとなる。[51] さらに付言するならば、こうした理由から、気候リヴァイアサンを正統化する際に資本が主な根拠となると思われる。というのも、地球を救うというエリート的プロジェクトが、革命的なイデオロギー変化（それについてウェントからはヒントが得られないが）を阻みながら成功を収めるとすれば、このプロジェクトに必要な正統性は、少なくとも現時点では、資本主義によってのみ与えられうるからだ。とはいえ、ここで述べた事情のすべてが急速に変わってしまうこともありうるのだが。

テクノロジーの問題についてはもっと多くのことが言えるが、この問題が主権および集団的アイデンティティ形成と交差する点に立ち戻ろう。国家に相互承認の追求を強いる「アナーキーの論理」を、ウェントは強調する。この論理によって、あらゆる国家が、他の国家を破壊するための軍事力をそれぞれに洗練させ、より大規模な「防衛」投資の必要性を永続化させながら、集合行為をめぐる大問題を実行することになる。同じ問題を扱っている他の論者たちは、ウェントが軍事技術を重視している点と、世界政府とは「怪物のように発達した暴力手段」への応答であるというアーレントの「論理」との、両方を肯定している。しかし「論理的」だからといって「不可避」だということにはならない。[52] たとえばウェントの同僚であるバド・デュヴァルとジョナサン・ヘイヴァークロフトにいわせると、世界政府の出現を左右しているのはウェントが見落としている細部の事情にあるが、おそらくそれは彼が「核に直面した一つの世界主義」の長い伝統に属しているからだろう。テクノロジーが、ここではとくに軍事技術が、主権に関連すると思われる事柄に影響を及ぼし、さらに主権がその名において行使される集団的アイデンティティにも影響を与えているとすれば、話はどうなるだろうか。

軍事技術の特殊な一分野、すなわち宇宙兵器こそが、とくに重要であり決定的な効果をもたらしかねないとデュヴァルとヘイヴァークロフトは論じる。かれらによれば「軍事技術の移行は（他の過程とともに）政治社会の形態および国家間関係の性質に変化を引き起こす」。かれらの分析対象は「新興の宇宙兵器技術が、国際システムを構成する政治社会の［…］存在論、すなわち［…］主権に及ぼすであろう構成的な諸効果」である[53]。このような主張は、政治理論の片隅で長年にわたって行われてきた、世界国家をめぐる議論のすべてを認証するものに見えるかもしれない。私たちが話題にしているのはどのような種類の宇宙兵器なのか。

近い将来において軌道スペースの軍事利用には三つの可能性がある。第一は、米国が遅くとも1980年代から追求してきた［そしてすでに不完全ながらも実用化されている］ミサイル迎撃、宇宙空間のミサイル防衛網である。第二に、深刻な議論の的となっているが、展開途上の「宇宙支配」である。米国国防総省は、宇宙支配を「宇宙開発であり、敵国［とくに中国］による宇宙利用を否定すること」だと定義している。第三は、宇宙空間からの武力行使、すなわち［…］軌道上に配備されたさまざまなタイプの兵器であり、地球の大気圏内を飛行する物体や地表やその付近の物体を攻撃する能力をもつ。[54]

デュヴァルとヘイヴァークロフトによれば、米国だけが「有効な宇宙兵器計画を進展させる」地位にあるとされるのだが、なぜそういえるのかは明らかではない。[55] だがこの主張はかっこに入れておくとして、かれらの分析には目を見張るものがある。

宇宙支配という言葉が表しているのは、米国の主権が軌道スペースにまで拡大したということである。宇宙支配の実行は［…］米国の「固い殻のような」国境を、いまや軌道スペースの「領土」にまで拡張された境界線として引きなおすことになるだろう。米国の主権は、この世界を越えて軌道上にまで投影される。１９６７年の宇宙条約第２条には「月その他の天体を含む宇宙空間は、主権の主張、使用または占拠といった手段、あるいはその他いかなる手段によっても国家による領有対象とはならない」と定められている。米国の宇宙支配プロジェクトは、その主権範囲の膨張にくわえて、この条文の明らかな違反であろう。[56]

このような過程には「政治社会の形態」における非常に特殊な発展または適応がともなうであろう。というのも、宇宙条約第2条の違反をつうじて生み出されているのは、「明らかに資本主義的な主権」だからである。

マルクスは『資本論』第1巻において、どのように労働者が生産手段から切り離されてしまうのかを古典派経済学者たちは説明できないと言ってたしなめた。アダム・スミスのような経済学者たちは、分業のためには先行的な資本蓄積が必要だと論じたが、そのような説は屁理屈だとマルクスは断じた。前資本主義社会における分業は、生産者を自分自身の労働から疎外するようなものではなかった。そうではなく、資本の本源的蓄積という現実の歴史的過程が、力ずくの領有という植民地的関係をつうじて進行したのだとマルクスは論じた。この本源的蓄積のように、宇宙支配は、それまで人類の共有財産であった宇宙を植民地化し、「宇宙を効果的に作り変えて新しい」形態の「不動産」に仕立てることをつうじて、グローバルな資本主義的秩序を構成する。ただし、軌道スペースのなかで物質的労働を投入し、その価値を力ずくで領有することがない点で、宇宙支配は本源的蓄積と完全に同じだとはいえない。だがそれでも米国は、軌道スペースへのアクセスを管理することにより、軌道を力づくで領有し、実際に軌道を本源的に蓄積された私有財産に転化するのだ。このやり方で米国は、グローバル資本主義にとっての主権国家という現在の姿をこえて、**グローバルな資本主義国家**になる。[57]

言い換えれば、近い将来に米国は、宇宙兵器のグローバルな独占を追求し、達成するのであり、地球に縛りつけられた軍事力を凌駕するだろうと、デュヴァルとヘイヴァークロフトは予期しているのである。ここでいう宇宙兵器には、宇宙空間の攻撃兵器とセットの「ミサイル防衛網」、核兵器、それに海空域の支配権が含まれうる。かれらによれば、国家のヴェーバー的基準——すなわち「ある一定の領域の内部」で「**物理的強制力/暴力の正当な行使の独占**」を「要求」する制度という基準——に、歴史上はじめて、惑星全体という「一定の領域」として合致する一国家が現れるであろう。[58] こうして米国を中心とする新たな帝国主義の時代が到来し、米国そのものは「グローバルな広域的[…]帝国の中心地」に、すなわち「地球の主権者」になるだろう。[59]

どうして宇宙兵器は気候リヴァイアサンに寄与するというのだろうか。この話は陰謀論のように聞こえるかもしれないが、しかし実際のところ、地球上の生命を守るためとして、宇宙兵器によく似たものが動員されようとしている。すなわち、気候工学である。緩和の機会が閉ざされているという意識が高まりつつあるなかで、「気候工学」という計画、つまり大気の操作による大規模な技術的・社会的緩和をつうじて私たちの安全な未来を達成するといったことをますます耳にするようになった。[60] たとえば、大気圏の反射能を人為的に高めるための、成層圏硫酸塩エアロゾル注入——太陽放射管理（ＳＲＭ）として知られている場合もあるが——を考えてみよう。[61] ＳＲＭ推進を唱える近年の一論稿によれば、硫酸塩エアロゾル注入とは「反射能の調整——大気圏の太陽光反射率を高めることで地球の冷却を試みた一種の気候工学」として特徴づけられる。そのメカニズムは単純明快だ。大気圏に注入された合成エアロゾルは、まるで「夏に白いシャツを着る」のと同じように「成層圏へと太陽光を反射する」であろう。[62]

もちろん大きな違いもある。なぜなら、夏に白いシャツを着るのは、何を着たいかを自己決定できるということだからだ。それでは、誰がどれほど多くの合成エアロゾルを成層圏に注入することを決定するのだろうか。[63] 太陽放射管理（ＳＲＭ）のような気候工学のプロジェクトは、回復力のあるインフラストラクチャーを創出したり、干ばつへの抵抗力のある種子を生産したりすることとは質的に異なる。大規模な二酸化炭素回収貯留についても同じことが言える。というのも、何ギガトンもの炭素を地殻に数千年も蓄えるためには、相当に高度な地質学的エンジニアリングが必須となるだろうからだ。しかしながらＳＲＭは間違いなく、現状では信頼度と重要性がもっとも高い気候工学の形態であり、政治的なものの適応にとっての重大な帰結をもたらすだろう。世界の反射能を調整するには、地球の気候とエネルギーの運命にかかわる決定を下さないわけにはいかないが、それはまさに生死の問題にほかならない。どんなものであれ大規模な気候工学プロジェクトは、グローバルなシステムを実験台にして、もっとも見込みのない目的から、比較的少数の担い手たちによって進められるだろう。すなわち、人間の政治経済システムに手を加えることなく、地球という惑星を物質的に再構築してしまおうというわけだ。SRMにかんする最大の問題、いわゆる「ガバナンス」の問題は、まさしく主権の問題である。というのも、その根本にあるのは「気候工学を統治するための適切な制度をどうデザインすればいいいか」ではなく、むしろ「誰が緊急事態を宣言できるのか」という問題だからだ。[64]

硫酸塩エアロゾル注入とは［…］成層圏に硫酸塩エアロゾルを注入して、太陽光を宇宙に分散することである。このアプローチは、もし平均地表温度をうまく低下させたとしても、気温や降水量、そして水循環の程度において実質的な地域差が生まれるだろうし、インド亜大陸のモンスーンを途絶えさせさえするかもしれない。フィリピン・ピナトゥボ山の1991年の噴火は、硫酸塩エアロゾル気候工学の「自然実験」であったと多くの人が考えている。この噴火により、降水量は実質的に減少し、熱帯地域の一部で干ばつが引き起こされたのであった。[65]

こうした変化は、地球の太陽熱放射吸収能力の分布が変化することで生じるだろう。この能力は、(エアロゾルが集中している)熱帯地域では相対的に弱いが、緯度が上がるほど強まっていく。だから、太陽放射管理(SRM)を実行するためには、あらゆる場所で生じうる、根本的に不確実で地理的に不均等な天候の変化について責任を負う必要があるのだ。さらに、SRMの政治的含意には時間的な次元もある。私たちが「もしSRMのプログラムに乗り出しながら大気圏の二酸化炭素濃度を増やしつづける」とすれば、ほぼ確実なことだが、「今後100年あるいはそれ以降、太陽熱放射を管理する能力や意志を失って、破滅的な気候変動が起こる危険性があるだろう[66]」。それはいわば、SRMに着手する国家または主権者が、この政策の永続的な必要性をみずから言い張るようなことだ。これは重大な政治的問題を提起している。

多くの人々の考えでは、気候工学のテクノロジーは発展させられるべきだが、気候の緊急事態という場合にのみ配備(軍事用語であることに注意)されるべきである。[…]いま自分たちが気候の緊急事態を経験しているということをどのようにして私たちは知るのだろうか。そのような緊急事態を宣言する権限は誰にあるのだろうか[67]。

ジェイミーソンはこのようにレトリカルに問いを投げかけているのだが、しかし実際にはレトリカルな問題ではない。こうした問いは惑星的主権の論理から生じるものであり、私たちがとるべき対応は、問いに答えるか、問いを積極的に抑え込むか、より良い問いを立てるか、そのいずれかである。

たしかに気候工学だけがリヴァイアサンを生み出すわけではない。というのも、気候リヴァイアサンは、いくつかの連動する過程が交差する点において出現するからである。それでも、気候工学プロジェクトを評価するためのどんな手段も極めて政治的なものになることを認めるならば、実験のメリットを判断する正統な惑星的権威になぜ論理的に訴えかけられなければならないか説明がつく。そのような権威は、技術的・科学的な専門知識という白いコートを身にまとい、こう称するだろう。「あのフィードバック・メカニズムを自前で作り出せるほど私たちが賢くなるか、それとも地球システムが最終的にそれを与えてくれるか、そのいずれかになるだろう」と。[68] これは理性と自然状態の対決にほかならない。両者のあいだに立つのは惑星的主権者、すなわち、地球上の生命それ自体の名において（実験的な）例外状態を宣言する者である。こうして惑星的主権が、いわば世界法において出現する。世界を救うために世界を作り変える権威と義務が自分にはあると言い張るのだ。

まだ存在していないテクノロジーについて議論するときには、技術決定論や科学的「進歩」の目的論に陥る危険性がつねにある。[69] 私たちの議論の要点は、テクノロジーを原因としてのみ変化が推進されるということではない。科学やテクノロジーのあらゆる分野はつねにすでに社会的なのであり、こうした特殊なテクノロジーが潜在的に作り出されるのは、政治的変化の結果（かつ政治的変化への貢献）としてなのである。テクノロジーの地政学的次元はすでに地球を引き裂いており、たとえば米国と中国との緊張を深めている。こうした技術的諸変化が米国の覇権を促進しうるというデュヴァルとヘイヴァークロフトの主張には賛同するが、そうなるだろうと想定すべきではない。テクノロジーは緩慢に発展するので、その完成まえに、すでにグローバルな権力がある程度（たとえば「G2」の形態をとった中国と米国による複合的なヘゲモニー支配が）確立しているかもしれないし、戦争やその他の出来事によって米国のヘゲモニーが劇的に低下し、または／そして中国の地政学的権力が増大しているかもしれない。

実にこの不確定なダイナミクスは、私たちの分析にとってもっとも厄介な結論の一つを照らし出す。つまり、気候変動が生み出す主要な変化が政治的なものの適応だとすれば、この適応の形態が不確定である最大の理由は、米国と中国との複雑な地政経済学的関係にある、ということだ。二つの影響圏のあいだで世界大戦が勃発して世界システムが崩壊するのか、それとも米国と中国との協力をつうじて気候リヴァイアサンが確立されるのか、あるいは米国中心のリヴァイアサンが到来するのか。もちろん、他の展望もあるだろう。いずれにせよ最終的に、気候―政治変動複合体について説得力のある予測モデルを引き出すことはできない。

本章を結ぶにあたって、これまでの議論を吟味しておこう。ウェントと同じく私たちもまた、世界規模の権威への移行が生じると予測するし、国家間システムの論理が世界的権威の創出という未来を指し示しているという彼の議論に同意する。しかしながら、資本の問題も、その技術的な（とくに非軍事的技術の）ダイナミズムの問題も、彼は等閑視している。どちらの要因も、世界政府を「不可避な」ものや「ありそうな」ものにしているようには見えない。もっと不可避だと思われるのは、ウェントが、そしてデュヴァルとヘイヴァークロフトがみな描き出そうとした、主権における根本的な移行である。

私たちは、惑星的主権をそれぞれ指し示している三つの異質な論理を特定している。第一は、兵器、とくに大量破壊兵器の論理である。この論理は、アインシュタインとラッセルからアーレント、そしてウェントへと続く伝統のなかで練り上げられた（兵器開発の原動力に対するかれらの反応は様々であるが）。第二は、おもにマルクス主義の伝統において強調される論理、すなわち資本主義の危機的傾向である。危機の論理は、ますますグローバルまたは惑星的なものになっていく資本の諸矛盾（第5章を参照）を解決するとされる主権が、どんな形態と規模をとるのかを指し示している。第三は、現在の状況がいかに本質的に新しいものかを浮き彫りにするが、エコロジー的カタストロフの「論理」と、その論理の帰結として気候工学をつうじて地球の命を救うという命法であり、そのもっとも進んだ表現は太陽放射管理（SRM）に見られる。これら三つの論理は、新興の気候リヴァイアサンにおいて凝縮しており、気候リヴァイアサンにとって政治的なものは、危機とカタストロフが要求している必然性において構成される。その必然性とは、「地球を救う」ために適切な規模の覇権的な軍事・政治力を形成することであり、この目標を実現するために気候工学または関連する社会的・技術的メカニズムを産出し保護することである。最後に付け加えると、主権的権力は、緊急事態を宣言して、適切と思われる制度的・技術的な対策に着手し、またその対策の正統性を（可能なかぎりで）保証しなければならない。

海水面の上昇や干ばつの激化といった加速する環境変化は、すでに進行中のものであり、確実に悪化していくだろうが、気候変動が要求する将来の政治的変革を、それ自体として促進するわけではない。むしろ惑星的主権を「必然的なもの」にしているのは、気候工学の約束と一体となった、人口大移動や紛争という幽霊（およびリアリティ）総体にほかならない。次の条件が満たされれば、リヴァイアサンの創出はさらに推進されるだろう。（a）プロセスにおいて存亡の危機が提示されること、(b)プロセスが大規模(グローバル)になること、(c)プロセスにおいて既存の政治秩序への挑戦が提起されること、である。この見解においては、太陽放射管理と新たな惑星的ガバナンス(とくに宇宙配備の兵器とともに導入された場合)が、惑星的主権の決定的な引き金となりうるだろう。この主権の出現は、先に論じたように、二つのおおまかな政治経済的形態のうち、どちらか一つに結実するだろう。すなわち、資本主義かポスト資本主義かである。ただしこの点については、ここで次のようにつけ加えることができる。惑星的主権が到来するのは、二つの地政学的な道筋のうちの一つをつうじてであろう。その結果として生じるのは、二種類の帝国、つまり地政学的に異なる特徴をもつ二つの「気候リヴァイアサン」のうち、どちらか一方である(どちらのリヴァイアサンも、ポスト資本主義的というよりは資本主義的となる見込みが高いので、第2章の図2-2の左上で示されたシナリオを反映している〔97頁を参照〕)。

第一のシナリオは、米国を中心とした気候リヴァイアサンである。このシナリオでは、米国は現在の軍事的支配を維持し、新たな帝国的覇権のイデオロギー的基礎として「地球の命を救う必要性」を食い物にする。米国は破壊技術だけでなく、気候工学、とくに太陽放射管理においてもグローバル・リーダーとなる。そのような米国主導の惑星管理が展開されるのは、大いに不均等な地政学的領域においてであり、そこでは事実上惑星的主権が帝国的支配の形態をとる。こうした米国中心の気候リヴァイアサンはおそらく長くもちこたえるだろう。というのも、米国を軍事的に打ち負かそうとするどんな試みも、ほかでもない地球の命の管理を攪乱してしまうと思われるからだ。米国のヘゲモニーに対抗する試みは、過激で反逆的な「テロリズム」として扱われ、圧倒的な軍事技術に直面することになるだろう。

第二のシナリオは、米国は実際にはグローバルな覇権を握ってはいないという認識に立つことで見えてくる（たとえば、宇宙兵器のような軍事技術を米国**だけ**が急速に発展させる可能性が高いという前提に立たなければ）。むしろ米国はすでに、他のいくつかの資本主義国民国家、とりわけ中国や、ロシア、インドなどと「大国」の地位を競いつつある。そして、この競争はすでに、サイバー戦争や外交的紛争、それに精密兵器（宇宙兵器を含む）の開発競争という新冷戦をともなっている。

第二のシナリオのほうが可能性が高いように思われるが、そこでは競合する大国のなかの一つ以上が米国と競いつづけることになるだろう。歴史を顧みれば、このような状況は戦争への道であるように思われるし、たぶん実際にそうだろう。ただし私たちの目的にとって決定的なのは、米国が政治的、軍事的、技術的な支配を確立できないという点にある。その含意とはすなわち、惑星の管理（マネジメント）が世界システムの文脈において展開するということだ。このシステムは、民主的でもなければ（なぜなら国民国家および人民のうち大多数は、地球の管理をめぐる重要な決定には実質的に関与しないだろうから)、一つの覇権国によって明確に支配されるものでもない。惑星的ガバナンスが繰り広げられるのは、ゴツゴツして紛争の絶えない地政学的領域においてであり、そこではエリートが、政治的安定性や継続的蓄積などといった、自分たちのニーズを満たすための「適応」を模索しつづけるであろう。たとえば、米国と中国(あるいはグローバルな影響力をもつ大国の小グループ)が世界システムを再組織するという決定を下すために、ある種の大いなる妥協をおこなって、惑星の共同マネジメント、つまり地球の命を救うために既存秩序を二極化させた「G2」を構築するといったことも、まったく突拍子のない想像ではなさそうだ。

こうした未来の道筋(またはそのバリエーション)は、気候正義のようなものを望む人からすると、どれ一つとして受け入れることができない。他にオルタナティブはないのか。オルタナティブを実現するためには何が求められるのだろうか。

第3部

7

パリ協定の後で

私たちはこの未来の影を拒否し、
安全保障の名のもとに自由を抑圧する恐怖政治に屈しはしない。
安全保障に対する最大の脅威、
すなわちあらゆる形態の生命にとっての最大の脅威は、
気候災害を引き起こすシステムである。

――最近のパリでの弾圧に対するクライメート・ゲームの応答、2015年12月[1]

I

２０１２年10月、ハリケーン・サンディがニューヨーク市を襲った。直径では記録上最大の大西洋ハリケーンであり、その被害は甚大であった。[2] 直接の被害額は７５０億ドルに達し、２００人以上が死亡した。[3] これらの被害額の一部は、２００万人に影響を及ぼした停電によるものであった。[4] ニュージャージー州北部やブルックリンにある低地の低所得コミュニティは、電気や水の不足、生活空間の浸水、交通機関の故障、病気、その他の困難によって、とくに深刻な被害を受けた。しかしすべての人が苦しんだわけではなかった。ロウアー・マンハッタンの暗闇のなかで、ゴールドマン・サックスのグローバル本社は、ビルの非常用バックアップ電源のおかげで光り輝き、街を照らしていたのだ（図7-1を見よ）。

この実話は気候リヴァイアサンのメタファーである。世界の富と権力をもつ人々は急速な惑星の変化にすでに適応しつつある。大規模な民間投資と強力な国家機関との結びつきを利用することで、エリート層は自分たちの富と地位、権力を守るための構造を強化しつつある。かれらは、現在の世界秩序では、加速する気候変動を食い止めることができないことを認識している。ウォール街は次の巨大暴風雨サンディを防ぐことはできないが、しかし十分なコンクリートと発電機があれば、最悪の影響から身を守ることはできるし、カタストロフ・ボンドがあれば、高潮のなかでビジネスを行うコストの増加をカバーする以上のことができる。もし、炭素排出量を急速に削減する必要性が世界最大の集合行為問題であるとすれば、一般的な適応パターン——それは深刻な不平等を固定化する——は、エリートたちがこの問題の解決を計画的に拒むということになるだろう。相対的に貧しく、もっとも力のない人々は自力で生きていくほかないというわけだ。[5]

ハリケーン・サンディから2年後の2014年9月21日、ニューヨーク市では、米国史上もっとも大きな政治的行進のひとつであり、おそらく史上最大の環境マーチであるピープルズ・クライメート・マーチが行われた。1日かぎりの国連気候サミットの前日に開催され、推計31万1千人(1000以上もの団体の代表をふくむ)が気候変動に対するアクションを要求してマンハッタンの中心部に集まった[6](その他数十の都市でもより小規模な連帯イベントが行われた)。対決的というよりも祝祭的なニューヨークのピープルズ・クライメート・マーチは、カラフルで生きる力を与えてくれるものであった。主催者の言葉をかりるなら、それは「私たちの運動の大きさと美しさを見事に表現したもの」であった。合法的に許可された行進は、セントラルパークの西側と南側の大動脈を渋滞させたが、参加者たちによってよく統制され、摩擦はほとんどなかった。デモ行進の光景は、市民が変化を要求しながらも誰もが仲良くやっている、美しい社会から送られたポストカードのようであった。ピープルズ・クライメート・マーチの概要は以下のように説明される。

世界の首脳たちが画期的な気候変動サ

図7-1 2012年、ハリケーン・サンディのさなか照らし出されたゴールドマン・サックス本社

出典:Eduardo Munoz/Reuters.

ミットのためにニューヨーク市を訪れるなか、世界中の人々が街頭に繰り出し、気候危機を終わらせるためのアクションを要求した。いまや、これまで以上に私たちの運動は大きく、美しく、統一したものになっている。私たちは、かつてないほど世界中で結集し、すべての人にとってより明るくより公正な未来を要求している。

すべてのデモがそうであるように、この行進は一種の空間的パフォーマンスであった。その目的は、翌日の気候サミットの会場である国連本部で（少なくともそこに向かって）行進することであった。ニューヨーク市警はこれを許可しなかったため、行進は42番街で右折して、国連から離れて西へ向かった。大衆は、会場を出て数ブロックで街に溶け込んだ。これほど大規模な（そしておそらく重要な）政治的イベントにしては、行進は驚くほど短い距離を移動しただけだった。デモ参加者たちは空間的に整然と並んでいた。何十万人もの行進者が、事実上、社会集団ごとに分かれていた。原住民や「前線のコミュニティ」がデモを先導し、その後に学生や科学者などが続いた[7]。その地位や名声のおかげか、行進の先頭には、エリート集団の参加を象徴する特別セクションがあり、ハリウッド・スターのレオナルド・ディカプリオや、元米国副大統領のアル・ゴア、ニューヨーク市長のビル・デブラシオ、国連事務総長の潘基文といった人たちが参加していた。

翌朝――つまり国連会議の当日――、ニューヨーク市は前日より多くの抗議で目覚めたが、それはまったく別種のものであった。ウォール街を占拠せよという声に呼応するようにして、「ウォール街を水浸しに」という呼びかけに何百人もの気候正義活動家が金融街に集まり、惑星レベルの非常事態とグローバル資本とのあいだの決定的なつながりに注目を集めさせようと、短時間とはいえ金融街を閉鎖しようとした。かれらのスローガンは「資本主義を止めろ。気候危機を終わらせろ。」であった。[8] マンハッタン中心部を麻痺させるほどに大規模だったピープルズ・クライメート・マーチとは異なり、ウォール街を水浸しにしようとした急進派グループは非常に小規模だったので、ロウアー・マンハッタンの通常業務に深刻な混乱をもたらすことはできなかった。しかしこのデモはすぐに警察によって鎮圧され、100人以上の抗議者が逮捕された。[9] なぜ、つい前日には30万人の人々が路上を埋め尽くすのを静かに見ていた国家がこのような粗暴な行動にでたのか。この問いはほとんどそれ自体で答えになっている。それは、金融街の抗議者たちが許可を得ていなかったという事実だけによるのではない。国家はニューヨーク市を洪水から守ることはできないが、しかし警察はウォール街を守ることはできる。今日の反資本主義者よりも明日の洪水のほうがマシというわけだ。

これらふたつのニューヨークの光景は、気候正義運動の複雑さと矛盾をいくつか浮かび上がらせる。気候正義運動は、その比較的短い歴史のなかで、とくにヨーロッパにおいて顕著な成功をいくつかおさめてきた。それにもかかわらず、私たちの多くは自分たちの現在の能力と政治的目的とのあいだに大きなミスマッチがあることに気づいている。私たちは困難な課題、すなわちあらゆる計画会議、行動、キャンペーンにまつわる問いに直面している。「気候正義運動」と言うとき、それはどういう意味なのか。誰がこの運動に参加していて、誰が参加していないのか。[10]「私たちの運動」といわれるが、誰の名のもとに言っているのか。この闘いには、特定の地理的、階級的あるいはその他の基盤があるのだろうか。変革を必要としている現状にとって、そうした基盤とは何なのだろうか。どのような方法が現状を変革するのだろうか。

第21回締約国会議（COP21）の期間中、多くの前線コミュニティから何万人もの活動家や代表たちが、グローバル気候正義運動を前進させるためにパリに集まった。パリ協定が署名された日（2015年12月12日）には、パリ周辺で何百もの活発な抗議活動とデモが2週間ほど続いたあと、1万2千人が行進をおこなった。レピュブリック広場やルーブル周辺、セーヌ川のほとり、そしてCOP会議のなかで、何千もの勇敢な活動家たちがエリートのアジェンダや炭素排出者たち、そして必然的に警察と対決した。これら出来事のすべては、11月13日のテロ攻撃の後にフランス政府が発布した非常事態宣言によって禁止されていたにもかかわらず決行された。COP21の会合が開始するまでに300人以上の気候活動家が逮捕された。会合のあいだ、街はくまなく監視の対象となった。武装した軍隊や警察があらゆるところにいて、大規模な監視がいたるところで行われ、公共空間の封鎖、移民やマイノリティ・グループをとくに狙った圧力などがあった。したがって、パリでのデモ参加者は、かれらがほんとうにリスクをはらったからという理由だけではなく、気候正義と（非常事態宣言に対抗する）民主主義的権利のために立ち上がったからこそ、称賛されるべきなのだ。ある組織団体からの文書では、これら数週間の意義について以下のように述べられている。

私たちは今までと同様に強力に、社会正義と気候正義のために献身している。私たちが確信しているのは、気候的カオスの基礎にある地政学的および経済的ダイナミクスは、テロリズムをあおるそれと同じであるということだ。イラクでの石油戦争から、生態系の崩壊によって引き起こされたシリアの干ばつにいたるまで、すべては同じ不平等を増大させており、結果として暴力的な対立が繰り返される。政府はCOP21の交渉を継続すると発表したが、フランス中の公共空間における野外デモはすべて［…］禁止された。私たちはこうした未来の影を拒否し、安全保障の名のもとに自由を抑圧する恐怖政治に屈しはしない。安全保障に対する最大の脅威、すなわちあらゆる形態の生命にとっての最大の脅威は、気候災害を引き起こすシステムである。[11]

気候正義が達成されるためには、（とりわけ）このような声明がさらにたくさん必要になるだろう。

パリでの出来事（COP21ではなく）は、気候正義のためのグローバルな運動にとってのクライマックスであったため、率直に評価するに値するものだ。ニューヨークのピープルズマーチに比べるとはるかに小規模であったにもかかわらず、抗議活動のリスクはより高く、より大きなものが賭けられていた。また、運動内部でも（とくにヨーロッパ中から参加者が集まるなど）より多様性があり、運動の構成とイデオロギーの範囲はより明確なものになっていた。[12] 会期中には何百ものイベントがあったが、最大のイベントはパリ協定が発効した日（2015年12月12日）に生じた。その場にいた多くの人々を含む、たくさんの人々がその日を真に決定的な瞬間であり、民衆の動員が政治的なものの条件を変えることができた瞬間であると理解している。こうした理由だけからしても、この日はいくらか検討する価値があるだろう。

3つの特別なイベントが近接して行われたことは非常に興味深い。第一には、12月12日未明、原住民のリーダーたちのグループが無許可でノートルダムに集まり、大聖堂の前でセレモニーを執り行おうとした。私たちの理解では、その目的は原住民の人々の粘り強い反植民地主義的な抵抗を称賛することであり、さらには協定の中で原住民の利害が拘束力のある仕方で承認されていない点に抗議することであった。[13] おなじみの左派の政治的カーニバル・スタイルで行われたその日の抗議活動とはちがって、ノートルダムのイベントは重苦しく、そのメッセージは特別なものだった。環境にかんする抗議活動のほとんどすべてが、より強力な合意を求めつつもCOPへの支持を強調していたのに対して、ノートルダムのイベントは、地球をエコロジー的な大惨事の淵においやった帝国主義に焦点を合わせていた。原住民のリーダーたちは、広場そしてフランス・カトリック教会の歴史的中心地、すなわちフランスで距離を測る際に起点となる、地理的・象徴的な地点から排除された。かわりに、かれらは近くの橋でセレモニーを行うことを余儀なくされた。[14]

第二のイベントは、国際的な気候正義団体の連合がコーディネートした「レッドライン」と呼ばれる集会であった。抗議活動が制限されていたために、イベントの計画は前日の昼間にメッセージが流れるまで不確かであった。凱旋門の西にあるグランド・アルメ通りでの大規模集会が告知され、[15] おそらく1万人が現れた。全員が赤いものを身につけ、赤くて長い横断幕が周囲を囲んだ――これは社会主義を意味するのではなく、譲れない点あるいは最低ラインを象徴するレッドラインを描くためである。それは気候正義のためのストリート・フェスティバルであり、歓声をあげる群衆と赤い風船、熱のこもった仮装がみられた。しかし、それはいわばボトルの中のパーティーであった。「グリーン・ゾーン」(抗議活動が許可されている空間を意味する警察の言葉）に入るのは容易であったが、出るのは困難であった。両脇を警察に取り囲まれて、私たちはル・ブルジェの代表団はおろか、近くの隣人からも分断された。さらに、抗議活動のパフォーマンスは「私たちのレッドラインを描く」ことであったが、何を要求しているかは不明瞭であった。私たちが交渉の余地はないと主張していたもの、すなわち私たちが断固として拒否し、あるいは絶対に不可欠だと考えていたものは何だったのか。COPの過程か。この特定の合意のことなのか。資本主義なのか。これらの問いに対して明示できる答えをスピーカーはもっておらず、ただ掛け声と合図、スローガンしかなかった。

しばらくして私たちや他の人々は、警察に付き添われながら第3のイベント、フランス社会民主主義・市民社会組織の連合[16]がコーディネートした「シャン・ド・マルス集会」に向かった。この集会はレッドラインとは別に開催されたが、警察の許可や聴衆に関する問題をめぐって連合内部で分裂が生じたためであった。レッドラインのイベントは国際的な気候正義グループによって組織され、シャン・ド・マルス集会は国内の団体によって組織された。後者は許可されたが、前者はそうではなかった（ただし、警察は譲歩して、小さな長方形のグリーン・ゾーンを認めた）。「大規模な市民集会」は「気候非常事態を宣言せよ！」というスローガンのもとに組織された。

国の温室効果ガス排出量削減の公約は世界の平均気温を3℃上昇させ、私たちは不可逆的に気候的カオスに追い込まれるだろう。〔…〕抜本的な変革がなければ、COP21の合意はグローバルな「人道に対する罪」を暗黙のうちに認めることになるだろう。〔…〕私たちは、気候交渉の現状と将来の結果について世界の人々に知らせるために警鐘を鳴らさなければならない。〔私たちは〕今後何年かのあいだに大規模な〔…〕市民の動員を「よびかけるが」、それは気候問題に対する真の解決策を推進するよう政治・経済のリーダーに粘り強く求めるためである〔…〕私たちは気候非常事態を宣言し大勢の市民が集まることを求める。12月12日土曜日14時に、シャン・ド・マルス、エッフェル塔の下で。私たちは大きな人間の鎖をつくり、世界中の人々に気候非常事態とアクションを呼びかけるメッセージを伝えるつもりだ。[17]

この呼びかけには数千人が応答した。集会は控えめで比較的平穏に行われ、主としてエッフェル塔を背景にした群衆による写真撮影といったものだった。ル・ブルジェでパリ協定が署名されると、シャン・ド・マルスのスピーカーたちは、政府にもっと多くのことをさせようと私たちに強く呼びかけた[18]

抗議活動の計画に関しては、COP21のような国際会議では、気候正義運動がデモを行うかどうか、またどのように行うかという問題が生じる。1999年シアトルでの世界貿易機関(WTO)に対する抗議活動では、WTO閣僚会議の開催を阻止することが目的とされた[19]。イラク戦争に反対するデモは国家機構をターゲットにしていた。オキュパイ・ウォールストリート運動は公共空間を占拠した。その一方、気候正義運動のほとんどは、国連やCOP21の会議を閉会させようとは思っていなかった。それどころか、かれらは国際会議をさらに先に進むように強制したかったのだ。そのような状況において、左派の抗議活動家は、不本意ながら、あるいは皮肉にも、エリート機関のチアリーダーになってしまう。「閉会せよ!」ではなく「成立させせよ!」というわけだ。これまでとは違ってもっと効果的であってほしいと望む国際会議に対して、どのように**反対**すべきなのか。もしそれが強力でラディカルなものであったならば、実際に**賛成**するのだろうか。このことは、気候正義運動にとって複雑な戦略的問題であることが明らかになった。部分的に証明されたのは、炭鉱やパイプライン、あるいは(少なくとも漠然としたかたちでは)ウォール街のような具体的なものを反対目標としたときに、私たちがなぜより大衆的な牽引力、そしてより大きな連帯を生みだせるのかということである。

気候変動に取り組むうえで見込みのある計画には、何であれその中心に国際交渉があることを考えるならば、気候政治のための現在の制度的レジームが示す戦略的問題は非常に重要である。このことは実際には、パリでのレッドラインのデモに充満していた両義性が、より広範なかたちで現れた結果にすぎない。その発想は、ル・ブルジェで展開されたエリートによる気候外交にたいする批判を、惑星の限界という概念に結びつけ、私たちの実存的な「レッドライン」を越えたところに死と破壊が横たわっているというものであった。しかしまた同時に、抗議活動に参加していた私たちもまた、実際には、まさに同じエリート政治を積極的に支持していたのだ。暗黙のメッセージは、「協定には賛成だが、この協定にではない。違う結果がもたらされるのであれば、私たちは同じ制度と政治を受け入れるだろう」というものだった。そこに至る論理を追うことはたしかにできるが、このメッセージが国際的な気候政治レジームを曖昧で限定的なかたちで批判したものにすぎないということは認識されなければならない。12月12日のパリでの出来事に関する国際メディアでの描写がラディカルな左派の立場を反映していなかったということは、驚くべきことではないのだ。レッドラインと気候非常事態のデモは、メディアによって一緒くたにされ、ほとんど議論されることなく、パリ協定の署名という大きな物語を色鮮やかに視覚的に補完するものとして写真に撮影された。暗黙のメッセージは、パリ協定への署名は民衆の**祝賀**でもって受け入れられたということである（ノートルダムでの原住民のセレモニーは無視された）[20]。

12月12日のデモの分裂とその限界は、グローバルな気候正義運動にとって重大かつ避けられない課題を提示している。抗議活動についてのメディアの表象がニュアンスを欠いていたとはいえ、この運動を生み出し持続させる手伝いをしたいと願う私たちは、正直な自己批判に尻込みしてはならない。問題は、首尾一貫した全員一致の政治的プログラム——それは、このように多様な運動に対して期待することはできないし、おそらく望むことさえできない——が欠けていたことではなく、むしろ、絶対的に重要な問題について首尾一貫した政治的立場が欠けていたことである。私たちに必要なトランスナショナルな社会運動のための諸条件をつくりだすには、まだ十分な時間がかかる。たしかに、グローバルな気候正義運動は力強さと成長の兆候を示した。それでもなお、私たちは、アイデアやコミットメントを、効果のある政治的抵抗やグローバルな政治的・経済的移行に結びつけるうえで大きな課題に直面している。気候Xの道を歩むためには、もっと大きく、よりラディカルな運動が必要となるだろう。私たちは、気候Xが直面している根本的な障害のいくつかを検討しなければならない。

II

気候正義運動には首尾一貫した政治理論や動機、戦略、戦術を説明する理論が欠けているという主張があるが、それには詳細な説明が必要である。非常に多くの人たちが並外れたエネルギーをずっと注ぎ込み、またかれらがそのことで負うリスクを鑑みると、その前にいくつか明確にしておきたいことがある。私たちは、友人や仲間たちを上から目線や運動の外部から批判するつもりはないし、ましてや糾弾したり責め立てたりするのでもない。むしろ私たちの目的は、政治的および理論的な挑発をおこなうことで、批判的な反省を促すことである。私たちの動機は、先に提示したいくつかの問いに取り組むことである。すなわち、私たちが「気候正義運動」というとき、何を意味しているのか。私たちは何のために闘っているのか。私たちは誰の名のもとに発言しているのか。私たちは何をどのように変えようとしているのか。気候正義運動の過去、現在、未来に対する見方がどんなものであれ、これらの問いに取り組む必要があるのだ。しかも私たちの答えは、より強力なものとなりえるし、そうあるべきだと感じている。

第一の課題は、少なくとも1940年代インドの反植民地主義運動や1980年代の南アフリカを中心とした反アパルトヘイト運動のような意味での、「あるひとつの」気候正義運動あるいは気候正義運動「そのもの」のようなものはない、ということにある。前者の二つのケースでは、さまざまな社会的行為者や社会的過程が、異なる政治的目的の構想とともに一体化し、影響力のある社会的・政治的勢力となることができた。運動の内部が複雑であったからといって、相対的に首尾一貫した社会運動としてそれらを解釈できないわけではない。どちらの場合にも、基礎的な分析単位を特定することができる。すなわち、領土的な国民国家である。一体化を促進したイデオロギー的な「セメント」のかなりの部分は、どちらの場合でも同じようにナショナリズムから構成されていた。これらの一体化した社会運動は、最終的には国家の指導部を転換することに焦点を当てるようになり、いずれも成功した。だが、こうしたダイナミクスは効果的な気候正義政治を活気づかせることはできない。ナショナリズムは、あきらかにグローバルな気候正義（そしてつけくわえるなら、正義一般）をだめにするだろうし、あれこれの国家の指導部に焦点を当てることは、特定のナショナリズムを志向する運動になりえるかもしれないが、それが**グローバルな**気候正義運動を一体化させることはないだろう（反アパルトヘイト運動は国際的なもの〔＝国家間のもの〕であったが、地理的な意味で気候正義は国際的なものではありえない。というのも、私たちの問題もその解決策も、領土的な境界によっては抑え込むことができないからだ）。

　国民国家や地球社会上のサブ単位（国家、コミュニティ、地域、流域など）に焦点を当てることは、現在の世界がそのように編成されている以上、理にかなっていると言えるかもしれない。だが、空間のポリティクスが、いかなる政治的意味においても存在しない範囲を対象としたところで何の意味があるのだろうか。したがって、**あるひとつの**気候正義運動や気候正義運動**そのもの**といったものは決して存在せず、さまざまな、重層的な、そして（願わくば）相互に支え合うが多かれ少なかれ別個の運動が集合体を形成するにすぎない。この観点からすれば、首尾一貫した政治理論を欠いていることは弱みなのではなく、私たちの現実の反映なのである。運動のエートスは多元主義であり、私たちの多様性はその強みなのだ。私たちは一体化に成功することよりも、ローカルな闘いで勝つことを気にかけるべきである。

この議論については多くの金言がある。しかし、それはまた絶えず重要となっている問題を覆い隠してしまう可能性もあるが、しばしばパリでの事例に当てはまると私たちは主張したい。私たちは、将来の政治的・エコロジー的課題の深刻さ——それは巨大なものであり、パリ協定では焼け石に水である——を素直に認めるよりも、私たちが生活するほかない世界の不可避な産物として、自分たちの周縁性を合理化しようとする誘惑にかられる。こう言ったからといって、そのかわりに、より良い違った世界に生きているかのように偽るべきだと提案しているわけではない。むしろ指摘したいのは、この「現実主義」によってどんなものでも——気候時限爆弾をほんの短い間止めることでさえ——大きな成功のように感じることができるようになってしまうということだ。その結果、現状を批判的に反省するかわりに、私たちは自分たちの運動がいかに素晴らしいものかを互いに語り合っていることに気づく。それはあたかも、実際には破局への道を歓迎しながらも、どんなに時間がかかろうとも、明らかに、絶対確実に、最終的に私たちが勝利すると考えているかのようだ。

実際、私たちの運動の目的は気候変動の暴走を防ぐことであるが、気候科学者のあいだでは、私たちがすでに失敗しているという事実上のコンセンサスがある。もしよりささやかな希望が、温暖化する世界への適応のポリティクスをめぐる論争を再構成すること――資本が地球を変化させる際に、誰が自分たちの命と生活をかけて現在そして将来に代償を払うのかという不平等を強調すること――であるとすれば、まだなお道のりは非常に遠いし、なすべきことがたくさんある。こうした事実は、たしかに非常に気の滅入るものであるが、事実である。運動の組織化において、ネガティブなことを強調してもほとんど役に立たない――私たちはポジティブな変革ヴィジョンが必要である――とよく言われるが、しかし私たちはお互いや自分たち自身に嘘をつくことはできない。では、どのようにしたら中途半端な真実や、最終的にはすべてうまくいくといった救済の保証にすがることなく、抵抗を組み立て、私たちの政治的課題に立ち向かうことができるのだろうか。それは、より多くの人々が私たちの課題、つまり私たちの危機を批判的に分析することによってのみである。

議論のために、この分析が何を意味するのかを明らかにしていこう。もし私たちの課題を定義するひとつの方法が、なんらかの公正なやり方で気候変動に対決するために、現在地球上で支配的な政治的・経済的状況を転換することだと認めるのであれば、私たちは少なくとも一時的かつ象徴的に、行動を調整できるような方法で私たちの差異を一体化するために十分な何かを創造しなければならない――これを「公正な未来の構想」、党あるいは運動と呼ぼう――。

私たちの考え方はこれとは程遠いが、しかしポジティブな兆候もいくつか存在している。たとえば、私たちの多くは民主主義的な多元主義や多様性にコミットしているが、それにもかかわらず「気候正義運動」を単数形で語る。サパティスタは、国際的な左派に次のような形態の共同性を想像するための素晴らしいメタファーを提供してくれた。それは複数の運動の中に多様性や差異の基礎を維持したまま社会運動を統一化するという課題である。かれらはそれを「多くの運動の運動」と語っている。これはすでに気候正義運動のなかで花開いているが、戦術的にも理論的にも私たちの複雑な一体性を把握するうえで不可欠であるように思える。気候正義運動は「多くの運動の運動」であるべきなのだ。

それでもなお、「多くの運動の運動」は多かれ少なかれ首尾一貫したものでありうる。というのも、いくつかの要素はそれらの差異をより効果的に調整するだろうし、あるいはその可能性が高いが、他方で、いくつかの要素は内部または外部の力、あるいはその両者によってより制約を受けるだろうからである。多くの運動の運動では、リーダーシップや影響力のある世界観が決定的となる。私たちが直面している巨大な課題は、グローバルな多様性のなかで、またそれを通じて、こうした世界観やリーダーシップのための諸条件を創造することである。この意味で私たちの政治的任務は、インドで大英帝国と闘った人たちや南アフリカでアパルトヘイトと闘った人たちが直面していたものとはまったく異なっており、間違いなくはるかに複雑なのだ。

バリでの原則声明が以上の世界観の可能性をはじめて垣間見せた2002年以来、「気候正義」について話すことが増え、それを理解しようとするテクストも増えてきた。[21] これらを体系的にレビューするよりも、政治的・理論的領域をとらえた有名な一つのテクストに注目するほうがおそらくより有益であろう。パリで誰もが口にした本は、ナオミ・クラインの『これがすべてを変える——資本主義VS.気候変動』であった。これは気候危機の歴史的理論と気候正義運動内在した政治理論を提示している。[22] この本が強調しているのは、資本主義社会における化石燃料企業の支配と、私たちが社会を変えるためには「抵抗地帯(ブロケディア)」を組織する必要があるという点である。[23] クラインはパリにおいて左派のスターであった。彼女の名前はいたるところにあり、彼女のイベントは満員であり、『ニューヨーカー』誌に掲載された彼女の素晴らしいエッセイは、非常事態に対する気候正義の反応を描いたものである。彼女のパリからのルポルタージュはグローバルに広まった。[24] 決定的な人物および組織のリーダーとして——その他に彼女は重要な国際的気候変動組織である350.orgの理事メンバーを務めている——、クラインはたんに重要な書き手であるだけでなく、気候正義運動のもっともよく知られたリーダーである。だからこそ、私たちは非常に重要な彼女の貢献度について真剣に考えなければならない。『これがすべてを変える』は必読書であり、政治問題としての気候変動の重要性を高めるのに多大な貢献をおこなったことは間違いない。しかし、その資本主義分析は比較的限定されたものである。

『これがすべてを変える』の最大の強みは、気候変動は根本的に政治的な問題であり、資本主義の産物であるというクラインの主張である。これはきわめて重要である。しかし、**なぜ**資本主義社会が気候変動に対応できないのかについて、彼女の主張は社会が資本主義であるからというものではない。むしろ気候変動は、どのような種類の資本主義が社会を特徴づけているかに関係しているとされる。すなわち、資本主義は、気候変動という課題に対して適切な対応を展開することが**できた**はずだが、しかし、1980年代まさに気候変動が政治的レーダーに映ったときに、新自由主義が諸制度をとらえていたがために気候変動に対応できなかったというのだ。気候変動は「最悪のタイミング」であった。[25]

私たちが排出量削減に必要なことをしてこなかったのは、それが規制緩和型資本主義――気候変動の危機から脱する道が探られていた全期間を通じて、世界を支配してきたイデオロギー――と根本的に相容れないものだからだ。破局を回避する可能性を最大限にもたらし、ひいては圧倒的多数の人々の利益になる行動が、経済や政治的プロセス、そして大手メディアのほとんどを牛耳る少数のエリートにとってきわめて大きな脅威であるために、動きが取れないのである。[26]

大局的に見れば、これは間違いなく真実である――私たちが見ている問題は、「規制緩和型」という修飾語のもとにある。『これがすべてを変える』のあちこちで、クラインは、世界が気候変動に取り組むことができなかったのは、とくに「規制緩和された」資本主義のせいであると論じている。解決策は資本主義の廃止ではなく、第5章で述べたものとさして変わらない、規制されたグリーン資本主義である。実際にこのことが事実であるかどうかは、気候正義運動における相違のもとになる重要な問題のひとつである。第5章で詳述したように、私たちの議論もまた、資本主義が気候変動のカタストロフを生み出してきたという主張を前提としている。しかしまた、資本主義はそれに取り組むことができないとも主張していて、またなぜそれが事実なのかを示そうとしている。私たちはクラインの支持者でありたいし、現在のグローバルな軌道に関する彼女の懸念を共有している。とはいえ、資本主義の問題についての彼女の分析は、歴史的にも理論的にも欠陥があり、またその結論も憂慮すべきものである。

気候変動の問題は「もし時代が違えば、突破できたかもしれない」とクラインは書いている。

だが人類全体にとって非常に不運なことに、科学界が気候変動の脅威について決定的な判断を下したのは、かれらエリートたちが政治的・文化的・知的権力を——1920年代以降かつてなかったほどに——ほしいままにしていた、まさにそのときだったのだ。実際、各国政府や科学者が温室効果ガス排出量の大幅な削減について本気で語りはじめた1988年、カナダと米国が世界最大の二国間貿易協定（その後、メキシコの加盟で北米自由貿易協定［NAFTA］へと発展した）に署名し、いわゆる「グローバリゼーション」が幕を開けたのである。[27]

歴史的な理由からすると、資本が気候変動に取り組まなかったのは、問題が発見された時代が1988年のグローバリゼーションの「幕開け」であったからだという主張は支持しがたい。経済政策の歴史においても気候科学の歴史においても、1988年についてとくに重要な事柄はない。科学者たちは数十年にわたって気候変動を引き起こす自然学的なダイナミクスを理解していたし、（クラインは一連の優れた書籍や論文でそれを徹底的に分析している）新自由主義の台頭と強化は1988年以前からかなり進行していた。クライン自身の『ショック・ドクトリン』をふくめ、ほとんどの歴史は、それを1970年代、すなわちブレトン・ウッズ体制の崩壊にはじまりボルカー・ショックで終わった、10年前にまでさかのぼっている。[28] さらに、新自由主義的ではない「資本主義の多様性」が、なんらか有意義な仕方で経済をグリーン化しただろうと信じるだけの理由はほとんどないように思われる。気候変動が発見されて以来、世界は決して一様に新自由主義的であったわけではないが、資本主義のエリートたちは、基本的にどこでも同じようなやり方で行動してきた。[29] 新自由主義的な秩序は、世界中の人間や人間以外のコミュニティに大きな打撃を与え続け、気候変動をふくめ、資本主義による破壊的なプロセスを加速させている。だが、私たちは論理的にも歴史的にも、気候変動という現実に正面から対処することができない理由を新自由主義に負わせることはできない。新自由主義は、資本のヘゲモニーの政治的・経済的形態および社会的形態における歴史的な展開であって、より広範な過程——新自由主義はその一つの決定的瞬間にすぎない——に私たちは焦点を当てなければならない。資本主義は、私たちが直面している課題を生み出すために新自由主義的である必要などなかったのだ。

たしかに『これがすべてを変える』だけが、気候正義運動において、規制されたグリーン資本主義を漠然と信頼しているわけではない。第5章で詳述したあらゆる理由から、気候変動に対するこの「解決策」は多くの人々にとって非常に魅力的であり、政治的、経済的、心理的にも多くの正当な理由がある。もし私たちが、すでにあるもの〔資本主義〕を改善したバージョンが解決策である——あるいは、もっと諦めムードでそれが解決策になり得た——と自分たち自身を納得させるなら、カタストロフはもっと遠のき、修復可能でさえあるように思われる。だが、その結果はあまりにも不確実なものとなり、私たちの準備不足を咎めることもできなくなるだろう。しかし、問題は資本主義ではなく新自由主義である、あるいは新自由主義であったという考え方は、私たちの非常に多くが、かりにそれが真実ではないと分かっていても信じたいものであり、潜在的に致命的なものである。なぜなら、こうした考え方は、気候正義運動のほとんどを、政治的分析および政治的実践の両方のレベルにおいて資本との対決から着実に遠ざけるからだ。

資本との対決は、もはや私たちが避けて通ることのできないものである。それにもかかわらず、ますます多くの人々がクラインと同様の結論に達するのを見ると、気候変動に対する反資本主義的な批判を展開するほうが、私たちが生きるほかない温暖化した惑星にふさわしい、ポスト資本主義的社会関係の理論的・実践的ヴィジョンを展開するよりもずっと容易であると私たちも考えるようになった。私たちは「気候変動ではなくシステムチェンジを」と熱心に要求するかもしれないが――もちろん民主主義的あるいは広範なやり方で――化石燃料を使わない「システムチェンジ」がどのようなものであるかまだよく説明できていない。実際にたいていの場合、暗黙の想定として、「システムチェンジ」とはグリーンで、再生可能エネルギーを基礎にした資本主義のことだと思われている。私たちは、採掘・石油企業のような環境にとって

「悪者」である資本家にほとんどすべての焦点を当てており、かれらがいなければ物事がほとんど容認できるものになると考えている。

同様に、グローバルな気候政治――もっぱら主権的・領土的国民国家という基礎のうえに構築されており、そこでは国民国家が闘争において自然でかつ唯一実行可能な構成要素となっている――に関する私たちのスタンスは、賛成だが反対という矛盾をはらんだものだが、このことは、分析的にも実践的にも国民国家と対決することを妨げてきた。もちろん、世界中の気候正義運動は、勇敢にも特定の国民国家のエリートや統治機構と対峙している。しかし、グローバルな政治的生活の基本単位として、近代的国民国家は正統で自然なものなのかという問題が提起されることはほとんどない。その理由は、少なくとも部分的には、私たちもまた（少なくとも現時点では）、国家間の「グローバルな協力」が生存可能な惑星を維持するための唯一の方法であると確信しているからである。しかしながら、経路依存性に基礎づけられた「現実主義的な」議論のかなたには、そのように考えなければならない理由などなく、国家がおそらく私たちの最大の障害物の一つだと示唆する理由はほかにもたくさんある。

グローバルな気候正義運動の黎明期において間違いなく決定的な瞬間において、ニューヨークやパリで普遍的に見られた反動的な国家弾圧についてもう一度考えてみよう。「ウォール街を水浸しに」は、資本主義国家が何を正統な批判対象だと考えるかという限界点を押し広げた。

もしこれらの大規模な集会が、「ウォール街を水浸しに」のような過激さをみせていたならば、国家は暴力的かつ荒々しくそれらを抑え込んでいただろう。金融街の抗議活動家たちが容認されなかった理由は、リベラル資本主義のインフラの重要な構成要素を、たとえわずかばかりだったとしても脅かしているように思われたからだった。こうしたインフラは、それなしでは現在のヘゲモニー・ブロックが機能しなくなるような構成要素なのだ。「ウォール街を水浸しに」に対する反応は、耳を傾けた人々にとっては、リベラル資本主義のヘゲモニーが気候変動の推進力を再生産し続けるために全力を尽くしているということを物語っていた。それゆえ、気候運動が、その予備的な目標ですら達成するために必要な、広範でラディカルな連合のようなものを構築しようとするならば、非常事態という形態で、つまり「例外的な」資本主義的非常事態の常態化という形態で、資本主義国家から一斉に反対されることは間違いない。

こうした資本と国民国家による二重の猶予は、気候正義のために活動する人々をどこに置き去りにするのだろうか。それは私たちを困難な状況においやる。というのも、平等や民主主義、正義といった重要な問題をめぐる闘争は、その大部分がすでに地歩を失った領域で生じるからだ。この状況で私たちがなしうることには限界があるが、少なくとも1970年代――ほとんどの前線で現在も取り組み続けている不安定な守備を私たちがはじめた頃――以降この限界はほとんどの左派にとって馴染みのあるものとなっている。今日、これらの問題を議論する方法を分析すると、多くの人が声高に抵抗したり拒否したりするとはいえ、リベラルな常識のヘゲモニーが明らかになる。もし（ネオ）リベラルな資本主義的秩序の本質的な側面——とりわけ資本と国民国家——が、実質的に難攻不落のものと理解されるならば、この状況で私たちの怒りがリベラルなヘゲモニーを無効化することはない。言い換えれば、気候正義運動は、「気候変動ではなくシステムチェンジを」といったスローガンや、パイプラインの封鎖あるいは「ウォール街を水浸しに」のような時折勇敢なラディカルな行動をおこなっているにもかかわらず、ある意味では、私たちがそう信じたいと思うほどにはラディカルではない。アクションを調整している環境団体の多くのリーダーがもっているヴィジョンには想像力が著しく欠如しており、「ただ現実主義的であるだけ」としてよく正当化されるような諦観にはある種のリベラルさが備わっている。

この「現実主義的な」政治スタンスは、気候リヴァイアサンを支えるのと同じようなロジックにおいて、すなわちグリーン資本主義と惑星的主権を私たちの最善のあるいは唯一の希望として暗黙に受容することにおいて見出される。首尾一貫したヴィジョンや自分たちの目的を認識しないのであれば、気候正義運動の多く（とくにグローバルノースにおいて）は以上のような傾向をもち続けるだろう。それはおそらく、運動の参加者の決して少なからぬ部分が、この運動がほんとうは必要でなかったはずだと強く望んでいるからである。だからこそ、最初は驚くかもしれないが、実際に国連事務総長が、ピープルズ・クライメート・マーチという、自身の機関の門前でデモを行ったのは非常に理にかなったことなのだ――おそらく新たに出現しつつある気候リヴァイアサンにとって不可欠な一国家〔米国〕における金融資本の中心部へと（少なくともそこを目指して）行進する30万人の行列の先頭で。カタストロフを回避しうる唯一の道は、私たちをこの混乱のなかに陥れたのとまさに同じ権力の扉へとまっすぐにつながっているように見えるだろう。だが幸いにも、歩調を合わせて行進することだけが私たちの選択肢ではないのだ。

8

気候X

ラディカルな自然史的思想にとっては、
あらゆる存在者が瓦礫と破片に変わる。

——テオドール・アドルノ[1]

I

私たちの仕事は、これからの世代、とりわけ、より力のない人々のために開かれた公正な未来を目指すものだ。しかし、こうした未来への見通しが非常に暗いことは否定できないので（そして世界の政治的編成が現状では非常に非民主主義的であるせいで）、十分に合理的な気候問題への反応といえるものは、どんなものであれ私たちを気候リヴァイアサンへと引き寄せると思われる。というのも、現存の権力構造をさらに強化し拡張することによって、気候変動という課題に対処するうえで規模も範囲も権威も最適に近いとさえ言える唯一の権力構造が生み出されるように見えるからだ。これが気候正義のもっとも深刻なパラドクスの一つである。しかし未来がいかに暗いものに見えようとも、私たちの思想は、オルタナティブな軌道の可能性を描くという課題にしり込みするべきではないのである。

ひとまず定式化するならば、気候Xとは資本主義をも超克しながら、気候リヴァイアサンの台頭や惑星的主権への推進力を打ち負かした世界であると言えるかもしれない。控えめに言ってもこれは明らかに無理な注文である。とはいえ、気候変動に対する公正な対応を想像することができるのは次の世界においてのみである。つまり、もはや資本主義的な価値によって組織されず、主権がかなり変形された結果、政治的なものがもはや例外状態を決定する国民国家の主権によって規定されえないような世界である。気候Xという一般的図式は、私たちに広い意味での方向感覚や、進歩を特定し測定するための指標をいくらか与えてくれる。グリーン・ケインズ主義、REDD+、気候金融、エリートによる適応ポリティクスへの支援は、もはや優先事項ではありえない。それらは変革のためのエネルギーを分散させ消散させてしまうものだ。優先すべきなのは、集団的なボイコットとストライキによって炭素排出量を急速に削減するために運動を組織することに違いない。これはユートピア主義なのだろうか。おそらくそうかもしれないが、必ずしもそうではないとも言える。この運動こそが気候Xなのであり、どのような形態をとろうとも、気候Xには、絶対的に必要なものであるという並外れたメリットがある。私たちは新しい何かを創造しなければならない。これ以上同じことを繰り返すという選択肢などないのだ。

もし存在するとすれば気候Xがどのような形態をとるか私たちには知り得ないということを認めたとしても、気候Xは選択肢として残しておきたくなる。あらゆる政治的予言というのは横柄なもので、歴史においてそれがほとんど常に間違ってきたのは明らかなので、この横柄さというのは一層ひどく感じられてしまう。しかし、何か述べる必要があるまさにその瞬間に後ずさりするような際には、二枚舌も使われる。この二枚舌は、何か論破されるようなことを言いたくないという願望と、後に賢そうに思われたいという希望とを抱く者の口から出てくる。だが、大きく間違えるリスクを冒すことは、躊躇して沈黙することよりも時には生産的で控えめなこともあるのだ。私たちが取り組むべきは、運動が勝利を収めた世界の政治的展望——暗い時代において私たちを導くような未来についての、すなわち変革を実現するための動員についての理念——なのである。たとえそうした展望を提起する人々が、横柄と思われたり、知ったかぶりと言われるリスクを冒しているとしても。

こうした課題や必要性は新しいものではない。冷戦のピーク時に多くの左派は、ともに黙示録的な破壊力をもった二つの悪の帝国が支配する未来において、人間が生存できるのだろうかと問いかけたが、それには十分理由があることだった。その際にも、現在と似た必要性によって、マルクス主義的な政治的批判を再活性化する試みが促された。こうした試みはしばしば、時代により適合した新しい宣言を執筆するという形態をとった。1956年にフルシチョフがスターリン主義批判を行った数週間後に、当時最も有名な二人のマルクス主義思想家、テオドール・アドルノとマックス・ホルクハイマーが新しい『共産党宣言』を執筆する計画を立てた。かれらはその計画を果たすことはなかったが、その文書がどのようなもので、どのような著作になるものだったのかを議論している（その記録が残っている）。これは検討する価値があるものだ。

ホルクハイマー：私たちが何を信じているのかという問題を未解決のままにしておくことはできない。労働に関する節にはユートピア主義者についての補論を入れるべきだ……。

アドルノ：ユートピア主義者は実際には全くユートピア的ではなかった。しかし、私たちは積極的なユートピア像を提供してはならない。

ホルクハイマー：とりわけ今にも絶望しそうなときにはそうだ。

アドルノ：私はそうは言わない。すべてが非常に明瞭であるからこそ、新しい政治的権威が現れるのだと私は考えている。［…］それがいつか到来するという信念は、もしかしたら少し機械論的すぎるかもしれない。それは到来する**可能性のある**ものであり、それが到来するのか、だめになるのかは、ひどく予測しがたいことである。［…］さらに強調すべきなのは、最終的に物事がうまくいくだろうと私たちが信じているということだ。［…］私たちが今日、何らかの指導的な政治原理を定式化するとしたら、どのようなものになるだろうか。[2]

ここで述べられた事柄を正確に知ることはできないが、かれらの会話から伝わる最も重要なことは、かれらが考えている課題の困難さである。難題に取り組むために私たちのほうがよりしっかりと準備ができているとは言えない。明らかに、気候Xのような急進的オルタナティブは、最終的に気候Xがどのような形態をとろうとも、今日私たちが寄せる期待を十分に満たすような資格がないという意味で、未来に対して**歴史的に**開かれているのである。しかしそれにもかかわらず、暗い時代において私たちを導くような未来についての理念、すなわち変革を実現するための動員についての理念を求める私たち自身の声に耳を傾けないのは無責任に思われる。というのも、私たちはこれらの理念が必要不可欠だと確信しているからである。

言い換えれば、ホルクハイマーが言うように、運動が進歩するにつれて解決するだろうという無言の希望でもって、私たちが何を信じているのかという問題を未解決のままにしておくことはできない。アドルノが警告しているように、私たちは積極的なユートピア像を描くこともできない。それはマルクスとエンゲルスが一世紀半以上前にオリジナルな「宣言」において警告したように、役立たずで浮世離れしたものなのである。アドルノによれば、必要なのは、たんに私たちがそれを夢見ることができるという理由だけで実現可能性のあるとされる夢のように、頭の中で抱きうる完全な世界を説明することではない。そうではなく、物事は「最終的にうまくいく」（**だろう**ではなく）**ことができる**という（私たちが生きている現在の結果として、その可能性を特定できるような未来の）可能性を説明することである。アドルノの考えでは、この可能性には、根本的に新しい政治的権威の形態の出現が含まれている。この新しい権威形態のために、私たちはおそらく「何らかの指導的な政治原理を定式化」しようと試みているのである。

そのような原理を私たちは少なくとも三つ、新興のあるいは将来の気候Xの根本原理として提案する。第一のものは平等である。20世紀にときおり、**全**人類の平等（白人、男性、欧米人からなる「自由人の共同体」のメンバーだけではなく）という根本的な主張が左派の伝統として提起されていたが、リベラリズムによってハイジャックされてしまった。そのいわば身代金脅迫状に書かれているように、私たちはその主張を取り戻すことができるが、ただしそれは私たちが資本主義への反対をとりさげる場合に限られるというわけだ。[3] だが、こんなことはできない。資本主義とは、資本・労働関係を規定する本質的な不平等性に根差した社会構成体であり、絶えず社会的不平等と貧困という不自由を生み出し続けている。しかしこういったことが、人類の平等という主張が必然的に資本の批判を意味することの唯一の理由なのではない。惑星レベルのエコロジー危機が明らかにしているのは他の理由である。すなわち、私たちが本当に平等であるならば、地球を共有しているはずだということだ。誰もそれを私物化することはできない。マルクスはずっと前に次のように述べたが、それはいまだに真実である。「一つの社会も、一つの国も、実にすべての同時代の社会を一緒にしたものでさえも、地球の所有者ではないのである。それらはただ地球の占有者であり地球の用益者であるだけであって、それらはよき家父として、地球を改良して次の世代に伝えなければならないのである」[4]。こうした知恵はもちろん、マルクスよりも一層古い起源をもつのであり、多様な教えが、人類と私たちに共通の家との適切な関係とは何かを伝えている。[5]

以上のことは、すでに論じたように、なぜ資本主義批判が実行力のある気候政治にとって必要なのかを部分的に説明するものだが、それだけでは十分ではない。[6] 環境問題としての気候変動がもつ多くの特徴——問題を診断するために気候科学が重要であること、その影響について地理的な不均等性と多様性が存在すること、明らかに協調した対応が必要となる緊急性、大気圏の共有プールとしての性格など——は、資本のダイナミクスに限定された分析では、説明することも超克することもできないものだ。ただ資本主義**および**主権へのラディカルな批判だけが、今日私たちを正しい方向に導いてくれる。迅速でグローバルな対応を要求している多くの人々は惑星レベルの主権形態を暗黙の目標としている。しかしそれは公正な世界ではないだろう。

こうして、あらゆる人々の包摂と尊厳という第二の指導的な政治原理が引き出される。この原理が批判するのは資本主義的主権であり、それが依拠してきた薄っぺらい民主主義の形態である。民主主義は多数者の統治ではないし、選挙とはほとんど関係のないものである。むしろ、民主主義が社会において存在するのは、誰もがそして皆が支配できて、集団的な問題に対して集団的な回答を作り上げることができる限りにおいてのことだ。今日のいかなる国民国家もこの基準を満たしはしない。この基準が要求しているのは包摂と尊厳のための闘争であって、包摂と尊厳こそが統治のポリティクスを変革する私たちの能力を高めうる。すなわち、私たちの自己決定を実現するための条件を創造するような、大規模で集団的な試みが求められているのだ。アドルノが書いているように、「アウシュヴィッツの原理に逆らう唯一の本当の力とは、カントの言葉を使うと自律であろう。それは反省し、自分で決定し、人に同調しない力のことである」[7]。こうした尊厳は、「未来の影」を拒否し、「安全保障の名のもとに自由を抑圧する恐怖政治に屈」することなく、安全と生命にとって最大の脅威を「気候災害を引き起こすシステム」に見いだしたパリの気候抗議者によって表現されている。

第三の原理は、「たくさんの世界からなる世界[8]」を構成することで生み出される連帯である。惑星的主権に対抗するために必要なのは、主権なき惑星というヴィジョンであり、私たちに共通する大義と多様性をともに肯定することである。これに関連して何か希望を見出すとすれば、シュミットが主権的例外の必然性を宣言した際に、グローバルな主権の可能性を明確に否定したという事実である。しかし驚くべきことではないが、彼にとってグローバルな主権が不可能なのは、惑星レベルでの連帯可能性が、政治的なものにとって決定的な形態としての主権の根拠を侵食するという理由からではない。それどころか、シュミットによれば、グローバルな主権の不可能性は、普遍的連帯というものが撞着語法だからなのだ。国家を含めて固有な意味で政治的な統一体は、他に還元できない敵意という基準から構成されている。シュミットにとって「かれら」なき「私たち」は存在しないのだ[9]。

シュミットの著作の文脈(さらに彼が作りあげた恐ろしい同盟)を考慮すれば、国民主義的で人種化およびジェンダー化した特殊な世界へと彼の思想を隔離させたり、彼の政治理解に取り憑いている人間の「他者」〔という観念〕に焦点を当てることはたやすい。しかし、排除と例外状態を政治的生活の基礎として強調するシュミットの「現実主義」は、「私たち」と「かれら」つまり友と敵から始まるわけではない。シュミットの区分は、より根本的で先行的な区別に依拠することでのみ可能となる。その区別とは、人間と自然(その固有の領域が主張される非人間的空間）との、生物と生命との、人間と人類との、複数性と同一性との区別である。すなわち、私たちの集団的な自律性と個人的な自律性との区別であり、アドルノが賞賛した「たった一つの真の力」と、ホッブズとシュミットによって犠牲の対象として宣言された、限定付きの「普遍」という抽象物（「国民」、「人民」、「人種」など）との区別である。逆説的に聞こえるかもしれないが、これらの区別はおそらく、集団的な惑星思考という概念のよりいっそう根本的な基礎をなしており、その結果として気候リヴァイアサンに「進歩的」魅力が多分に付与されることになる。リヴァイアサンは、多くの生活様式とコミュニティが、地球の命を救う取り組みの中で失われるだろうということを知っている。それは「私たちが」払わなければならない犠牲なのである。気候Xが拒否すべきなのは、地球に住む多くのコミュニティや人々の生活様式が「惑星的」関心事によって支配されねばならないと主張し、そのような関心事が何かを決定する権利をもっていると思い込んでいるグローバルな主権者である。しかしそれは、惑星的問題についての発言権をほしいままにしているあらゆる人々に対抗しなければならない、ということなのだろうか。もし存在するとしたら、いったいどのような政治的生活の形態が、主権的統治を本質的に伴わないような惑星思考にかなっているというのだろうか。

以上の三つの原理（平等性、尊厳、連帯）も、こうした問題も、象牙の塔から生じるようなものではない。むしろ、世界中、とりわけ世界の最も周縁化された社会集団同士で連携している、気候正義のための諸闘争から直接に引き出されたものである。驚くべきことではないが、最も周縁化された社会集団の多くは原住民コミュニティである。かれらにとってこれら三つの原理は、ラディカルな政治的革新を必要とするものではない――それらはセトラー・コロニアリズムや植民地の世界の大部分においては必須となるのだが。こうした社会集団は、気候変動枠組条約（ＵＮＦＣＣＣ）が構想する気候政治に対する声高な反対を先導してきた。というのも、かれらはその構想を資本主義的な帝国主義のタレントショーと見なしているからであり、この構想が破局的な気候変動の影響を緩和しようとする試みは、リベラルの無意味な敬虔的ふるまいにすぎないと考えているからだ。こうした勇気ある運動は、そのいくつかはドン・キホーテ的な夢物語とほとんど変わらないものと思われるかもしれないが、しかし気候Xの種なのであって、それが芽を出していることの証拠なのだ。[10]

この運動を構築するための条件は、あらゆるラディカルな発展の可能性として私たちの目前にある。これらの条件のいくつかは、多かれ少なかれ、経済学者のリー・ミンチーが期待する共産主義革命によるエコロジー的再生のように、「オーソドックスな」左派的形態をとる。

できることなら、経済や政治の指導者、専門知識人に対してのみならず、労働者や小農の幅広い大衆に対しても開かれた、透明で合理的かつ民主主義的な議論に世界中の人々が参加することが望ましい。このようにグローバルな集団的議論を通じて、民主主義的なコンセンサスが生まれ、それが今度は気候の安定化を導くグローバルな社会的転換への道を切り拓くだろう。［…］これはあまりにも理想主義的に聞こえるかもしれない。しかし、私たちは世界の既存のエリートたちに対して、世界人口のベーシック・ニーズを満たしながら、気候の安定化を達成させるといったことを本当に期待できるのだろうか。結局のところ、気候の安定化が達成されうるのは、世界人口の大部分（エリートやエコロジー的意識が高い中間層の諸個人だけではなく）が気候変動の含意を理解し、こうした含意をかれら自身の生活に関連づけ、そして安定化へのグローバルな取り組みに［…］積極的に参加する場合に限られる。[11]

リーの分析は「願わくば」という希望的な論理で、「積極的なユートピア」と「物事が最終的にうまくいく**可能性のある**」世界の展望とのギャップを架橋しようとする一つの試みである。しかし、それは（アドルノを引用するならば）「あまりにも機械論的な影」を残している（リーもたしかに認めるだろう）。本質的な問題は、こうしたダイナミクスが実際に作動する条件を私たちはどのようにして作り出すことができるのだろうか、ということだ。明らかに時間は限られているが、喫緊の課題となるのは陶治の試みである。すなわち、こうした運動ができるだけ早く、その複数性を十全に表現しつつ開花できるようにするための、物質的およびイデオロギー的な基盤を生み出すことである。そうした陶冶には、歴史の誤りを証明するようなラディカルな闘争が必要となる。気候正義を求める世界革命には明確な歴史的先例がない。つまり、私たちには模範となる先行モデルがないということだ——もしリーが述べるように「気候の安定化が達成されうるのは、世界人口の大部分が気候変動の含意を理解し、こうした含意をかれら自身の生活に関連づけ、そして安定化へのグローバルな取り組みに積極的に参加する場合に限られる」とすれば。地球全体が変化し、温暖化し、(潜在的に)抗争している中で、私たちはグローバルな参加を可能とするような手段を生み出さなければならない。そして、誤った方向に急速に進んでいる世界においては、こうしたことすべてが生じなければならないのである。

すでに述べたように、アジアにおけるリヴァイアサンへの挑戦は、気候変動およびその他の政治的・経済的力の危機にさらされる多くの社会集団から生じるだろう。予期されることは、最も大きな影響に苦しむことになる人々——コルカタやジャカルタにおける都市貧民、あるいはメキシコ中央部とサヘル地域の小農農家のような——が、イデオロギー的源泉を可能なところから、おそらく主として宗教から見つけ出してくるだろうということである。こうした挑戦がどのような形態になるかを予期しようとするならば、現代アジアの大部分において西洋リベラリズムに対抗する有力な枠組みが、様々な形態の政治的イスラームとなっている点を認識しなければならない。

イスラーム主義運動は、私たちのダイアグラム（図２−２）の四角形のいずれかに一致するが、私たちがビヒモスと呼んだ四角形の右半分の反動（右上）か、あるいは革命（右下）に向かう傾向がある。リヴァイアサンが惑星の管理を要請する一方で、「気候アルカイダ」と呼びうるものが表しているのは、惑星的主権を切望する傲慢なリベラルに対する攻撃であり、より積極的に言えば、神の創造物の死守である。例えば、オサマ・ビン・ラディンが２０１０年２月10日に発表した「地球を救う手段」に関するコミュニケを取り上げよう。彼のメモは、「世界を地獄へと駆り立てる」富裕者と企業によって「世界は誘拐されてきた」と書くことで、気候変動に向けた共同提案を骨抜きにしている。産業諸国、とりわけ米国に気候危機に対する責任があると彼は述べている。ビン・ラディンはたしかに正しい。石油企業や米国ドルのボイコットといった彼が提案する戦術は、たんにナイーブなものでは決してない[12]。彼の批判は、西側の偽善的な企てが、破壊的な支配を拡張することで神の創造物を管理する責任を引き受けようとする点を突くものであり、リヴァイアサンを攻撃するビヒモスの説得力のある例証となっている。

ビン・ラディンの提案がどれほど資本のヘゲモニーに対抗するものかは明確ではないが、彼が支持した過激なイスラーム主義と組み合わせることで、それをXの一つの潜在的バージョンない。これは間違いなく、私たちがその到来を望んでいる気候Xではない。だが、このビジョンは、左派がコミットできるものとどのように区別されるというのだろうか。私たちの観点からすると、主要で決定的な違いは次のようなものである。すなわち、ビン・ラディンの展望はおそらく、より有害な形態の地上的主権の破壊を示唆しているのだが、それは全くもって神政的なものであり、したがってシュミットと同様に、取り返しのつかないほど政治的なものの友─敵概念と結びついている、ということである。ビン・ラディンは「創造物を救う」ための手段として、信者に私たちの「腐敗した」世界の救済を呼びかけている。これは、何十億という非信者の排除と支配おそらくは抹殺にさえ基づく、気候「正義」の神学的概念である。それを実現するためには、ビン・ラディンからしばしば連想されるようなテロ──間違いなく、この種の美徳には不可避の、悪魔の双子──の総力が必要となるだろう。

以上のことは、ヒンドゥー教の原理主義から反動的なキリスト教保守主義に至るまで、宗教の名のもとに行われている気候リヴァイアサンへのあらゆる対抗の結果として生じうるものだ。キリスト教保守主義の大部分が、米国共和党の気候変動否定論を採用してきたか、あるいは罪深い世界に対する神の審判として危機の終末論的な側面を信奉してきた。ローマ教皇フランシスコは異なる立場をとってきたが、まさに彼が原理主義を拒否し普遍的連帯を(用心深く)信奉した結果として、リベラル・エリートの中での彼の評判が高まると同時に、ローマ・カトリック教徒を含めた正統派の（すなわち排他的な）宗教コミュニティにおける彼の地位が苦しいものとなった。問題は、フランシスコの普遍主義でさえも究極的には教会の恩恵にあずかるものであって、そこでは誰もが歓迎されることになっているが、しかし私たちみなが、それに気づいていようがいまいが、すでに教会に服していることが前提となっている。つまり、神の主権的な恩寵によってのみ、すべての人が、非信者でさえも、普遍性という家に居住することが許されているというわけだ。

宗教との対比によって、気候リヴァイアサンによって提示された課題を概念化する重要な方法を手に入れることができる。というのも、多くの人々にとって宗教とは、暑く不安定な世界に適応するための重要な基盤となっているからだ。それゆえXは、宗教的構造ではなく非宗教的な運動と見なすことができる。気候Xとは、世俗的で開かれたものであり、あらゆる人々の自律的な尊厳を肯定するものである。排除された人々も含めた全員のコミュニティによる運動こそが、資本と惑星的主権に対抗して気候正義と民衆的な自由を肯定することができるに違いない。しかしそうした世界は、実現可能であるどころか、ましてや想像可能なのだろうか。

強力な政治理論の特徴の一つはなるべくそれ自身の矛盾を認め、それを説明する能力があることである。こうした理由から、私たちは最初に気候Xの限界を特定しようと試みるべきなのだ。とくに三つの問題が重要だと思われるが、それぞれの問題はX以外の三つの道に対するXの関係を反映している。私たちは、気候リヴァイアサンのヘゲモニー的立場から始めて、その他三つの可能性あるいは道の観点から、批判的にXを扱わなければならない。

　第一に、気候リヴァイアサンの観点からすれば、Xは定義上不可能である。それは、不法で、非実践的、危険で、非現実的、それに空虚といったあらゆる理由で拒否されるべきものだ——実際のところイデオロギーのレベルですでに拒否されているのだが。現在の地政学的秩序の条件において、気候Xはリヴァイアサンよりもはるかに脆弱であるばかりか、はっきり表現できるものでさえない。つまり、誰も真に受けない冗談のようなものだ。例えば、米国と中国において気候正義を目指すラディカルな運動が直面している課題を考えてみよう。両者は地球上の二大強国であり最大の炭素排出国であるというだけではない。両国は、不安定な「G2」をしぶしぶ形成しているのであり、(特に太平洋においては)重大な地政学的対立にある核保有国であり、さらにグローバル経済の中心部において(残念ながら)資本主義社会として固定されてしまっている。こうした関係を根本的に再編成するためには、すなわち資本主義を超克しながら両国の社会において勢いを増しているリヴァイアサンを無効化するには、両国民国家における革命的出来事だけではなく、両国の内部および両国間の闘争を中継するような形態のラディカルなトランスナショナリズムも必要なのである。私たちはそこからはほど遠い位置にいる。私たちにはせいぜい、散発的に表出され、典型的にはナショナリズムのレンズというフィルターのかかった限定的な形態の連帯しかないのだ。

サパティスモはトランスナショナルな闘争について考える上で有用な教訓をいくつか与えてくれる。サパティスタ運動は、注目すべき理論を生み出してきたし、チアパスにおいて場所に根ざした革命的闘争を実践し、国民国家という形態の内部において、同時にそれに抗して活動してきた。サパティスモは領域的な戦略を実行してきたが、それはかれらの闘争が同時に原住民的でメキシコ的で惑星的でもあることを肯定するものだった。この運動は、言うまでもなく反資本主義的ではあるが、資本への正面攻撃を回避し、資本主義的社会関係から抜け出すための忍耐強い労働を支持してきた。「私たちは控えめな反資本主義者なのである」（*somos anti-capitalistas modestas*）というわけだ。かれらは国民国家を支配したり解体したりしようとするよりも、地域レベルで任命される輪番制の「善き統治評議会」に根差した新しい国家形態を生み出しながら、自らのコミュニティを国民国家から引き離そうと試みてきた。サパティスタは、インターナショナルな連帯の意思表示に決して反対することはないが、かれらの主な対外的活動は実例を示すことだった。かれらは、私たちが気候Xに期待している特質の多くを先取りした、新しい急進主義を表現している。しかし、かれらは、米国に支援されたメキシコ国家・軍によって継続的に包囲され、軍や準軍事組織の基地および諜報員のいわばファランクスによって孤立化させられており、サパティスタを支援するトランスナショナルな連帯も限定的なものにとどまっている。こうした問題を完全に超克できないことがかれらのせいではないとしても、かれらの取り組みには地政学的限界があり、それはつねに再生産されている。言い換えれば、かれらにはまだ進むべき長い道のりがあるというのは、この運動を批判することではなく、それを称賛しそこから学ぶことなのである。

気候Xを特殊地域的なレベルで実現するあらゆる試みには、どんな「X」であれ、ほんのわずかな程度で実現され可視化されるやいなや、資本主義国民国家とその「私的に」組織化された同盟者たちに包囲され攻撃されるという問題がついてまわる。そうした試みが上位あるいは外部のいくらか広範な力（例えば、左派のトランスナショナルな社会運動とともに活動するように大幅に改革された国連）によって保護されない限り、それぞれの地域に内在したXは破壊されるか、その完全な実現が実質的に不可能になるほど強く制約されることだろう。私たちは、資本主義国家の「上位あるいは外部」において、なにか別の国家形態――理想的には世界国家

――による媒介なしに、Xとの連帯をどのように保証することができるだろうか。この問いは左派を分裂させるだろうし、間違いなくすでに分裂させているが、その結果として、多くの人が「進歩的」リヴァイアサンか革命的リヴァイアサンを探し求めることになる。

気候毛沢東主義に向かう立場からみると、以上のことから気候Xの第二の限界が導き出される。効果的なあるいはラディカルな可能性をそなえた気候正義運動においては、いずれにせよ地球の命を救ために必要な緊急手段となりうる惑星的主権が強く望まれることだろう。こうした観点からすればXとは、あまりにも民主主義的で、あまりにも反主権的なのである。化石燃料企業に対して急速に広がっている世界規模の抵抗や、イデオロギー的状況全体を支配しているネオリベラルな教義や政治的悲観主義に対するラディカルで刺激的な挑戦には、称賛すべき点が数多くある。[13] しかし、急速な気候変動に直面する中で、左派の多くは、気候リヴァイアサンのようなものが私たちの唯一の望みであると確信するようになっている。私たちが知っている民主主義(とりわけ支配的なリベラル・デモクラシー)は、眼前にある問題に対処するうえで根本的に不適格であるように思われる。また、民主主義の別の形態が物事を解決するだろうと想像することも、当然のことだが、多くに人々によってますますばかげた賭けのように思われている。ドナルド・トランプが米国の大統領であったという事実だけでも、次のことを確認できるだろう。すなわち、リベラル・デモクラシーは、たんにそれが形式的に民主主義的だからといって、公正で生きやすい未来への道を見定めるために役立つと信じるべき理由はないのだ。例えば、気候政策が世界の支配的な資本主義的リベラル・デモクラシーの有権者の手中にあるとしたら、現状はどの程度変化することになるだろうか。この質問に対する回答は明らかに「大したことはない」というものだ。この回答は二つの根本的に異なる結論を示唆している。一方でそれは、気候リヴァイアサンとテクノクラート的権威主義の必要性を確証すると思われる。しかし他方で、民主主義が無意味であるというわけではなく、単に投票箱を通して「民衆」を気候問題のアリーナに連れていくことよりも、よりラディカルに政治的生活を再編成する必要があることが示されている。つまり、大衆政治とラディカルな政治を等置することは誤っているのだ。そのことは、ラディカルな理念が「実現」され社会正義が現実化することが恐れられるあまり、ヘゲモニーを握るエリートが大衆と民主主義をますます恐れていく（私たちはふつう、気楽にエリートの恐怖を批判してしまうが）などと考えるのが誤りであるのと全く同じである。[14]

第三に、ビヒモスの（そして第4章で議論された）立場から見ると、近代リベラリズム内部での最も強力な批判は、実際のところ、ブルジョワジーが利己心と近視眼によって自らの特権と権力を損なわないようにするためのものにすぎない。リベラルの認識では、マルチチュードはその潜勢力によって、カオスを寄せつけることがないとかれらが信じている社会的安定性を破壊する。このマルチチュードは、群衆（モブ）や「暴徒」と呼ばれてきた、たいへん古くからの幽霊であるが、最も古くから反復されてきたものの一つはビヒモスである[15]。こうしたカオスへの恐れは、リヴァイアサンに生命を吹き込む主な力の一つとなるであろう。というのも、リベラリズムは気候変動そのものにはほとんど恐れをもたないが、その一方で群衆、暴徒、それに気候難民を恐れるからである。こうした人々は、ブルジョワジーだけではなく、ブルジョワジーが「文明」として理解している秩序全体をも破壊する恐れがある。私たちが第6章冒頭で見た、オレスケスとコンウェイのリベラルなディストピア幻想を思い出してみよう。その中では、温暖化が西南極氷床（にしなんきょくひょうしょう）を粉々にし、洪水が大衆のタガを外し、難民が地球全体にあふれ、西洋文明が破壊されている。この物語は目新しいものかもしれないが、かれらの終末論は古くからあるものである。

ここまで議論されてきたXの諸矛盾は非常に根本的なものなので、気候リヴァイアサンと気候毛沢東主義のどちらかの側につくべきかという根拠となっているように思われるかもしれない。だがこれらの矛盾は、私たちがXを左派の政治戦略として構想したり、Xを革命的実践の中で実現しようとすることを妨げるものではない。依然として残されているのは、一見して解決不可能な問題を通じて、ありうる道筋を明らかにするという理論的課題である。リベラルな

「楽観主義」を義務かのように他者に迫ることは誤った解決策だが、それを別にすると、左派の実践には、相互に絡み合いながらもそれぞれ異なる思想的伝統を反映した二つの真の切り口があることがわかる。

第一の切り口は、主権と共産主義に対するマルクスの批判を基礎付ける定言的な拒否に、そのインスピレーションを見出せるかもしれない。彼は、多くの人々が預言書として読んでいる『共産党宣言』の共著者であるが、未来についてほとんど何も書いておらず、未来の共産主義がどのようなものであるかということさえ記していない。この問題について彼が最も明確に述べているように、革命的思想は革命的活動の行き先を決定的な仕方で「知る」ことができるという可能性を拒否するものである。マルクスは次のように書いている。

> 共産主義とは、私たちにとって作り出されるべき**状態**、現実が従わなければならない**理想**ではない。私たちが共産主義と呼ぶのは、**現実的**運動であり、その運動は現在の状態を止揚する。この運動の諸条件は、今現存する前提から生じる。[16]

第二の切り口は、ベンヤミンが呼びかけた、政治的に毅然とした危機の証人に根拠づけられるかもしれない。この立場は「来るべき共同体」や「脱構成的」権力を訴えるアガンベンの主張を肯定するものである。私たちは、イエス、イエスと言って、両方の立場を同時に肯定する必要性に賭ける。この観点からすれば、気候Xとは、気候正義の手段、つまりその統制的理念であり、おそらく必要条件でもある。Xは、現在を政治化することと絶えず未来を問い続けることが等しく必要であることから論理的に帰結するものだ。つまり、ユートピア的青写真や失われた過去への郷愁、そして失われた機会への無益な嘆きが拒否された結果として。

これは現実にはどのようなものなのだろうか。地球上の草の根の気候正義運動からは、多くのことを学ぶことができる。知恵もまた、思いがけないところから得られるものなのだ。パリ会議後に、エコロジストのミゲル・アルティエリは「2015年における人類への最も重要な［…］メッセージとして、教皇フランシスコのエコロジー的教皇回勅『ラウダート・シ』[17]」を祝福する文章を配布した。彼の熱狂は理解できるものだ。フランシスコは「重大な含意をもつグローバルな問題」を責め立てながら、気候変動の本質である政治的・経済的不正義を強調している。つまり、気候変動が世界で最も富裕な社会の産物であるにもかかわらず、貧民が最大限の代償を支払っていると。貧困層は「かれらの財政的な活動や資源では、気候変動に適応するか自然災害にただ直面することしかできず、しかも社会的サービスや社会保障へのアクセスは非常に制限されている」。こうした資源すらないために、私たちは「環境悪化によって拡大している貧困から逃れようとする難民が悲劇的に増大している」事態をすでに目撃している。こうした難民は「国際条約によって難民として認められておらず、いかなる法的保護をも享受することなく、置き去りにされた人々の命が失われることに耐えるしかない」。かれらの苦境はかれら自身の責任ではない。だが、

まさにいま世界中で生じているような苦難に対して、無関心がまん延しています。私たちの兄弟姉妹が巻き込まれている悲劇に対して私たちが応答しないことは、市民社会が基礎をおいている同胞への責任感が失われていることを意味しているのです。[18]

フランシスコはしり込みせずに、この無関心の源泉を、ドナルド・トランプがキリスト教徒ではないと彼が認めるのと同じ倫理的論拠から、つまり富と権力という特権であるとした。「より多くの資源と経済的・政治的権力を保持している者はたいてい、問題を隠蔽したり、そうした問題の兆候を隠すことに多くの関心を払っており、たんに気候変動の否定的影響をいくつか軽減しようとするだけのように思われる」[19]。有力者の二枚舌が露わになるのは、「この態度が「緑の」レトリックと並存することで」、まさに同じエリートたちが惑星の将来の決定権を私物化してしまうときである。これに対して、「私たちが実現しなければならないのは、真のエコロジカルなアプローチを常に社会的なアプローチにすることである。このアプローチは、地球

の嘆きと貧民の嘆きとの両方を聴き取るために、正義の問題を環境の議論に統合しなければならない」[20]。この結論はラディカルなものだ。私たちの政治分析の中心に権力のない貧民が据えられることがないという事実に注目するならば、提示された「解決策」がなぜ間違いなのか、炭素排出削減のための国際的リーダーシップがどうしてあんなにも哀れなものなのか説明がつく。

私たちに欠けているのは、すべての人々に配慮しつつ、将来世代の権利を毀損することなく、現在のニーズを満たし、新しい道筋を切り拓くことのできるリーダーシップです。明確な境界を設定し生態系の保護を確保できるための法的枠組みを打ち立てることが必要不可欠なのです。さもなければ、技術的・経済的パラダイムに基づく新しい権力構造は、私たちの政治だけではなく、自由と正義を転覆するかもしれません。[…]驚くべきなのは、国際政治の対応がどれほど脆弱なものであったのかということです。環境に関するグローバルサミットの失敗によって、私たちの政治がテクノロジーと財政に従属していることが明らかとなりました。あまりにも多くの特殊利害が存在していますが、経済的利害が最終的に共通善よりも優先され、経済的利害の計画が影響を受けないように情報が操作されやすくなっています。[…]経済とテクノロジーの同盟は、目先の利害に無関係な者を、最終的にわきに退けてしまいます。その結果、最も期待できることは、表面的なレトリックや散発的な慈善活動、そして環境への配慮をうわべだけで表現することなのです……。[21]

フランシスコは、他のどの世界的指導者よりも力強く、気候活動家たちとの連帯を示すために自らの立場を利用して、政治指導者たちに行動するよう求めてきた。[22] たしかに教皇の気候政治は、多くの気候正義運動よりも正確な責任を果たしたという議論も可能かもしれない。私たちがパリで読んだ声明の中で、気候変動に取り組むための最も直接的で首尾一貫しラディカルな原理を提示したのは、フランシスコであった。COP21の間、私たちは、反動的な教会によって1871年パリ・コミューンの跡地に建てられたサクレ・クール寺院に足を運んだ（左派がよく毛嫌いする教会だが[23]）。寺院内部には教皇の回勅を説明する展示があり、あらゆる人々の連帯、尊厳、平等に基づいた新しい惑星レベルの協約が呼びかけられていた。1871年の価値がサクレ・クール寺院の内部に刻まれていたのだ。あたかもコミューンが大理石の床を割って出てきたかのように、コミューンの理念がその構想から一世紀半後に芽を出したのである。

しかし、私たちはカトリック教徒ではないし、少なくとも今のところ教会に加入しているわけではない。問題は、フランシスコの気候言説の下に、何らかの隠された反動的メッセージがあるということではない。そうではなく、フランシスコのアプローチの問題はその神学的で制度的なコミットメントそれ自体にあるのであって、それは惑星レベルの環境問題に対する宗教的アプローチのすべてを制約している問題である。明晰な教皇の回勅は、カトリック教会をしてラディカルな批判をおこなう原住民たちの側に立たせるはずである。だがこの原住民たちは、かれらの批判のセレモニーをまさに寺院の階段で試みたのだった。不幸にも、宗教間の境界線には手がつけられないままだが、それは、誰が信者に含まれ、誰が排除されるのかという区別への譲れない執着——ノートルダム聖堂の閉ざされた扉とその広場を守る警察に象徴される区別——も同様である。サクレ・クール寺院内部で響いた思いがけないラディカルな言葉が、私たちに気候変動に直面する宗教の役割についての希望をもたらした。だが、ノートルダムの扉の外で原住民の指導者たちが人を寄せ付けないような反対意志を示したことで、この希望は消えると言わないまでもしぼんでしまうに違いない。

ある程度まで、近代宗教の制度的硬直性は、異なる宗派を統一するかのような「異宗派間」の運動によって、環境変化についての宗教的観点を豊かにし、統一見解を生みだすように仕向けられてきた。しかし、この運動が空港の礼拝室[24]という見せかけの連帯を克服しようとも、神学的枠組みの制約がなくなるわけではない。というのも神学的枠組みは、主権的権威の本質的構造および政治的想像力を基礎としているからだ（「神学（テオロギア）」とは文字通りの意味で神（テオス）の言葉（ロゴス）である)。これは、ここでは公正に扱うことができない複雑な問題である。この問題は私たちの観点からすると、一方の気候Xと、他方の気候ビヒモスという資本主義的な千年王国主義との両義的な関係に関わるものである。資本に対する両者の鋭く対立する態度によって、XとビヒモスはX厳密に区別されるように思われる。進歩派や左派に対するフランシスコの広範な訴えかけは、間違いなくXへの潜在的な可能性を反映したものであり、気候緊急事態に関する彼の立場は資本主義批判を反映しているのだ。これに相当する実例は、すべての宗教的伝統にも見いだせるかもしれない。

しかし、現在の秩序を乗り越えるための宗教的要求がすべてそうであるように、フランシスコの訴えは、統治の問題を根本的に開かれたままにしている。私たちが言いたいのは、フランシスコが秘密裏に、ある種の「エコロジー的神権政治」の基礎を築いているということではない。むしろ要点は、神学的世界観において神権政治が必然的に構成的理念となるということである。神の言葉という絶対的権威を、真理や叡智として受け入れるならば、神(あるいは俗世における神の代理人)の統治は、理想化されたものであれ、論理的に必然かつ無条件の目標となる。神が統治できるのであれば、なぜ人間ごときがそれを邪魔するのか。気候問題に対するフランシスコの立場は根本的に進歩的なものと思われるが、この命題をフランシスコの立場から区別することはできない。その代わりに必要なのは、ベンヤミンが「真の非常事態」と呼んでいるものである。そこでは神学的あるいは世俗的形態における主権者の至上権が、またしたがって、ビヒモスとXをつないでいるように見えるリンクが、崩れ落ちてしまうのだ。[25]

III

ここ20年以上にわたって、イタリアの共産主義哲学者アントニオ・ネグリは、聖書の登場人物ヨブ――まさに神がリヴァイアサンを使ってその無力さを嘲笑した人物――を「私たちの」現状のメタファーとしてしばしば参照してきた。

私たちのみじめな現実はヨブのそれである。私たちが世界に投げかける問いとその答えはヨブのものと同じものだ。私たちは同じように投げやりになって、同じように神を冒瀆する言葉を吐きちらしながら自己を表現する。私たちは富と希望を知り、理性で神を誘惑した。私たちに残されたものは、ほこりと虚無感である。[26]

この文章にはたしかに含蓄があるだろう。トランプの時代に気候正義のために闘う人々はヨブのようである。もちろんトランプは神ではないが、気候活動の議論の多くを根拠づけている切実な「理性」をなじる。

しかし、こうした理由から本書がヨブ記に登場するリヴァイアサンとビヒモスによって構成されているわけではない。気候変動のポリティクスについての議論は、ヨブと神との問答と同様に、主権に向けられている。資本もまた議論の中心にあるが、それに関する左派の議論――資本の膨張主義的命法は炭素排出をますます駆り立てるというものや、資本主義国民国家は気候変動への有効な対応を制約してしまうというもの――は異論の余地が比較的少ない。このことは現代の気候変動言説について重要なことを示唆している。最近まで、赤と緑といった様々な人々の中でも、わずかな急進派の政治的エコロジストしか、惑星レベルの環境変化が資本主義の論理的帰結であると主張することがなかった。しかしもはやそうではない。今日、ポール・クルーグマン、ジョセフ・スティグリッツ、クリスティーヌ・ラガルドなど、もっとも著名な資本の擁護者でさえも、容赦のない蓄積の論理と気候変動との関連性を導き出した[27]。かれらの言説は、国家の政策を形作っているリベラルの常識なのではなく、注目すべき新しい展開をみせているのだ。いずれにしろ今では、資本主義がうまく気候変動に対処できていないことについて（たとえ「市場の失敗」としてだけでも）公然と議論することが可能になった。それに対して、政治的なものへの関与、つまり気候変動が主権について提起した問題は、左派においてさえも、ようやく把握され始めたに過ぎない。

それゆえ、一定の社会構成体として私たちが描きだしたリヴァイアサンは、状況依存的な抽象であり、誤りであると証明されるかもしれない。だが、リヴァイアサンの亡霊が現実であることにかわりにはない。気候リヴァイアサンの有望な担い手たちは、とりわけ何かを探し求めており、つまり抽象的な「変革」以上のものを欲している。コペンハーゲンからパリに至るまで、効果的な国際協定のために多くの人々が動員されたが、こうした動員がどこまでドン・キホーテ的なものであったとしても、常軌を逸した行動などでは決してない。それどころか、それはきわめて誠実なものであり、明白な緊急性に駆り立てられたものである。このロジックは尊重されなければならないものであり、私たちはそれが（たんに左派に限らず）より一般的になることを望んでいる。エリートたちはグローバルな金融主権を求めて金切り声をあげるが、これもまた似たような推論の積み重ねられた結果である。その声によれば、問題は主権の空白から生じたものであるとされる。この空白を埋める解決策は、空白のない統治、つまりたった一つの決定的な一枚岩、資本主義的世界に適合する主権者なのだ。[28] このことは、なぜ気候毛沢東主義が一部の反資本主義者たちに強く訴えかけるのかという問題と緊密に関係している。かれらは、私たち全員を救い、私たちを窮地に追い込んだ人々を罰するための至上の主権者を、資本主義を拒否するのと同じくらい熱心に求める。こうした衝動は理解できるが、却下されるべきものだ。というのも、左派の多くにとって、惑星的主権が地球の命を救う唯一の手段であることが明らかだと思われるとしても、私たちが救おうとしているものは正確には何なのかを考えることが重要だからだ。

惑星的主権が、連帯によって築かれた「たくさんの世界から成る世界」という第三の原理（気候X）ではないことは明らかだ。気候リヴァイアサンと気候毛沢東主義は両方とも、この原理を無条件に拒否することを求めている。その一方で、実現可能ないかなる気候Xにとっても、この原理の否定は交渉できるような話ではない。じじつ、（「私たち」を救うために必要な）気候リヴァイアサンを求める声という偽りの普遍性――特権的な「私たち」の仮面を剥ぐことは気候Xを規定する要素である――と、気候Xの非同一性との両方を強調することが本質的に重要なのだ。気候リヴァイアサンに対抗する解放運動は、惑星的主権という約束を拒否することに基づいている。それを否定する理由は、共通の「みじめさ」を経験している「私たち」が、究極的に普遍化されることで画一化されてはならないからである。私たちが本書をつうじて苦心しながら強調してきたように、エコロジー災害の矢面に立ちながら資本主義の統治下にある主体は、区別のない「私たち」なのではないし、気候Xがとりうる諸形態は、それが形作られる歴史やコミュニティの多様性によって形作られるだろう。

言い換えれば、未来にかんする一連の観念の一つとして、すでに述べたように暗い時代に私たちを導きうる観念として気候Xを定式化するためには、例えばハートとネグリが「帝国」の性質として挙げた、主体性の普遍化という主張の犠牲になることは避けねばならない。気候Xは、「あらゆる被搾取者と被支配者の集合、相互のあいだのいかなる媒介もなく帝国に直接的に対峙するマルチチュード」[29]のようなものでは断じて**ない**。この議論を寛大に解釈するならば、反植民地主義的ナショナリズムと過激な共産主義はもはやサバルタンの抵抗を独占的に媒介することはないし、こうした抵抗の発展を目にして〔共産主義や反植民地主義が勢いを得ていた時代をなつかしむ〕ノスタルジーに陥るべきではない、という意味にはとれるだろう。しかし「私たちのみじめさ」を経験する「万人の集合」たるマルチチュードというのは神話であり、しかも抵抗の局面においては連帯に反する神話なのである。その意味で、それは全人類を同じ地質学的ページに組み込んでしまう人新世という時代区分と似ていなくもない。[30]世界のさまざまな人々は、惑星という「同時性」にもかかわらず、非常に多くの地生態学的時代の中で生きているのであり、こうした世界の形成を促した力は「人類」一般に還元できるようなものではなく、むしろ特定の自然史的な社会構成体に還元されるべきものなのだ。

これらの社会構成体のうちの多くは、資本と国民国家によって基礎づけられてきたが、ただしつねに大きな不均等性をともなうものであって、このようなあり方は、資本と国民国家が個々の社会構成体をどのように変革してきたかという観点から理解されなければならない。例えば、もし人新世が「人類」または「人間」によって元に戻せない仕方で形成された惑星的および歴史的なレジームと定義されるのであれば、アメリカ大陸の原住民は500年以上の間、人新世の地獄を生き抜いてきたということになる（疫病や侵略的外来種のいわゆる「コロンブスの交換」や、それと結合した資本主義的所有関係と国家による収奪を私たちは他にどう描くことができるだろうか）。人新世という比較的最近の時代区分が擁護されているのは、この概念が、人類が**種**として地球のシステムを根本的に変化させた時代――アメリカ大陸の植民地化のように、一部の集団だけが世界や世界の共同体を根底から覆した時代とは対照的に――を示していると考えられているからだ。だが、それは明らかに誤っている。「私たち」がみな同じように、地球とその居住者に苦境をもたらした責任があるわけではないのは明らかだ。

要するに、「マルチチュード」という一つの「万人の集合」が存在しないのと同様に、一つの気候Xなど存在しないのである。気候正義の運動を強化しうる政治的構成体のなかには、自らが気候リヴァイアサンと対立する立場にあることを理解しようとしないものもある。それどころか、気候リヴァイアサンが、歴史的に経験されてきた資本主義的な様式の主権とは構造的に異なっているということを必ずしも理解しているわけではない。リヴァイアサンが、例外常態を宣言し「人類」を救い、普遍的利害において誰の命が犠牲にされるべきかを決定する権威を我が物とする存在であると部分的に定義されるのであれば、この主権形態は、原住民や被植民地の人々にとっては少しも新しいものではない。環境的不正義も人新世も、かれらにとって新しい歴史的始まりを示すものではないのだ。

気候Xへと至るには、幅広いが識別可能な二つの軌道が存在すると言えるかもしれない。第一のものは、ラディカルな分析と実践であり、それはマルクス主義にルーツのある反資本主義的左派の伝統を率直に受け入れることから生じる。マルクスの理念が地球上の運動に多様で創造的な仕方で着想をあたえてきたことは、それが解放のための政治闘争の万能薬では決してないにしても、その豊かさを証明している。根本から作り直されたり非難されたりする場合にも(例えばJ・K・ギブソン゠グラハムを引き合いに出すコミュニティ経済の研究のように)、マルクスの思想は、物事はどうあるべきか、どうすればそこにたどり着けるのかを考え出そうとする際に、土台や比較対象となるものである。

第二の軌道は、その勢いを非常に様々な源泉から得ている。すなわち、資本と主権国家によって重層決定されない生き方という長い歴史的経験をもった民衆の知識と生活様式である。原住民や被植民地民衆が、実現可能な気候Xの種をまく闘争の最前線にいるのは偶然ではない。もちろんこれらの集団は、一般的に言えば資本と国家の権力に従属してきた。しかしかれらの現在の戦略は、革命的な共産主義や社会主義といった未来のための国際連帯を築くといったことに力点を置いていない。むしろかれらの目的は、これらの複数性に満ちた生活様式が活力と尊厳のある未来をもてるよう保証することであり、さらに場合によっては、これらの生活様式から何かを学ぶために耳を傾けようとする人々との意思疎通を図ることなのだ。

気候Xを定義する上での課題は、これら二つの軌道を一つにすることである。すなわち、両者を合併したり一方を他方に従属させたりするのではなく、二つの軌道が互いに支えあい、互いにエネルギーと勢いを与え合うようにする手段を見つけ出すことである。このことは不可能ではない。左派が気候リヴァイアサンや気候毛沢東主義へと方向づけられることで、両者の相乗効果（シナジー）の可能性がほぼ確実に無効化されるとしても。こうした理由から、さらに気候Xには、資本と主権の統治の両方を拒否する気候正義運動が必要となる。というのも、リヴァイアサンや毛沢東を拠りどころにすることで、第一および第二の原理、すなわちすべての人の平等と尊厳が、同時に拒否されてしまうからだ。どちらの主権者への道も定義上、これら二つの原理に反する。アドルノによれば、潜在的にラディカルな新しい権威の形態は「到来**しうる**」ものだった。それはどのようなものなのか。答えは、根本的に主権とは対照的な民主主義でしかありえない。じじつ、真の民主主義とは非主権的な民主主義でしかないと言うべきなのだ。なぜなら、それ以外にはあり得ないほど神聖な、統治の原理や領土の閉鎖性といったものなど存在しえないからだ。

アドルノが初期マルクスに依拠しているのは間違いないが、彼の思想の源泉は一つではない。アドルノが明示しようとしたことを、ひいてはラディカル左派の軌道が闘争になにをもたらしうるかを理解するために、私たちは、ヘーゲルによる主権分析に立ち戻ろう。後期シュミットは、ヘーゲルの分析をホッブズ『リヴァイアサン』の「誤り」に光を当てるものとして賛美するようになった。[31] マルクスは1840年代に同じ題材と格闘していた。彼は、ヘーゲル『法の哲学』に関する注釈全体にわたって、ヘーゲル国家論の最たる特徴を自らの不断の批判にさらしている。その特徴とは、ほぼ間違いなくシュミットを魅了したもの、すなわち「論理学的で汎神論的な神秘主義」である。

もしもヘーゲルが国家の土台としての現実的な諸主体から出発していたとするならば、彼は神秘的なやり方で国家が自らを主体化するようなことをさせる必要はなかったであろう。「ところで主体性はその真のあり方においてはただ**主体**としてあるのみであり、人格性はただ**人格**としてのみある」とヘーゲルは言う。これもまた一つの神秘化である。主体性は主体の一つの規定であり、人格性は人格の一つの規定である。ところで、これらの規定をそれらの規定の主体の術語と把握する代わりに、ヘーゲルは術語を自立させ、そしてこれらの術語が後で神秘的なやり方でそれらの主体に変わるようなことをさせるのである。[32]

ヘーゲルに対するマルクスの批判は、私たちが気候リヴァイアサンにおいて直面している本質的な問題を先取りしているが、それは、主体を求める主権の形態にほかならない。資本主義的形態および非資本主義的形態の両方において、惑星的主権者となるべき者の神秘主義は、マルクスのいう「全体的なものという理念による諸部分の現実的規定[33]」に存在する。

今日、忌まわしい人種差別的なナショナリズム運動が隆盛し、どんな種類の気候アクションやグローバルな協力も頓挫させようと熱心に試みているにもかかわらず、エリートのあいだでも進歩派のあいだでも、気候変動に対する**唯一の**反応としての惑星的ガバナンスの理念が、ヘーゲル的な意味での必然性を戯画化したようなものとして展開しつつある。この必然性は、主権という究極的な目的、つまり主権のグローバルなテロスの生成、そして自分自身を神秘的なしかたで実現する概念へと移行する。惑星的主権は、ある意味では常にそうであったように、近代性の完成として存在している。惑星的ガバナンスは、自らを命と文明の防壁として提示しているにもかかわらず、民主主義を承認することはできない。これは矛盾でも逆説でもない。民主主義と主権が同盟者であったためしなど一度もなかった。ヘーゲルにとって両者はアンチノミーである。

> しかし**君主において現存する主権に対立するもの**と受け取られたものとしての人民主権が、近年「人民主権」について語られ始めた場合の通常の意味をなしている。――この対立に

おいては、人民主権は**人民**という**漠然とした**表象にもとづく混乱した思想に属している。人民**というもの**が、君主を**もたず**、君主と必然的で直接的に関連する全体の**分節化を欠いた**ものとして受け取られた場合、それは形を欠いた烏合の衆であって、これはもはや国家ではない。[34]

マルクスは、少なくともこの段階では、ヘーゲルがラディカル・デモクラシーを退けたことに憤慨していた。彼が書いているように、ヘーゲルによれば、君主制という思想は

身体を備えた国家意識であり、したがって、このことによって他のすべての人々はこの主権、および人格性、および国家意識から締め出されているのである。[…]しかし君主が主権を有するのは、彼が国民の一体性を代表する限りであるとするならば、彼自身はただ国民の主権の代表、象徴にすぎない。国民の主権が君主によってあるのではなく、逆に後者が前者によってあるのである。[35]

こうした若きマルクスの「ライン州的リベラリズム」は、国家からの解放という課題に自己限定しているものの、だからといってヘーゲルがこの状況で何を重視していたのかをマルクス

が把握してなかったわけではない。ヘーゲルが問題にしていたのは、近代世界において、民主主義は主権の様式としてもその手段としても役立ちえないということだった。[36] むしろ民主主義とは主権の否定なのである。これはもしかしたら、1930年代後半にシュミットがホッブズからヘーゲルに鞍替えしたことの理由なのかもしれない。ヘーゲルは君主制という様式で主権を措定したが、その理由は、彼にとって民主主義が定義上、主権を構成できないからであった。それどころか、君主あるいは主権者は「身体を備えた国家意識」なのだ。というのも、主権者の決断――これこそが主権そのものを構成するのだが――が、理性的な国家の実体を定義し、そのことによって政治的なものの領域の範囲を規定するからである。[37] 同様にしてシュミットにとっても、主権は決断という行為において構成されている。こうした理由から、政治的なものは主権以前には存在しえないし、主権なき世界はそもそも世界ではないのだ。[38]

以上のことは、過去の思想家たちを漁ることで得られた無意味な事柄ではない。それどころかラディカル左派の伝統という観点からすると、それによって、気候Xという極めて重要な次元を実現するうえで今日まさに問題となっている事柄がより明確になる。実際のところ私たちは、主権をもたなければならないのか、という古い問題に直面している。非主権的な統一体というものは不可能なのか。たとえユートピア的なふるまいだとしても、この問いにはノーと答えなければならない。これは気候Xの本質をなすユートピア主義であり、気候リヴァイアサンの「現実主義」の反対物なのである。[39] マルクスは、私たちが継承した主権概念の限界が、大きな希望を動機づけるものと見なしている。彼は人民の主権と君主の主権を対置する中で「私たちにとって問題なのは、二つの側において成立している**一つにして同一の主権**ではなく、二つの**真っ向から対立した主権概念**なのである。［…］その二つのうちの一つは、すでに存在している虚偽だとしても虚偽に違いない」[40] と書いている。民主主義が統治の可能性そのものを無効化すると言った点でヘーゲルとシュミットは正しい。かれらからすれば、このことは民主主義が重大な欠陥を持つということだった。しかし、マルクスと私たちにとって、民主主義が統治の可能性を無効化することは、民主主義に大きな見込みがあるということを意味している。来るべきクライメート・トランジションが公正なものであるならば、ヘーゲル＝シュミット的な意味での主権は少しも残らない。公正な移行を表現する別の方法は、Xというものが、惑星的統治という理念、すなわちグローバルな主体を求める主権の神秘主義を暴露し否定すると主張することだ。[41]

気候政治に特徴的なことは、その大半が結局のところ、今日私たちが感じている悩ましい緊急性、ひどく長い待ち時間といった時間的な事情である。私たちがこうした現在を把握できるのは、現在を必然的に今の状態にするような、状況依存的な歴史的ダイナミクスを理解する場合に限られる。そうした場合にのみ、私たちはひとまず未来に目を向けることができるのである。こうした歴史に希望がないわけではないが、私たちがそれを現在の状況に結びつけようとすると、必然的に不安がもたらされる。気候Xがあれこれの規模でいつか統合されると期待できる根拠は決してない。すなわち、最終的にそれが実現されるとしても、統一された現象、つまり統合された秩序や組織様式ではほぼ間違いなくないのだ。私たちはXが多数の寄せ集めとして登場することを予期するが、断定的なことを実際に言うことはできない。Xとは結局のところ可変的なものなのである。しかしだからといって、誰もがXの本来あるべき姿を選択できるわけではない。

> 「私の立場においては」、経済的社会構成体の発展は、一つの自然史的過程として見なされるのであり、他のどの立場にもまして、個人を諸関係に責任あるものとすることはできない。というのは、彼が主観的にはどんなに諸関係を超越していようとも、社会的には個人はやはり諸関係の所産なのだからである。[42]

政治的なものが個人の責任や主体の決定という問題ではないとしたら、それはいったい何なのであろうか。政治的なものは自然史の問題であるという主張は、決定論的に聞こえるかもしれない。しかし私たちの自然史概念は、グラムシのラディカルな唯物論批判を支持するものであり、最終的には自然史という批判概念に賭けるに至ったアドルノとともにある。アドルノの議論は、自然が歴史的なものになった（社会的に媒介された）ということを示しているだけではない。私たちがいつか資本主義社会を超克するために、この媒介が資本主義社会において**どのように**機能しているのかという点に私たちの注意を差し向けるものだった。私たちは、これは資本の問題だけではないのだといたるところで主張してきた。マルクスとアドルノが述べたように、ヘーゲル『法の哲学』における「社会の神秘化」が結果として、何か（主権）が「神的なもの、恒久的なものであり、作られたものの領域を超えるものに」され、「存在そのものへと［…］投影された［…］絶対的支配」へと帰結するのである。[43]今日、こうした歴史的過程によって惑星的主権、すなわち人間本性を含めた自然を別のものに変化させている新たな支配形態が生じている。こうした可能性に私たちの注意を喚起しようとしたアドルノは、無媒介な「真の」自然への郷愁的な回帰や、私たち自身の自然性の超越を求めたわけではなかった。どちらの戦略も、様々な種類の環境主義者たちを絶えず魅了しているが、誤ったものである。そのかわりアドルノは、自然と歴史がふたたび収斂する可能性へのユートピア的希望をはっきりと表現している。しかしこうした再収斂はどこでも起こりうるようなものではなく、また意図できるようなものでもない。問題は、私たちの時代に単に人新世という名称を与え直すことではない。再収斂のために必要なのは、私たちが今とは異なった仕方で、しかも根本的に異なった仕方で生活することなのだ。そして、「私たち」が今とは根本的に異なった仕方で生活するという問題は、ほぼ間違いなく、マルクス主義者が答えを出すのが得意でない問題である。ラディカル左派は正しくも、自然への「回帰」、あるいはおそらく存在しなかった時代へと歴史を巻き戻すような誤ったノスタルジアを常に退けてきた。同様にラディカル左派は正しくも、幻想的なユートピア的未来にも懐疑的であり続けてきたのは言うまでもない。しかし、マルクス主義が歴史を唯物論的に受容することは次のことを意味していた。すなわち、マルクス主義が目指している未来は、たいてい私たちの生きている世界がより自由で搾取的でないものに変化した世界のように見えるということだ。じじつ、エコ社会主義や他の「緑の急進主義」が台頭する以前、共産主義的未来とはたいていの場合、産業的な楽園、すなわち不平等や抑圧的な資本主義的支配から脱却した高度に発展した経済として理解された。エコ社会主義者の展望もそう大きくは違うものではない。かれらのヴィジョンは、ほとんどつねに、より公正な統治と分配の形態を——通常は、私たちが今と同様の生活を、少なくとも物質的な意味で、ただしより公正かつ「持続的」に送れるようにするために——組み合わせた、一連のあらゆる「緑の」テクノロジーを含んでいる。こうした提案が、根本的に異なる生活という構想をはっきりと提示することはめったになく、それらは明らかに民主主義のために提起されるが、事実上主権の原理を問うことはないのだ。

私たちには、根本的に異なる生活が何を意味し、何を必要とするのかを考えるために利用できる最も豊かな源泉がある。そのいくつかは、気候Xを構成しうる第二の軌道に関与し、それを開花させることのうちに見出される。第二の軌道とは多くの原住民と被植民地民衆の生活様式のことだ。ラディカルな原住民の思想家たちが基礎に据えてきたのは、主権を強力に批判し、私たちが収奪において経験した地球およびその環境との関係を強力に批判することである。この経験とは、予想されるように、土地を奪われた人々が主権の中心性を再認識するきっかけとなるもので、実際のところ、原住民の政治的エネルギーの大部分はそこに向けられている。しかし、そうした衝動——たいていは、サパティスタの闘争と似た、かつての原住民闘争および反植民地闘争が最初に開拓した領域において生じるものだが——に対して、タイアイアケ・アルフレッド、グレン・クルタード、アイリーン・モートン＝ロビンソン、パトリシア・モンテュア、オードラ・シンプソンのような著者たちは、植民地権力による主権の要求を無効化しようとしただけではなく、さらに進んで、まさに主権の形態および性質そのものに挑もうとしてきた。[44] アルフレッドの言葉では、「私たちの存在が多元的であったという実際の歴史は、単一の主権という貧相なフィクションによって抹消されてきた」。「主権」は問題の主要な部分となってきたが、それは「植民国家の統治という「正統な」枠組みに原住民の人々を順応させることを主な目的として、概念や定義上の問題を常に提起し続けることで、「原住民の」思考方法を制限してきた」。アルフレッドの力強い結論とは、「「主権」が原住民の政治的目標としては不適切である」というものだ[45]。

平和的共存の達成を妨げる主要な障害の一つはもちろん、人間どうしの政治的関係を議論するための枠組みとして、古典的な主権概念を無批判に受容することであった。主権の言説は、原住民の価値や観点を尊重した問題を解決する可能性を事実上打ち消してきた。「伝統的な」原住民の民族性でさえ、国家という支配的な定式化とは対照的なものとして、相対的に定義されているのがふつうであった。すなわち、絶対的権威も、強制的な決断力も、ヒエラルキーも、単独の統治体も存在しないとされたのだ[46]。

しかし、反植民地主義者たちが**主権**のために、すなわち一般的な国民国家にもとづく承認の政治に「全員が」参加するというより優れた立場のために闘争していないのであれば、かれらは何のために闘争しているのであろうか。

反植民地主義のコミットメントを実現するための政治的戦略の一つは、クルタードの言葉でいえば、「破壊的な**対抗主権**」の政治的実践を増やすことである[47]。本当に困難な問題は、標準的なリベラル財――土地、自律性、そしてオルタナティブな統治様式を打ち立てる能力や権威

——に見えるものを求める闘争を、対抗主権がどのようにしてはっきりと表現できるのかということだ。[48] 資本主義的帝国主義との闘いは、**土地**を求める物質的闘争は言うまでもなく、いかにして主権的統治性の束縛から逃れ、私たち全員を気候正義へと向かわせることができるのか。クルタードからすれば、答えは単純でないにせよ明快なものであり、気候Xの多くが——少なくとも現在は未熟な形態だが——どういった方向に進んでいくかを示している。

資本主義的帝国主義に抗する原住民の闘争は、**土地**問題を中心とした闘争として最も良く理解されている。この闘争は、土地を**求める**ものであるばかりか、互恵的な**関係**様式（この様式はそれ自体、場所に根ざした実践と、それに関連する知の形式によって特徴づけられる）としての土地が、私たちが互いに、そして周囲の環境との関係において、尊重され、非支配的で非搾取的な仕方で生活を送ることについて、私たちに何を教えるべきかということに深く**特徴づけられた**ものなのである。[49]

オーソドックスな主権概念とこうした枠組みとの主要な違い——じじつ、この枠組みに積極的な拒否と反転という「対抗」の意味を与えているダイナミクス——とは、互恵性の問題である。[50] どのような一定の領域であれ、主権は定義上、非互恵的な関係である。例外的権力を意のままにするシュミット的「決断者」において、あるいは一人の権威の前に多数の人々が従属するという適応において構成されるもの、ましてやより集団的・民主的な様式において構成されるものとして主権を理解するかどうかは別として、根源的に主権とはすべて統治に関することなのだ。

以上のことは、とくに植民地的主権という形態に対する挑戦だが、それだけではなく論理的・歴史的に「植民地的」という修飾語と対になりうる主権のあらゆる形態、すなわちあらゆるリベラル資本主義的形態に対する挑戦でもある。[51] 問題は、主権を**越える**闘争という理念によって把握されるものではない。むしろ、対抗主権のダイナミックな構造は、個人的にも集団的にも「責任をおう権利」を主張する試みとして最もよく理解される。それは、権力をもち意味をもつ試みであり、自らを、自らのコミュニティを、そして自らの歴史を互恵性と土地から不可分のものとしてだけではなく、そこから排除されえないものとして理解する試みである。ここで言う土地とは、リベラル資本主義的な意味で、個人や国家が国家空間（領土）や財産（商品）として所有する土地ではなく、人が基本的な部分であるような土地のことである。[52] 原住民の生活様式が土地を「開拓すること」すなわち、そこに入植しそれを所有物とすることではなく、むしろ土地に内在して根ざしながら共に生活し続けることである限り、原住民の生活様式はリベラルな主権概念の貧困さを示している。リベラルな主権概念は「代替可能な内容を示すよりも」、むしろ「強制関係の過程を示すものであり、領土の境界というおそらく疑いえない事実に基づいて主張された[53]」ものなのだ。ゆえに、原住民の指導者たちが、植民地的な気候不正義に対抗してパリやスタンディングロック[54]において集結したのを見ると、「原住民の人々が自らの民族性を承認する見返りとして求めているものは、その根底では、カナダや米国のような国々が現在所持しているものと同じものである」と考えることは大きな誤りなのである。[55]

すでに述べた二つの軌道、すなわち批判的な思想と実践における二つの基本的な伝統のどちらか一方に、または両者の組み合わせに着想を得た運動が、（ベンヤミンに従ったアドルノの言葉で言えば）「はかない瞬間」、つまり危機と同時に好機として経験されるはかない瞬間に交差するかもしれないと予期することは、本当にただの空想なのだろうか。[56]このはかない瞬間を実現するための政治的戦略に関して、ベンヤミンのモデルは、ゼネラルストライキ、すなわち私たちの無限の生産と消費に歯止めをかけ、その異なるあり方を形成する集団的決定である。たとえこの瞬間が決して十分に把握できない出来事であるとしても、集団的決定の可能性は、気候Xが誰に対しても開かれていることによって高められるに違いない。これこそが、なぜそれが気候Xであるかという理由の一つである。気候Xは、私たちが解決策（少なくともその始まりに）に向かうために必要なものとなり、それを含むことができなければならない。大規模なボイコット、ダイベストメント、ストライキ、抵抗地帯、互恵性といった気候正義運動の最もラディカルな戦略を束ねてみよう。そうすれば、自然史と人間史が「はかない瞬間に交差する」ような、もう一つの世界に関するベンヤミンの展望が垣間見えるだろう。

未来の展望を垣間見るだけでは、本書を閉じる結論としては不正確すぎるように思われるかもしれない。しかし、実際のところ説明とは閉じることではなくまさに開くことなのだから、私たちは、この結論が根本的に不確実な時代において政治的・分析的に責任のあるものだと考えている。惑星の危機とは、とりわけ想像力の危機、イデオロギーの危機である。それは、地平線上に立ちはだかる問題に取り組むための道具として、壁、銃、金融に代わる何らかのオルタナティブを構想できないことの結果である。私たちの課題は、自分たちの自然史的契機の残骸や断片を真にありのまま見てとることである。すなわち、解放された世界の青写真を描くことではなく、リヴァイアサン、毛沢東主義、ビヒモスを拒否しつつ他の可能性を肯定することにほかならない。私たちに残されているものは、私たちが手にしているもののすべて、これまで手にしてきたもののすべてである。それは、Xを解明し、世界を勝ちとることだ。

監訳者解説

本書は、Joel Wainwright and Geoff Mann, *Climate Leviathan: A Political Theory of Our Planetary Future* (Verso, 2018) の翻訳である。2015年にパリで開催された国連気候変動枠組条約第21回締約国会議（COP21）を一つの契機として、世界各地で気候正義を求める運動が台頭してきた。本書『気候リヴァイアサン』は、マルクス主義と批判理論の立場から、「気候変動の政治理論」を、国際政治の枠組みを越えた惑星レベルで展開しようとした野心的な著作である。本書は、2019年に英国のSussex International Theory Prizeを受賞しており、2023年9月には韓国語版が刊行されている。

著者の一人（筆頭著者）であるジョエル・ウェインライトは、米国のオハイオ州立大学地理学部教授であり、気候正義運動などにも積極的にコミットするアクティヴィストである。専門は批判的地理学であるが、マルクス主義やポストコロニアリズムの理論を駆使して様々なテーマで執筆活動を行っている。日本では柄谷行人との対話が「移動なくして批評なし」というタイトルで『現代思想』第42巻第18号（青土社、2015年）に掲載されており、とりわけ柄谷のⅣ象限（A「互酬」あるいは国民／B「収奪と再分配」あるいは国家／C「商品交換」あるいは資本／D「X」あるいはアソシエーションのアソシエーション）のアイデアは、本書の議論にも随所で活かされている。なお、彼の主著である *Decolonizing Development : Colonial Power and the Maya* (Blackwell Pub, 2008) は、2024年1月末に『脱植民地的開発』（太田晋訳、インスクリプト）というタイトルで日本語版が刊行される。中南米のベリーズをフィールドとして、開発としての資本主義を脱植民地化するというウェインライトの「ポストコロニアル・マルクス主義」が鮮明に打ち出されているので、関心のある読者はぜひとも手に取っていただきたい。

共著者であるジェフ・マンはカナダのサイモンフレイザー大学地理学部教授であり、ニューヨーク市を拠点とするシンクタンク Institute for New Economic Thinking でもシニアフェローを務めている。専門は政治経済学であり、マルクス主義の理論のみならず、政治思想やマクロ経済学の観点から金融・財政政策の歴史を研究している。主著である *In the Long Run We Are All Dead: Keynesianism, Political Economy and Rev-*

olution (Verso, 2017) は、ケインズの理論をケインズ主義から区別しつつ、ケインズ以前のヘーゲルやマルクス、ケインズ自身の文明/革命論、そしてケインズ以降のアントニオ・ネグリやトマ・ピケティとの関係を論じた思想史研究として高く評価されている（とくに本書の第5章ではマンのケインズ主義論が大いに展開されている）。他にも、世界金融危機以降の貨幣/財政システムを分析した論文などが数多く存在しており、精力的に現代資本主義の政治経済的分析をおこなっている（最近でも、2022年インフレ抑制法に象徴される「気候バイデノミクス」の批判やロバート・ブレナーの「政治的資本主義」論をめぐって、『ニューレフト・レビュー』上で論争を提起した）。マンの研究成果は、日本でも著名な経済史家アダム・トゥーズといった世界のラディカル・エコノミストたちによってしばしば言及されるが、管見の限りいまだ邦訳は存在しない。

本書の概要については、著者たちが本書の内容を端的に要約した「日本語版への序文」を一読していただきたい。ここでは、「気候リヴァイアサン」という問題構成がどのような思考の地平を切り拓いたのか、そして本書が現代の資本主義システムにおける気候正義運動にとってどのようなインパクトをもたらすのか考えてみたい。

2016年に発効されたパリ協定において目指された、（産業革命以前と比較して）2

100年までに気温上昇を「2℃未満（できれば1.5℃）」に抑えるというシナリオは、ラディカルな「システム・チェンジ」が着手された場合に限るという仮定つきのものだった。いまや気候科学者や気候活動家のなかでも文明崩壊の危機はすでに始まっており「もう手遅れ」であるという声が優勢となっている。他方で、気候変動の科学的事実を肯定的に認める人々のあいだでも、22世紀の将来世界は、今日の世界のより温暖化した世界にすぎないという楽観論がある。だが、すでに文明が崩壊し始めた「野蛮状態」であれ、気候危機に適応しようとする「リベラル資本主義」であれ、「私たちがみな」同じ立場で「人新世」を理解し、経験しているわけではないとウェインライト＝マンは警告する。近年のエコロジー思想において主張されてきたように、普遍的な「人間」を特権的なアクターとしてしまうと、この地球という惑星の自然史を考察することはできない。だが、だからといって人間中心主義を批判して「人間以外」の動植物や無機物をアクターとして組み入れればそれでよいというわけでもない。というのも、ウェインライト＝マンによれば、地球の自然史は、資本主義という経済的構成体ならびに国家という政治的構成体と切り離すことができないからである（構成体 Formation という言葉がマルクスにおいても地質学のアナロジーであったことを想起せよ）。たしかに、資本主義社会で人類が生活するようになったのは、人類の自然史全体から見るとつい最近のことにすぎない。だが、エコマルクス主義が強調するように、18世紀後半を転換期として、資本主義国家という社会構成体が地球の自然史を根本的に変化させたのである。この意味で、ウェインライト＝マンは「経済的社会構成体の発展を、一つの自然史的過程として見なす」マルクスの史的唯物論を批判的に擁護している（この点については第4章のグラムシに関する記述を参照のこと）。

もっとも気候正義運動内部での「システム・チェンジ」の要求を、資本と国家という経済的・政治的構成体への批判と結びつけるべきだという議論は、エコマルクス主義者や急進的な立場からよく見られる（第7章のナオミ・クラインへの批判も参照）。だが、『気候リヴァイアサン』は、気候変動のポリティカル・エコノミーをたんにマルクス主義の観点から解明しようとした著作ではない。むしろ、資本主義と気候変動を分析するマルクス主義や批判理論において、「政治的なものの概念」が決定的に欠落してきたことを批判しているのだ。本書の意義は、ラディカルな気候正義運動における「政治的なものの概念」を刷新した点にあるといえる。ウェインライト＝マンは、ホッブズやシュミットの政治思想を手がかりに、気候危機の時代において国民国家を超越した「惑星的主権」が生成されつつあるという斬新なテーゼを提示する。そこでは、アガンベンの議論が気候危機の問題に応用され、人類全体が惑星レベルのカタストロフに対処しなければならないという緊急状態がもつ権力メカニズムが考察される。「地球上の生命を守るという名のもとに例外状態が宣言され、こうした例外状態によって定義される惑星的主権が新たに立ち現れる」(第1章、68頁)。惑星的主権は、誰がどれだけ温室効果ガスを排出することができ、誰がどのように気候危機に適応し、誰と何が犠牲にされなければならないかを管理する。惑星的主権とは、資本主義国民国家から構成される世界システムにおいて、文字通りグローバルなガバナンスをおこなう権力の新たな形態にほかならない。

主権の新たな概念とならんで、「常態としての気候カタストロフ」において「政治的なもの」の中心に位置しているのが、「適応」という概念である。適応とは、そもそも進化論の中心的概念であるが、第3章では気候科学言説における「緩和・適応・苦難」という定式を分析することで、「適応」をめぐるポリティクスが論じられている。いまや緩和の機会が決定的に閉ざされてくなかで、国際交渉の場ではコストおよびベネフィットの比較や配分ばかりが議論されているが、もっぱら加速しているのは貧困層や人間以外、そして将来世代の「苦難」である。ウェインライト＝マンが指摘しているように、「世界の富裕層と国家のエリートこそが貧困層と将来の世代が「苦難」に陥らないように「適応」しなければならない」にもかかわらず、である(174頁)。昨今の日本でも「観測史上最も暑い夏」と報道され、「これからはSDGsの時代だ」と言われて「気候変動」の問題が取り上げられることがある。だが、グローバル資本主義における富と権力の圧倒的な不平等を是正するための「システム・チェンジ」が語られることは少ない。むしろ、エアコンを効率良く使用しようとか、アイスリングのような冷却グッズを活用していこうといった、より温暖化した世界への「適応」ばかりが論じられている。だが、ここに「政治的なものの適応」という問題が存在しているとウェインライト＝マンは指摘する。私たちは、気候変動が資本主義システムのもとで人間に要求する「適応」を「政治的なもの」として理解しなければならない。というのも、「政治的なもの」の概念は、「支配者と被支配者の関係が築かれる根拠」（第4章、189頁）となっているからだ。

ウェインライト＝マンによれば、気候変動の政治理論には、ホッブズにはじまり、カントからヘーゲル、そしてマルクスにおいて重視されてきた「思弁的」方法が不可欠である（本書で、思弁は単なる予想や予測のことではなく、ユートピア主義と目的論とを拒絶するキー概念となっている）。急速な気候変動の結果、未だ不在ながらも、どのような社会的・政治的秩序が生成しつつあるのか。左派の理論家であれば、こうした政治的な未来について一貫した思弁を行わなければならないというのだ。そこでウェインライト＝

マンは、柄谷のⅣ象限にインスパイアされた「四つの社会構成体の可能性」(第2章、97頁)を提示する。ここで注意すべき点は、この四つの象限が単なる未来社会の類型論ではないことということだ(なお、日本でもベストセラーとなった斎藤幸平の『人新世の「資本論」』(集英社、2020年)は、いち早く『気候リヴァイアサン』のⅣ象限を参照したものである。だが、斎藤のⅣ象限

四つの社会構成体の可能性

	惑星的主権	反惑星的主権
資本主義的	気候 リヴァイアサン	気候 ビヒモス
非資本主義的	気候 毛沢東主義	気候 X

①気候ファシズム②野蛮状態③気候毛沢東主義④Xは、本書のキー概念である惑星的主権を論じたものではない）。横軸が惑星的主権／反惑星的主権となっていることからわかるように、この象限では領土的国民国家が所与の前提とはなっていない。ウェインライト＝マンが提示する「四つの未来」とは、トランスナショナルな資本主義世界システムにおける四つの軌道である。左側に位置しているのが「二つの惑星的主権、その資本主義的および非資本主義的な二形態である。両者は、技術的にも空間的にも「常態としてのカタストロフ」に適切に対処するために、地球上の命を守れと書かれた錦の御旗をかかげている」（第6章、285頁）。①惑星レベルで主権形態を構築することで気候変動に対処し、資本主義を維持・強化する気候リヴァイアサン、②惑星レベルで主権形態を構築しつつも、資本主義を否定しようとする気候毛沢東主義である。他方、右側に位置しているのが、二つの反惑星的主権③あくまでも国民国家という主権形態に固執することで気候変動を否定し、資本主義を維持しようとする気候ビヒモス④資本主義と主権の両者を、国民国家であれ惑星レベルであれ、超克しようとする気候X、である。

後で触れるように、このⅣ象限の枠組み自体にも問題がないとはいえないが、『気候リヴァイアサン』が領土的国民国家を超越した惑星的主権の権力メカニズムを考察している点は極めて重要である。惑星レベルでの気候危機においてリベラル資本主義を維持・強化しようとする場合、資本と国民国家を超越した惑星的主権が必ず要請されることになる。ウェインライト＝マンは、気候変動枠組条約締約国会議の報告書などを解読しながら、グローバル・ノース／サウスを横断するかたちで階級を越えた同盟や協調がどのように形成されていくのかを思弁している。だからこそ、ラディカルな気候正義運動の側もこうした惑星的主権のメカニズムそれ自体に対抗する必要があるとウェインライト＝マンは強調する。つまり、資本主義システムを変革しようとする気候正義運動は、国民国家に依拠するようなナショナルな形態をとってはならないというのだ。たしかに、気候カタストロフはグローバル・サウスの貧困層に最も集中的に被害を与えるのだから、グローバル・ノースの社会運動はみずからの「帝国的生活様式」（ブラント＝ヴィッセン）を是正するような気候正義運動を実践しなければならない。だが、よりラディカルな気候運動が集中しているグローバル・サウスの社会運動であっても、それが国民国家の形態で組織されてしまう場合、気候リヴァイアサンと気候ビヒモスが対抗する既存のグローバル資本主義の政治経済的秩序に統合されるほかなくなる。

こうした「資本＝国民＝国家という三位一体」（柄谷）のアポリアを克服するために、ウェインライト＝マンはグローバルな気候正義運動に、アソシエーショニズムを原理とする気候Xの将来ヴィジョンを提示している。もっとも、第7章で強調されているように、「**ある**気候正義運動や気候正義運動**そのもの**といったものは決して存在せず、さまざまな、重層的な、そして（願わくば）相互に支え合うが多かれ少なかれ別個の運動が集合体を形成するにすぎない」（354頁）。Xの運動は、何か特定の主体や目的、あるいは地理的・階級的基盤を想定しているわけではない。そうではなく、サパティスタのメタファーにあるように「多くの運動の運動」にすぎないのだ（ウェインライト＝マンはネグリ＝ハートの「マルチチュード」を神話だと否定するが、反主権のトランスナショナルな対抗運動を強調するという意味で両者の立場はさほど離れていない）。この点について、第8章では主権形態そのものに抗する原住民運動による「対抗主権」という考え方が紹介されており、本書は柄谷の議論を「ポストコロニアル・マルクス主義」としてさらに発展させたと言えるだろう。

最後に、『気候リヴァイアサン』が提示する「四つの未来」に関して、とりわけ日本と東アジアのポストコロニアル体制において考慮すべき点を三つほど列挙しておきたい。

第一に、Ⅳ象限のうち、惑星的主権でありながら、気候Xとならんで非資本主義的とされる気候毛沢東主義についてである。気候毛沢東主義は、国民国家の形態をとった

「気候中国」のことではなく、南・東アジアのラディカルな農民運動（インドの「赤い回廊」のように）が基盤となって立ち現れてくる惑星的主権であるという。たしかに、英語圏のマルクス主義文献でほとんど無視されてきた毛沢東（主義）は、詳細に分析されるべき問題かもしれないが、Ⅳ象限の一つを埋めるために挿入された感が否めない（例えば、非資本主義であれば、アンドレアス・マルムが提唱する「エコロジカル・レーニン主義」でもよいのだろうが、それは国民国家の形態をとるのでそもそもⅣ象限に位置づけることができない）。ブランコ・ミラノヴィッチが示唆するように、毛沢東主義は、「現存社会主義」の中国において国家資本主義へ移行する本源的蓄積のイデオロギーとして機能した側面もあると思われるが、この点についても著者たちは言及していない。また、毛沢東主義がむしろ中国以外から立ち現れてくるもので、アジアのラディカルな農民運動が反資本主義的だったとしても、なぜそれが気候Xに向かう傾向をもたないのか、また、いわゆるアジア的な専制国家に統合されるのではなく、なぜグローバルな規模での惑星的主権を構成しうるのかが不明である。

第二に、「原子力国家」（ネグリ）についての言及がほとんどない点も、日本の気候運動の将来を展望するうえで不満が残ると言わざるをえない。周知のように、東日本大震災以降の「絆」や「震災復興」の名のもとに高まったナショナリズムは、日本資本主義の支配エリートたちにとって、中道左派だったはずの民主党政権を再び新自由主義へと旋回させる梃子となった。当時の民主党政権が原発再稼働の方針を決定した直後に、戦後日本では四半世紀ぶりともいえる10万人もの人々が国会議事堂や官邸前での路上抗議に参加した。だが、その後も国民レベルで脱原発を支持する声が続いていたにもかかわらず、自民党の長期政権下において階級的敵対性がますます低下した結果、現在では「カーボン・ニュートラル」の名のもとに原子力ムラの再生と復活が着実に進んでいる。こうした新たに再来した原子力ルネサンスは、なにも日本に限られた事態ではない。2022年ロシアのウクライナ侵攻をうけて、フランスや英国などでも「原子力国家」の強化と復活が試みられている。先日アラブ首長国連邦で開催されたCOP28においても、米国や日本、韓国、英国、フランスといった22の有志国が2050年までに原発容量を3倍にすることで合意したと報道された。こうした原子力国家によるグローバル・ガバナンスの構築は、果たして気候リヴァイアサンなのか、それとも原子力=核保有国家という国民国家の形態に固執しているという意味では、気候ビヒモスの洗練されたヴァージョンなのか。本書を紐解きつつ、さらにこの点を明らかにする必要があるだろう。

第三に、戦争や貿易摩擦といった昨今再び激化しつつある地政学的対立は、惑星的主権の観点からどのように把握することができるのだろうか。「日本語版への序文」にも述べられているように、本書はトランプ政権誕生以前に執筆されたという。だが、私たちはいま、資本主義国家が権威主義とナショナリズムによっていっそう右翼に旋回した世界に生きている。つまり、リベラル資本主義のエリートたちが体現するような気候リヴァイアサンよりも、エスノ・宗教的なナショナリズム（いわゆる原理主義が要請する神権政治）や、ミソジニーとレイシズムによって駆動する反動的なビヒモスが前景化しているのだ。果たして、こうした気候ビヒモス（リベラルな資本主義国家もその例外ではない）によって引き起こされる国家間対立、正確には「グローバル内戦」を惑星的主権との関係でどのように理解できるのか。私たちは、気候変動のポリティクスと絡みあう「グローバル戦争レジーム」が惑星レベルで展開する事態をより詳細に分析する必要があるだろう。しかも今後、米国がヘゲモニー国家としての力をますます低下させるなかで、冷戦構造が残存する東アジアは、直近のイスラエルによるガザ侵攻とジェノサイドに続いて、世界規模での終わりなき「戦争レジーム」の矛先となる可能性が高い。この点について一昨年に重要な著作が刊行された。スペインのアウトノミア派でネグリとの共著もあるラウル・サンチェス゠セディーリョの *Esta guerra no termina en Ucrania*（邦題：『この戦争はウクライナで終わらない』）である。

世界金融危機以降、資本主義システムは長期停滞期に突入し、産業的な資本蓄積による利潤ではなく、金融収益や天然資源の採掘・採取をメインとする「レント資本主義」へと移行しつつある。中国やロシアといった国家資本主義が相対的に台頭している背景には、こうした資本主義の構造転換があるといえるだろう（ちなみにマンは、先に言及した『ニューレフト・レビュー』の共著論文でバイデノミクスが米国をも国家資本主義へと移行させるだろうと指摘している）。セディージョによれば、このようなポスト蓄積体制のなかで、資本主義世界システムは、単に地政学的なカオスではなく、エコシステム的カオスという局面にある。たしかに、ウェインライト＝マンが指摘するように、現在の世界秩序は、気候危機に人類が緊急に対処しなければならないという意味で、惑星的主権へと向かいつつある。だが、それはたんに「気候リヴァイアサン」への軌道を意味しない。トランプやボルソナーロ、そしてプーチンの気候変動否定論は、化石資本との結びつきを維持・強化するものであり、まさに欧米のグリーンニューディール政策に対抗するものであった。惑星的主権がたんに気候リヴァイアサンによってガバナンスされるのではないとすれば、セディージョにしたがって、それは絶えずリヴァイアサンとビヒモスが対抗するエコシステム的カオスにあると言えないだろうか。反動的ビヒモスであれリベラル資本主義であれ、「レント資本主義」あるいは「国家資本主義」間の対立は、たんに国民国家の次元のみならず、惑星的でトランスナショナルな次元において戦争レジームを生み出している。それゆえ、本書が主張するように気候ビヒモスの政治的正統性が短期的にしか続かないと楽観視することはできない。惑星的主権が「グローバル内戦」という戦争レジームによって構成されるのであれば、そもそも惑星的主権／資本主義という象限を「気候リヴァイアサン」のみに代表させることはできないだろう。

とはいえ、これらは本書の議論をさらに展開させるための筆者なりの論点整理にすぎない。『気候リヴァイアサン』が新たに開拓した思弁的思考様式は、エコマルクス主義や批判理論に欠けていた「気候変動の政治理論」という空白を埋めるだけではなく、ラディカルな気候正義運動を練り上げていく上で必要不可欠なものである。著者たちが熱量を込めて語っているように、ユートピア主義にもニヒリズムにも陥ることなくポスト主権的な創造的連帯を構築していくために。

なお、本訳書の分担と翻訳担当者は以下の通りである。

日本語版への序文、序文、第一章、第二章、第三章、第四章　隅田聡一郎
第五章、第七章　羽島有紀
第六章　柏崎正憲

第八章　菊地賢

訳文の作成にあたっては、まず各分担者が下訳を作成し、ついで各訳文に担当者を決めて相互にダブルチェックをおこなった。こうした共同作業の後に、監訳者が改めて全体をチェックし、訳語や文体を統一するなどしたため、最終的な訳文については監訳者が責任を負っている。

本訳書の企画が持ちあがった時期は２０２２年初頭であった。著者のウェインライト氏には２０２２年の6月時点で「日本語版への序文」を送付していただいたにもかかわらず、そこから刊行までにおよそ2年もの月日が流れたことになる。この場を借りて出版が大幅に遅れたことをお詫びするとともに、辛抱強く見守っていただいたウェインライト氏と堀之内出版編集者の方々に感謝申し上げる。

本訳書にかかわる作業は、ＪＳＰＳ科研費 JP23K12036 の助成を受けたものである。

隅田聡一郎

２０２３年12月6日

索引

注

日本語版への序文

1 これについては現在でも気候変動に関する政府間パネル(IPCC)の報告書が唯一最良のものである。IPCC edited by Masson-Delmotte, Valérie, Panmao Zhai, Hans-Otto Pörtner, Debra Roberts, Jim Skea, Priyadarshi R. Shukla, Anna Pirani et al., Global warming of 1.5° C: An IPCC Special Report on the impacts of global warming of 1.5° C. 2018. を参照。

2 Jameson, Fredric, Future city. *New Left Review* 21. 2003

3 EZLN. [El Ejército Zapatista de Liberación Nacional], Critical Thought in the Face of the Capitalist Hydra I: Contributions by the Sixth Commission of the EZLN. Durham, NC: PaperBoat Press. 2016.

4 Marx, Karl, *The Political Writings*. Edited by David Fernbach. New York: Verso.2019: Luxemburg, Rosa,. The accumulation of capital. In Economic Writings, vol. 2, ed. Peter Hudis and Paul Le Blanc. London: Verso.2015

5 Marx, Karl. (1867) *Capital*, Volume I. New York: Penguin. 1990.

序文

1 これは単純化した議論にすぎない。詳細については、IPCC第5次評価報告書(Working Group I, 2013)を見よ。

2 私たちは北アメリカから英語で本書を執筆している。本書の出所は、惑星上の危機を生じさせている社会構成体から切り離すことができない。

3 「——新世」(更新世、完新世、人新世)という接尾辞は、ギリシア語のカイノス(「新しい」という意味)という言葉に由来する。C. Bonneuil and J. Fressoz. *The Shock of the Anthropocene: The Earth, History and Us*, New York: Verso, 2016. を参照。

4 パリ条約が実行された2016年は、記録上最も温暖な年であった。「驚くべきことに産業革命以前を1.1度上回り、2015年の記録を0.06度上回っている」。World Meteorological Association, "WMO Statement on the State of the Global Climate in 2016," WMO No. 1189, 3は、library.wmo.int.のサイトで閲覧できる。

5 もちろん、最後の応答だけが引用するに値する。「もうお手上げ」という表現は、気候変動に関する政治的著作において少なからず登場する。例えば、Roy Scranton's Learning to Die in the Anthropocene, New York, City Lights, 2015, 16; Wen Stephenson, *What We Are Fighting for Now Is Each Other:*

Dispatches from the Front Lines of Climate Justice, Boston, Beacon Press, 2015, 35.を見よ。オックスフォードの科学者ステファン・エモットはドキュメンタリー作品*Ten Billion*(2015)で同じ言葉を使っている。このフレーズを繰り返すことに表れている政治的失望は、私たちの政治的想像力の限界を示唆している。もし本当に「お手上げ」なのであれば、私たちは、最後の審判よりも強力な政治的分析を必要とする終末に向かって、闘争のためにより良い組織化をしてきたことになるわけだが、そんなことはない。

1　私たちの時代のホッブズ

1　Carl Schmitt, *The Leviathan in the State Theory of Thomas Hobbes: Meaning and Failure of a Political Symbol*, Chicago, IL: University of Chicago Press, 2008 [1938], 53.「レヴィアタン」長尾龍一編『カール・シュミット著作集II』(慈学社、2007)、59頁、71頁

2　Thomas Hobbes, *Leviathan*, New York: Penguin, 1968, 227–28, emphasis in original.『リヴァイアサン(二)改訳』(岩波文庫、1992)、33-34頁

3　Job 41: 1–34. 聖書からの引用はthe New International Versionからのものである。『ヨブ記』(岩波文庫、1992)、155、159頁。

4　このことは、ホッブズがヨブ記41:4の聖約にインスパイアされた箇所にも当てはまる。

5　Schmitt, *The Leviathan in the State Theory of Thomas Hobbes*, 21邦訳48頁; Gopal Balakrishnan, *The Enemy: An Intellectual Portrait of Carl Schmitt*, London: Verso, 2000, 209–11.

6　Schmitt, quoted in Giorgio Agamben, *State of Exception*, Stanford, CA: Stanford University Press, 2005, 52.上村忠男・中村勝己訳『例外状態』(未來社、2007)、115頁

7　Walter Benjamin, *Illuminations*, New York: Schocken Books, 1969, 258.邦訳『ベンヤミン・アンソロジー』(河出文庫、2011)、366頁

8　Agamben, *State of Exception*, 14.邦訳31頁

9　Intergovernmental Panel on Climate Change, Working Group III, Summary for Policymakers, 2014, 7. また Justin Gillis, "Carbon Emissions Show Biggest Jump Ever Recorded," *New York Times*, December 4, 2011; Glen Peters, Gregg Marland, Corinne Le Quéré, Thomas Boden, Josep G. Canadell, and Michael Raupach, "Rapid growth in CO2 emissions after the 2008-2009 global financial crisis," *Nature Climate Change* 2, no. 1, 2012, 2–4.も参照。こうした傾向については本章と次章で詳述する。

10　James H. Butler and Stephen A. Montzka, "The NOAA Annual Greenhouse Gas Index (AGGI)," 2016, Earth System Research Laboratory, esrl.noaa.gov.

11　International Energy Agency, *World Energy Outlook 2012*, Paris:

International Energy Agency, 2012, 3. 2015年末に、私たちはパリでIEAの政策アナリストと会話した。全く予想した通り、炭素回収貯留に大規模な投資をおこなわなければ世界は急速な気候変動を余儀なくさせられるとかれらは警告した。

12 歴史的感性と気候変動の関係については、以下を参照。Dipesh Chakrabarty, "The Climate of History: Four Theses," *Critical Inquiry* 35, no. 2, 2009, 197–222; Dale Jamieson, *Reason in a Dark Time: Why the Struggle Against Climate Change Failed—and What it Means for Our Future*, Oxford: Oxford University Press, 2014.

13 さらに、「中央北極海と北西航路を経由する、PC6船の先例のない新しい航海ルートが[…]2040年から2059年までに存在することが明らかとなっている」。Laurence C. Smith and Scott R. Stephenson, "New Trans-Arctic Shipping Routes Navigable by Midcentury," PNAS 110, no. 13, 2013, 1191–95.

14 Charles Ebinger and Evie Zambetakis, "The Geopolitics of Arctic Melt," *International Affairs* 85, 2009, 1215–32; Richard Sale and Eugene Potapov, *The Scramble for the Arctic: Ownership, Exploitation and Conflict in the Far North*, London: Frances Lincoln, 2010. より概括的なものとしては、Sanjay Chaturvedi and Timothy Doyle, Climate Terror: *A Critical Geopolitics of Climate Change*, London: Palgrave Macmillan, 2015を参照

15 Mike Davis, "Who Will Build the Ark?" *New Left Review* II/61, January–February 2010, 46.

16 これらの研究領域を選択的に要約するだけでも、手に負えないほどの(そしてかなり恣意的な)リストを作りあげることになるだろう。

17 Naomi Klein, *This Changes Everything: Capitalism Versus the Climate*, New York: Simon and Schuster, 2014, 253–54. 幾島幸子・荒井雅子訳『これがすべてを変える——資本主義VS.気候変動(下)』(岩波書店、2017)、397-8頁

18 Dale Jamieson, *Reason in a Dark Time: Why the Struggle against Climate Change Failed—and What It Means for Our Future*, Oxford: Oxford University Press, 2014, 3. 政治哲学と気候変動の関係については、Steve Vanderheiden (ed.), *Political Theory and Global Climate Change*, Cambridge, MA: MIT Press, 2008. を参照。

19 イデオロギーについては、Jamieson, *Reason in a Dark Time*, 37, 47を、歴史についてはその第2章を参照。これらの難点にもかかわらず、私たちは彼のたじろくことのないリアリズムを繰り返し賞賛したい。気候変動への取り組みがなぜ失敗したのかを歴史的に説明することの重要性に私たちは強く賛同している。

20 Roy Scranton, *Learning to Die in the Anthropocene*, New York: City Lights, 2015, 24.

21 Ibid., 68, emphasis added.

22 Andreas Malm, *Fossil Capital: The Rise of Steam Power and the Roots of Global Warming*, London: Verso, 2015; John Bellamy Foster, Brett Clark,

and Richard York, *The Ecological Rift : Capitalism's War on the Earth*, New York: Monthly Review Press, 2010.

23 Intergovernmental Panel on Climate Change, *Fifth Assessment Report*, Working Group I; Lonnie G. Thompson, "Climate Change: The Evidence and Our Options," *The Behavior Analyst* 33, no. 2, 2010, 153–70. この点をもっぱら認識しようとしない人びと、いわゆる「極端な気候変動否定論者」は、本書を読んでもほとんど役に立たないと思うだろう。にもかかわらず、私たちは第2章においてかれらの政治的立場がもつ一つの重要な要素に光をあてたい。トンプソンと気候科学のポリティクスについては、第3章で立ち返る。

24 Intergovernmental Panel on Climate Change, *Fifth Assessment Report*, Working Group II.

25 Alyssa Battistoni, "Back to No Future," *Jacobin* 10; Malm, *Fossil Capital*.

26 Davis, "Who Will Build the Ark?" 2010; Patrick Bond, "Climate Capitalism Won at Cancun," *Links: International Journal of Socialist Renewal*, December 12, 2010.

27 Davis, "Who Will Build the Ark?" 38.

28 例えば、Gwynne Dyer, *Climate Wars: The Fight for Survival as the World Overheats, Oxford: Oneworld, 2010; Cleo Paskal, Global Warring: How Environmental, Economic, and Political Crises Will Redraw the Map of the World*, London: Palgrave, 2010.

29 Antonio Gramsci, [Q13 § 17] *Selections from the Prison Notebook*, translated and edited by Quintin Hoare and Geoffrey Nowell Smith, New York: International Publishers, 1971, 180.

30 例えば、Kennedy Graham (ed.), *The Planetary Interest: A New Concept for the Global Age*, London: UCL, 1999. を参照。

31 ヘーゲルの「必然性」概念については、Mann, "A Negative Geography of Necessity," *Antipode* 40, no. 5, 920–33. を参照。

32 メルロ・ポンティはかつて次のように書いた。「いつも言われてきたことだが、政治とは可能事を操るところの技法である。このことはわれわれの主導権を抹消しはしない。なぜなら、われわれは未来を**知ら**ないのだから、すべてを十分に考慮した後で、われわれはやはり自分の考える方向に進まなければならないからだ。しかし、このことはわれわれに政治の深刻さを思い起こさせる。このことは、自分の意志を単に肯定する代わりに、諸事象のうちに、意志がそこでまとうはずのかたちを探るようわれわれに強いるのである」。(*Humanism and Terror: An Essay on the Communist Problem*, Boston: Beacon Press, 1947, xxxv) 合田正人訳『ヒューマニズムとテロル』(みすず書房、2002)、28頁

33 気候正義運動における私たちの同僚の多くは、以前そのように言っていた。例えば、ビルディング・ブリッジズ・コレクティブの以下の声明を参照してほしい。「気候正義という概念が、私たちにとって必要不可欠な社会的闘争を結合させ拡張するうえでとても多くの作業が要求されるということは[…]明らかであ

る。[…]少なくとも〔気候正義という概念によって〕気候変動が私たちの生活の一部からいくらか切り離されたものであるという考え方を克服し、私たちの社会がどのように組織されるのかについて再び焦点をあてるような仕方で危機を再政治化することができる。[…]しかし、それは、この概念をより矛盾した問題のある仕方で活用することに反対することで初めて可能となる。[…]気候正義は[…]全存在物を異なる仕方で組織するという能動的な創造によって[…]人びとを資本との敵対的関係におくことができるという点で、気候変動に多くの回答をあたえてくれるだろう」。Building Bridges Collective, *Space for Movement? Reflections from Bolivia on Climate Justice, Social Movements and the State*, 2010, 82–83, spaceformovement.files.wordpress.com. にて閲覧可能。

34 Quentin Skinner, *Hobbes and Republican Liberty*, Cambridge: Cambridge University Press, 2008; James R. Martel, *Subverting the Leviathan: Reading Thomas Hobbes as a Radical Democrat*, New York: Columbia University Press, 2007.

35 Hannah Arendt, *The Origins of Totalitarianism*, New York: Harcourt, Brace, 1951, 139–43. 大島通義・大島かおり訳『新版 全体主義の起原2』(みすず書房、2017)、41頁

36 これこそが『リヴァイアサン』が（当時のヨーロッパにおける学術的言語であるラテン語ではなく）日常言語の英語で書かれた最初の主要な政治哲学書であった理由であろう。

37 Reinhart Koselleck, *Critique and Crisis: Enlightenment and the Pathogenesis of Modern Society*, Boston: MIT Press, 1988, 40「ホッブズは17世紀を特徴づけていた事柄を言葉にした。彼の思考の迫力は、それに内在する予言的な要素に示されている」。村上隆夫訳『批判と危機——市民的世界の病因論のための一研究』(未來社、1989)、50頁

38 私たちは以下でカントとヘーゲルについて論じる。ちなみに、マルクスの思想における思弁的要素については、「『経済学批判要綱』への序説」の重要な主張が再検討されるべきだろう。「単純な諸カテゴリーは、より具体的な諸カテゴリーにおいて精神的に表現されている、より多面的な関連または関係がまだ措定されることなく、より未発展な具体物がすでに実現されているかもしれない諸関係の表現であるということ、[…]貨幣は、資本・銀行・賃労働などが実存するよりも前に、[…]歴史的に実存してもいた。それゆえ、この点からすれば、次のように言うことができる。すなわち、より単純なカテゴリーはより未発展な全体の支配的な諸関係を表現することもできるし、あるいは、より発展した全体の従属的な諸関係を表現することもできる。こうした諸関係というのは、より具体的なカテゴリーで表現されている方向へとその全体が発展していく以前に、すでに歴史的に実存していたのであった。その限りにおいて、最も単純なものから結合物へと上向していく抽象的思考の歩みは、現実的な歴史的過程に照応するであろう」。Karl Marx and Friedrich Engels, *The German Ideology*,

Amherst, MA: Prometheus Books, 1967 [1846], 142. 邦訳『資本論草稿集①』53頁〔訳注：なお、原文では典拠が『ドイツ・イデオロギー』となっているが、英語版に「『経済学批判要綱』への序説」が所収されている事情を考慮して訂正した。〕

39 Lucio Magri, *The Tailor of Ulm*, London: Verso, 2011, 54.

40 自然状態に関するホッブズの有名な描写は、現代の環境運動においても一部受け入れられている。左派の気候活動家によって近年刊行された多くの著作の一つは、将来の可能性について「二つのシナリオ」があると結論づけている。J. Brecher, *Against Doom* (Oakland, CA: PM Press, 2017) 一つは、エコ・ユートピア的なもので、もうひとつは単に「世界の終わり」と呼ばれている(95–96)。後者のシナリオでは、「生活はつらく残忍でみじかいものとなるだろう」(96)。ただしブレッチャーはホッブズを引用しているわけではない。

41 資本が自らの墓掘り人を作り出すというマルクスの主張は、エンゲルスと共著の『共産党宣言』第1章に由来するものだ。「ブルジョワ階級の存在および支配のための最も本質的な条件は、私人の手中への富の蓄積、すなわち資本の形成および増大である。資本の条件は賃労働である。賃労働はもっぱら労働者相互のあいだの競争にもとづいている。ブルジョワジーがその意志のない無抵抗な担い手である産業の進歩は、競争による労働者の孤立化の代わりに、アソシエーションによる労働者の革命的団結をつくりだす。それゆえ、大工業の発展とともに、ブルジョワジーの足もとから、ブルジョワジーが生産して生産物を取得する基礎そのものが取り去られる。ブルジョワジーは、何よりもまず、自分自身の墓掘り人をつくりだす」。Karl Marx and Friedrich Engels, "The Manifesto of the Communist Party" (1848), Chapter 1, accessed at marxists.org. 服部文男訳『共産党宣言／共産主義の諸原理』(新日本出版社、1998)、70頁

42 これは暫定的な定義である。「政治的なもの」については第4章を参照。

43 Immanuel Kant, "The Metaphysics of Morals," in *Practical Philosophy*, Cambridge: Cambridge University Press, 1996 [1797], 392.

44 Carl Schmitt, Legality and Legitimacy, Durham, NC: Duke University Press, 2004. このフレーズはホッブズが1668年に刊行したラテン語版『リヴァイアサン』の第二部133に見いだすことができる。

45 Koselleck, Critique and Crisis, 15; Schmitt, *The Leviathan in the State Theory of Thomas Hobbes*; Jürgen Habermas, *The Structural Transformation of the Public Sphere: An Inquiry into a Category of Bourgeois Society*, Cambridge, MA: MIT Press, 1991, 90–91. 細谷貞雄・山田正行訳『公共性の構造転換——市民社会の一カテゴリーについての探求』(未來社、1994)を見よ。

46 Koselleck, *Critique and Crisis*, 25. 邦訳36頁

47 Ibid., 182. 邦訳205頁

48 Carl Schmitt, *The Concept of the Political*, Chicago, IL: University of Chicago Press, 2007, 80–96; Carl Schmitt, *Political Theology II: The Myth of the Closure of Any Political Theology*, Cambridge: Polity, 2008, 129–30.

49 Carl Schmitt, *Political Theology: Four Chapters on the Concept of Sovereignty*, translated by G. Schwab, Chicago, IL : University of Chicago Press, 2005, 8–9, 53–66.
50 Arendt, *Origins of Totalitarianism*, 266-70, emphasis added. 邦訳269頁
51 Ibid.
52 Agamben, *State of Exception*.
53 Hannah Arendt, *Crises of the Republic*, New York: Harcourt Brace, 1972, 119. 邦訳『暴力について』(みすず書房、2000)
54 Arendt, *The Origins of Totalitarianism*, 434.
55 Koselleck, *Critique and Crisis*, 23, 34. 邦訳33、44頁
56 Ibid., 33邦訳;43頁 Habermas, *Structural Transformation of the Public Sphere*, 103. も参照。
57 私たちはここでグラムシがヘーゲルから受け継いだ核心的な議論をパラフレーズしている。Gramsci, [Q11§12],*Selections from the Prison Notebooks*, 323–43を参照。
58 Gramsci, [Q3§34]; *Selections from the Prison Notebooks*, 276. 片桐薫編訳『グラムシ・セレクション』(平凡社ライブラリー、2001)、83頁

---

2 気候リヴァイアサン

1 Roger Revelle and Hans Suess, "Carbon Dioxide Exchange Between Atmosphere and Ocean and the Question of an Increase of Atmospheric CO2 during the Past Decades," *Tellus* 9, no. 1, 1957, 19–20.
2 International Energy Agency, *World Energy Outlook*, 2012. もともと1974年にOECDによって(米国の要請で)国際エネルギー機関が設立されたが、それは富裕国が中東への石油依存にどう対応するかを調整するためのものだった。
3 Gavin Bridge and Philippe Le Billon, *Oil*, London, Polity Press, 2013, 15.
4 Ibid., 9. それゆえ、新たなエネルギー地理学では、抽出過程で必要とされるエネルギー量が抽出物のエネルギーに比較して増大することになる。前世紀のあいだに、世界平均は、1:100から1:30に低下し、一部の新たな抽出方法においては1:5にまで低下している。つまり、かつては平均的な抽出プロジェクトが、投下されたエネルギー量の100倍を生産していたのに対して、現在ではたった30倍、あるいはそれ以下であることが多いのだ。
5 OECDにおいて再生可能エネルギーの総生産量は、1988年から2014年のあいだで(1200TWhから2400TWhへと)2倍になった。International Energy Agency, "Recent Energy Trends in OECD," 2015, International Energy Agency, *Energy Balances of OECD Countries: 2015 Edition*. から引用。2015年には、この再生可能エネルギーのおよそ半分が水力発電から産出されており、環境影響がないわけではない。

6 この排出量の原因を科学的に検討した最良の分析が、気候変動に関する政府間パネル(IPCC)の*Working Group II: Impacts, Adaptation, and Vulnerability. Fifth Assessment Report Technical Summary*, March 31, 2014, Yokohama, Japan.である。2012年2月から2013年2月のあいだで、マウナ・ロアの二酸化炭素濃度は3.26ppm増大し、産業革命以前の約280ppmに対して2013年5月に初めて400ppmを記録した。John Vidal, "Large Rise in CO2 Emissions Sounds Climate Change Alarm," *The Guardian*, March 8, 2013. Kirsten Zickfeld, Michael Eby, H. Damon Matthews, and Andrew J. Weaver, "Setting Cumulative Emissions Targets to Reduce the Risk of Dangerous Climate Change," *Proceedings of the National Academy of Sciences* 106, 2009, 16129–34.

7 International Energy Agency, "CO2 Emissions from Fuel Combustion: Highlights," 2016, 10.

8 2011年、世界の二酸化炭素排出量は過去最高の31.6ギガトン(Gt)に達し、2010年比で1.0Gt(3.2%)増加した(International Energy Agency, 2012)。ダーバン合意の取り組みが開始される2020年では、世界は58Gtを排出するとされており、温暖化を2度上昇に抑えるうえでの排出ギャップは14Gtを上回った。United Nations Environment Programme, The Emissions Gap Report, Nairobi, 2012. 2004年から2013年にかけてマウナ・ロアで測定された大気中の温室効果ガス濃度は2.13%増加しているが、これは10年間で最も速い増加であった。ハワイのマウナ・ロア観測所での「in-situ大気測定」による地球大気中の二酸化炭素濃度(ppm)はwww.co2.earth.で閲覧できる。

9 Mike Davis, "Who Will Build the Ark?" 39.

10 Karl Marx, *Capital*, Vol. I, New York: Penguin Random House, 1992 [1867].

11 Job 28: 25. 邦訳102頁

12 2015年のパリ会合に先立つ外交的失敗については、例えばDavid G. Victor, *The Collapse of the Kyoto Protocol and the Struggle to Slow Global Warming*, Princeton, NJ: Princeton University Press, 2004; Elmar Altvater and Achim Brunnengräber (eds), After Cancún: Climate Governance or Climate Conflicts, Berlin, Germany: Verlag für Sozialwissenschaften and Springer, 2011. を参照。以下でより詳細にパリ協定について論じる。

13 〔訳注:キャップ・アンド・トレードとは、政府が温室効果ガスの総排出量を定め、それを個々の主体に排出枠として配分し、個々の排出枠の一部の移転を認める制度のことである。〕

14 Agamben, State of Exception, 14. 上村忠男・中村勝己訳『例外状態』(未來社、2007)、31頁

15 惑星的主権はシュミットにとっては**無理な推論**であったが、私たちは忠実なシュミット主義者ではない。また、シュミットが主権に付随するものと見なした資本に関しても、私たちの考えは彼と袂を分かつものだ。

16 私たちは**最も可能性のある**という点を強調したい。つまり確実なことは何もな

いのだ。読者にすぐさま思い起こしてほしいのは、プーランザスによって繰り返された論点である。つまり、資本それ自体も資本主義国家も、危機を解決するための自動的あるいは目的論的なメカニズムを持ち合わせていないのだ。「資本総体の内部にも、またたとえ独占資本のみの内部においても、他の資本を繁栄させ続けるためにどの資本が犠牲になるべきかを宣告しうる審級は存在しない」。*State, Power, Socialism*, London: Verso, 1979, 182–83. 田中正人・柳井隆訳『国家・権力・資本主義』(ユニテ、1984)、207頁

17 国連安全保障理事会は、将来の気候変動による政情不安を管理する「環境平和維持軍」や「グリーン・ヘルメット」の設立を検討してきた。"UN Security Council to Consider Climate Change Peacekeeping," *The Guardian*, July 20, 2011. 米国では、気候変動への適応という点でおそらく軍隊がその最先端を行っている。アメリカ海軍は、バイオ燃料のみを使用した環境に優しい兵器である「グレート・グリーン艦隊」を展開している。"US Navy to Launch Great Green Fleet," *The Guardian*, April 20, 2010; National Research Council, "National Security Implications of Climate Change for US Naval Forces," 2011, nap.edu. で閲覧可能。

18 正式な肩書きは次のようなものである。Teresa and John Heinz Professor of Environmental Policy at Harvard University and Assistant to the President for Science and Technology and Director of the White House Office of Science and Technology Policy.

19 "John Holdren, Obama's Science Czar, Says: Forced Abortions and Sterilization Needed to Save the Planet", zombietime.com/john_holdren. で閲覧可能。

20 Paul Ehrlich, Anne Ehrlich, and John Holdren, *Ecoscience: Population, Resources, Environment*, San Francisco: W.H. Freeman, 1977, 942–43.

21 Edward B. Barbier, *A Global Green New Deal: Rethinking the Economic Recovery*, Cambridge: Cambridge University Press, 2010; Larry Lohmann, "Regulatory Challenges for Financial and Carbon Markets," *Carbon and Climate Law Review* 2, 2009, 161–71; Larry Lohmann, "Financialization, Commodification and Carbon: The Contradictions of Neoliberal Climate Policy," *Socialist Register* 48, 2012, 85–107. 今日のパリ協定をめぐる議論の中心にあるのが気候金融である。ボリビア出身の元国連気候変動枠組条約締約国会議大使パブロ・ソロンはパリ協定について次のように説明している。「〔気候金融にかんする節において〕先進国は非常に巧妙な仕方で「提供する」という言葉を「動員する」という言葉に置き換えた」。協定の第9条では「先進締約国は」公的資金、民間投資、融資、炭素市場、そして途上国などのように、「多様な資金源とその手段および経路から**気候金融を動員することを引き続き率先すべき**である」と述べられている〔強調追加〕。「引き続き率先する」というフレーズは、先進締約国がすでに何か価値のあることを行っていると示唆するためのものだ。また、「動員する」というフレーズは民間基金が今後も利用可能なほぼ唯一の選

択肢となることを意味している。公的資金が提供される場合でも、例えば世界銀行のような機関によって仲介される可能性がある。ジャマイカが防潮堤を建設するために融資を受けたと仮定しよう。北側諸国は「気候金融を動員している」ことになり、融資は利子付きで返済されなければならないので、〔パリで締結された〕1000億ドルに確実に換算されることになるだろう。

22 空間的回避については、David Harvey, *The Limits to Capital*, Chicago IL: University of Chicago Press, 1982松石勝彦ほか訳『空間編成の経済理論——資本の限界』(上・下)(大明堂、1989-90)を参照。社会的・エコロジー的回避についてはJames McCarthy, "A Socioecological Fix to Capitalist Crisis and Climate Change? The Possibilities and Limits of Renewable Energy," *Environment and Planning A* 47, no. 12, 2015, 2485–2502.を見よ。

23 Marx, *Capital*, Vol. 1; Richard Walker and David Large, "The Economics of Energy Extravagance," *Ecology Law Quarterly* 4, 1975, 963–85; Harvey, *The Limits to Capital*; Neil Smith, *Uneven Development: Nature, Capital and the Production of Space*, London, Oxford: Blackwell, 1984; Leigh Johnson, "Geographies of Securitized Catastrophe Risk and the Implications of Climage Change," *Economic Geography* 90, 2014, 155–85. John Bellamy Foster, Brett Clark, and Richard York, *The Ecological Rift : Capitalism's War on the Earth*, New York: Monthly Review Press, 2010; Joel Wainwright, "Climate Change, Capitalism, and the Challenge of Transdisciplinarity," *Annals of the Association of American Geographers* 100, 2010, 983–91.

24 ル・ブルジェ空港は、1927年にチャールズ・リンドバーグが大西洋横断飛行後に着陸した場所である。私たちは光栄なことに、その城壁からパリ会合に参加することができた。

25 "World Leaders Hail Paris Climate Deal as 'Major Leap for Mankind,' " *The Guardian*, December 12, 2015.

26 Julie Hirschfeld Davis, "Obama, Once a Guest, Is now a Leader in World Talks," *New York Times*, December 12, 2015. ガーディアンは公平を期すために、この一方的な一面記事を、パリのCOP21周辺で行われた様々な形態の抗議行動を示すフォトエッセイによって「バランスをとっている」。Eric Hilaire, "Thousands Defy Paris Protest Ban to Call for Climate Action—in Pictures," *The Guardian*, December 10, 2015.を見よ。しかし、このフォトエッセイには、抗議行動において示された、イデオロギー的で社会的・空間的な差異を読者が理解できるようなテクストは何も含まれていない。それゆえ、抗議活動の表象は、異質で分裂した集団を平らにし同質化するようなものとなった。

27 George Monbiot writing in *The Guardian*, December 12, 2015.

28 United Nations, Conference of the Parties, "Adoption of the Paris Agreement," Twenty-first Session, 30 November–11 December 2015, Article 4, para 1, 21

29 Kyoto Protocol, Article 11 unfccc.intで閲覧可能

30 John Foran, "The Paris Agreement: Paper Heroes Widen the Climate Justice Gap," System Change Not Climate Change, December 17, 2015, parisclimatejustice.org.

31 Pablo Solón, "From Paris with Love for Lake Poopó," Observatorio Boliviano de Cambio Climático y "Desarrollo," December 21, 2015.

32 David Beers, "Naomi Klein, Bill McKibben Knock Paris Climate Deal," *The Tyee*, December 14, 2015, thetyee.ca. その後の素晴らしいエッセイ("Let Them Drown," *London Review of Books*, June 2, 2016)で、クラインはこう書いている。パリでの目標——温暖化を2℃以下に抑えること——は、「向こう見ずなものどころではなかった。2009年のコペンハーゲンでそれが発表されたとき、アフリカの代表団はそれを「死刑宣告」と呼んだ。土壇場で、パリ協定に各国は「気温上昇を1.5℃に抑える努力」を追求するという条項が追加された。これは単に拘束力のない約束であるばかりか、ただの嘘であった。つまり、私たちはそのような努力をしていないのだ。この約束をおこなった政府は現在、より多くのフラッキングとタールサンド開発を推進しており、これでは1.5℃どころか2℃も全く不可能である」。

33 Megan Darby, "COP21: NGOs React to UN Paris Climate Deal," *Climate Home*, December 12, 2015.

34 Oliver Milman, "James Hansen, Father of Climate Change Awareness, Calls Paris Talks 'a Fraud'," *The Guardian*, December 12, 2015.

35 Paris Agreement, p. 3, para 17

36 Davis, "Who Will Build the Ark?"; Giovanni Arrighi, *Adam Smith in Beijing: Lineages of the Twenty-first Century*, London: Verso, 2007, part IV 中山智香子監訳『北京のアダム・スミス—— 21世紀の系譜学』(作品社、2011) ; Patrick Bigger, "Red Terror on the Atmosphere," Antipode, July 2012, radicalantipode.files.wordpress.com. も見よ。

37 Alain Badiou, *The Communist Hypothesis*, London: Verso, 2010, 262–79. 市川崇訳『コミュニズムの仮説』(水声社, 2013)

38 Minqi Li, "Capitalism, Climate Change, and the Transition to Sustainability: Alternative Scenarios for the US, China and the World," *Development and Change* 40, 2009, 1055–57.

39 Dale Wen, "Climate Change, Energy, and China," in Kolya Abramsky (ed.), *Sparking a Worldwide Energy Revolution*, Baltimore, MD, and Oakland, CA: AK Press, 2010, 130–54. と比較せよ。

40 Y. Wang, J. Hao, M. McElroy, J. W. Munger, H. Ma, D. Chen, and C. P. Nielsen, "Ozone Air Quality during the 2008 Beijing Olympics: Effectiveness of Emission Restrictions," *Atmospheric Chemistry and Physics* 9, 2009, 5237–5.

41 "Hummer: China isn't Buying it Either" [Editorial], *Los Angeles Times*, February 25, 2010

42 "China's Great Green Wall Grows in Climate Fight," *The Guardian*,

September 23, 2010.「政府統計によれば、一般市民が過去10年間に中国全土に約560億本の木を植えたとされる。2009年だけでも、588万ヘクタールの森が植林された」。

43 Andrew Jacobs, "China Issues Warning on Climate and Growth," *New York Times*, February 28, 2011.

44 Oliver Milman and Stuart Leavenworth, "China's Plan to Cut Meat Consumption by 50% Cheered by Climate Campaigners," *The Guardian*, June 20, 2016.「中国人は現在、平均して年間63kgの肉を消費しているが、この傾向を阻止するために何も対策がとられなければ、2030年までにさらに一人当たり30kg増加すると予想されている。新しいガイドラインにしたがうと年間14kgから27kgあたりに減少するだろう」。

45 中国における最近の自発的な「国境税調整」プログラムでは、エネルギー集約型生産物の輸出削減が目標となっている(Wen, "Climate Change, Energy, and China," 143–46)。これと対照的なものとしては Jonathan Watts, "Chinese Villagers Driven Off Land Fear Food May Run Out," *The Guardian*, May 19, 2011.を参照。

46 Mao Tse-Tung, "Analysis of Classes in Chinese Society," in *Selected Works of Mao Tse-Tung*, vol. I, Peking: Foreign Languages Press, 1926. 控えめに言っても、毛沢東(とより一般的には毛沢東主義)の作品は、現代の英語圏のマルクス主義的著作においてほとんど言及されることがない。ガヤトリ・スピヴァクは、そのエッセイ「サバルタンは語ることができか」のよく知られた一節において、フーコーやドゥルーズが「思想史および経済史におけるヨーロッパ中心主義的含意」に対処できていないと批判した。彼女が強調しているように、その例証はかれらが「毛沢東主義」に曖昧に言及しているという点だ。(Spivak, "Can the Subaltern Speak?" in Cary Nelson and Lawrence Grossberg (eds), *Marxism and the Interpretation of Culture*, Urbana: University of Illinois Press, 1988, 272). スピヴァクによれば、かれらの「毛沢東主義」は「単に物語の特殊性という雰囲気をつくるだけで」、それが「「アジア」を透明にしてしまう」という点を除くと、「無邪気で平凡なレトリック」にすぎない。西欧マルクス主義の伝統にもとづいて(まだ活気ある)毛沢東主義的伝統から変革展望を引きだそうとすると、こうした誤りを犯す危険性があるというわけだ。しかし、毛沢東主義を無視することはもっと間違っている。世界史的現象としてマルクス主義には毛沢東主義が重要であるが、ヨーロッパ中心主義はこの点を軽視しがちである。問題点があるにもかかわらず、私たちが毛沢東と毛沢東主義を議論するのは、こうした傾向を修正するためである。

47 "Final Declaration of the World People's Conference on Climate Change and the Rights of Mother Earth," Cochabamba, Bolivia, April 26, 2010, readingfromtheleft .com.で閲覧可能。

48 Mao, "On Contradiction," in *Selected Works of Mao Tse-Tung*, Vol. I, 321–32.『毛沢東選集第3巻』(三一書房、1952)、25-26頁

49 Minqi Li, *The Rise of China and the Demise of the Capitalist World Economy*, New York: Monthly Review, 2008; Stefan Harper, *The Beijing Consensus: How China's Authoritarian Model Will Dominate the Twenty-First Century*, New York: Basic Books, 2010.

50 私たちはもちろん、毛沢東の影響を受けた非常に様々な運動をあまりにも完結に要約していることを自覚している。Achin Vanaik, "The New Himalayan Republic," *New Left Review* II/49, 2008, 47–72; S. Giri, "The Maoist 'Problem' and the Democratic Left in India," *Journal of Contemporary Asia* 39, 2009, 463–74; Bruce Cumings, "The Last Hermit," *New Left Review* II/6, November–December 2000, 150–54. を参照。

51 Li, *The Rise of China and the Demise of the Capitalist World Economy*, 187.

52 Patricia Springborg, "Hobbes and Schmitt on the Name and Nature of Leviathan Revisited," *Critical Review of International Social and Political Philosophy* 13, 2010, 297–315. ビヒモスに対するホッブズのインスピレーションは、ヨブ記40:15(「見よ、わたしが君と一緒につくった怪獣を。彼は牛のように草を食べる」)に由来すると考えられるが、この一節は「作品中で最も極端に論理飛躍がある箇所の一つ」なので自明なことではない。D. Wolfers, "The Lord's Second Speech in the Book of Job," *Vestum Testamentum* 40, 1990, 474–99. シュミットは、少なくとも洞察力のある人物だが、この点を詳細に考察するという責任を棚に上げている。Tomaz Mastnak, "Schmitt's Behemoth," *Critical Review of International Social and Political Philosophy* 13, 2010, 275–96. シュミットは、リヴァイアサンとビヒモスの壮大な衝突について、「ユダヤ・カバラ的解釈」によれば「世界史は[…]異教徒たちの闘争」であると述べている。Carl Schmitt, *The Leviathan in the State Theory of Thomas Hobbes: Meaning and Failure of a Political Symbol*, Chicago, IL: University of Chicago Press, 2008 [1938], 8–9.

53 ビヒモスの気候変動否定論は、おそらく機能上は化石燃料に依存した経済的利害に還元することもできるが、そうした説明にはほとんど説得力がない。第一に、資本は異質的なものであり、ほとんどの分派はリヴァイアサンの惑星的解決をより好むだろうからだ。第二に、階級政治は決して社会的差異から独立して作動するわけではなく、資本(ましてやそのある部門)がビヒモスの背後にある唯一の要素では全くないからである。したがって、より合理的な経済政策を提案することでビヒモスを打ち負かすことができると期待することは大きな誤りだろう。

54 Schmitt, *The Leviathan in the State Theory of Thomas Hobbes*, 21; Robert Kraynak, "Hobbes' Behemoth and the Argument for Absolutism," *American Political Science Review* 76, 1982, 837–47.

55 Franz Neumann, Behemoth: *The Structure and Function of National Socialism*, London: V. Gollancz, 1942. 岡本友孝・小野英祐・加藤栄一訳『ビヒモス——ナチズムの構造と実際 1933-1944』(みすず書房、1963)

56 Thomas Hobbes, *Behemoth or the Long Parliament*, London: Simpkin, Marshall and Co., 1889 [1681], 26, 23. 山田園子訳『ビヒモス』(岩波文庫、2014)、50、55頁

57 その見事に「現実主義的」な例については、Christian Parenti, *Tropic of Chaos: Climate Change and the New Geography of Violence*, New York: Nation Books, 2011. を参照。

58 Fredric Jameson, "Future City," *New Left Review* II/21, May–June 2003, 76.

59 Walter Benjamin, *Illuminations*, New York, Schocken Books, 1969, 257. 山口裕之訳『ベンヤミン・アンソロジー』(河出書房新社、2011)、368頁

60 Ibid. 気候Xに関する私たちの分析は、柄谷行人のそれに負っている。Kojin Karatani, *Transcritique: On Kant and Marx*, Cambridge, MA: MIT Press, 2003 283–306, and Kojin Karatani, "Beyond Capital Nation State," *Rethinking Marxism* 20, 2008, 569–95. On the geographies of X, see Kojin Karatani and Joel Wainwright, "'Critique Is Impossible without Moves': An Interview with Kojin Karatani," *Dialogues in Human Geography* 2, 2012, 30–52.

3　適応のポリティクス

1 Albert Einstein, "Foreword," in Max Jammer, *Concepts of Space: The History of Theories of Space in Physics*, New York: Harper, 1960 [1953], xiii.

2 ステレオタイプ的には白衣を着た白人男性というイメージだろう。

3 IPCCの歴史的概略については、Jamieson, *Reason in a Dark Time*, 32–33. を参照。

4 気候科学の主張をどう解釈するかについては、Candis Callison, *How Climate Change Comes to Matter: The Communal Life of Facts*, Durham, NC: Duke University Press, 2014. を参照。

5 Thompson, "Climate Change," 153.

6 Ibid.

7 本節の一部は、Joel Wainwright, "Climate Change and the Challenge of Transdisciplinarity," *Annals of the Association of American Geographers* 100, 2010, 983–91. を改稿したものである。

8 「社会科学」の学者と「人文学」の学者は、異なる仕方で、通常はほとんど共同作業もなしにではあるが、同じ事柄を多く研究している。アレン・ブルームの言葉を借りるならば、両学問分野は「18世紀末ころに人間が[…]自然から、またそれゆえ自然科学や自然哲学の領域から決定的に排除されたことによって生じた危機に対する二つの反応である」(Allen Bloom, *The Closing of the American Mind*, New York: Touchstone, 1987, 357)。ブルームにとって、両者の差異は「次の事実に帰結する。すなわち、社会科学が真に予測をおこなう学問であろうとすること、つまりそれが人間とは予測可能な存在であると主張するのに対して、

人文学はそうではないと主張するということだ」。

9 Bruno Latour, *Science in Action*: How to Follow Scientists and Engineers through Society, Cambridge, MA: Harvard, 1987, 2.

10 こう言ったからといって、決して、科学的実践を検討する必要性や、気候に関する知識の社会的性質を否定したいわけではない。(Michael Hulme, *Why We Disagree About Climate Change*. Cambridge: Cambridge University, 2009を参照)。むしろ、それは諸科学における知の生産と人文学におけるそれの実質的差異(相対的でしかないが)を認識するためである。気候科学が複合的な学問分野である理由は、その対象(気候)が固定的境界のない過程の総和にほかならないからだ。その基礎は主として物理学と化学に由来する。

11 Antonio Gramsci, [Q11 § 12] *Selections from the Prison Notebook*, translated and edited by Quintin Hoare and Geoffrey Nowell Smith, New York: International Publishers, 1971, 323–25.

12 グラムシの「絶対的歴史主義」については、ibid., 465 [Q11 § 27], 417 [Q15 § 61]を参照。さらにグラムシは、獄中ノートにおいて独自の科学哲学を展開しているが、それは気候をめぐる現在の論争に大きく関係している(本章でもそれを援用する)。彼によれば、科学は社会的実践の反復である。身体と道具は、科学をつうじて新しい方法で結びつけられ、人間の世界把握を進展させるというわけだ。こうしてグラムシは、科学が現実を研究するための客観的過程であるという一般的な考え方を否定する。グラムシの理解では、客観性は存在の条件ではなく、イデオロギー的配置にほかならない。「客観的とはただ次のことを意味している。すなわち、ある者がなにかを客観的であり、客観的な現実であると主張していること、つまり、みなが確かめられる現実であり、たんなる特殊な立場や集団の立場から独立した現実であると主張しているということだ。しかし基本的には、こうした客観性の主張もまた世界の特殊な概念であり、イデオロギーなのである」(Gramsci, [Q11 § 37] *Further Selections from the Prison Notebooks*, Minneapolis: University of Minnesota Press, 1995, 291)。しかし、もし客観性が科学的真理の基礎でないのならば、何がその基礎となるのだろうか。答えは科学の社会的反復可能性にある。「科学的真理が決定的なのものであるならば、科学は科学として、探求として[…]存在することをやめるだろう。[…]だが、幸いなことに科学にとってはそうではなかった」(ibid., 292 邦訳『グラムシ・セレクション』211-2頁)。科学的真理が強力な理由は、それが開かれたままであるからだ。すなわち、反論がいつまでも存在し、異なる学派が並行して探求を続けていること、そして今日科学者が正しいと見なしていることが、そうでなくなるかもしれないということである。グラムシのアプローチは、知識の生産に関連する他のあらゆる行為と同じレベルに、科学的実践を位置づけている。こうして科学的客観性が置き換えられることで、ヘゲモニーを構成する他の要素——社会的集団どうしの対立や統合国家など——を捨象することなく、科学的実践の独自性を認識する道が切り拓かれる(Joel Wainwright and Kristin Mercer, "The Dilemma of Decontamination: A Gramscian Analysis of the Mexican

Transgenic Maize Dispute," *Geoforum* 40, 2009, 345–54. を参照）。

13 Albert Einstein, *Why Socialism?* New York: Monthly Review Press, 1951, 4「何故社会主義か」日本物理学会『科学・社会・人間』（94号、2005）

14 Ibid., 4–5.

15 Ibid., 5〔強調追加〕

16 Thompson, "Climate Change," 167.

17 ホルドレン（第2章を参照）は、新マルサス主義者ポール・エーリックと共著で人口に関する論文をいくつか出版し、1970年代に環境科学における主要な人物となった。例えば、Paul Erlich and John Holdren, "Impact of Population Growth," Science 171, March 26, 1971, 1212–17を見よ。良く知られたI = PAT定式（人間が環境に与える影響（I）は、人口（P）、豊かさあるいは消費のレベル（A）、テクノロジー（T）の関数である）はこの論文に由来するものだ。

18 2010年5月27日ワシントンD.C.で開催された「全国気候適応サミット」でのホルドレン大統領補佐官兼大統領府科学技術政策局長の発言は、climatesciencewatch.org.で閲覧できる。「緩和・適応・苦難」という言葉を検索して見つかる文献のパターンから判断すると、ホルドレンは2006年ころから、このレトリカルで魅力的な三称定式を使い始めたようだ。2007年のテクストでは、この定式が幅広く彼のものとされている（例えば、無題のスライド <belfercenter.hks.harvard.edu/files/jph_scienceupdate_2_07.pdf>の60・69ページを参照）。2010年になると、ホルドレンへの言及なしに一般的に使用されるようになった。

19 エアコンの政治的エコロジーについては、Stan Cox, *Losing Our Cool*, New York: New Press, 2010. を参照。

20 Thompson, "Climate Change," 167.

21 IPCC評価報告書プロセスの他の成果と同様に、報告書・技術要約・政策者向け要約の三つは一つの過程を表現したものである。AR5文書とその作成状況についての説明は、www.ipcc.ch. を参照。〔訳注：AR5文書について説明するために環境省が作成した日本語ホームページについてはhttps://www.env.go.jp/earth/ipcc/5thを参照。〕

22 「IPCCの「政府間」という性格は、影響力のある成果としてIPCCが多くの人々から賞賛されてきた理由の一つである。その報告書は、各国政府が地政学的交渉を行う際に、各国の科学アカデミーや第三者評価では考えられないような仕方で耳を傾けられる」（Mike Hulme, "1.5° C and Climate Research after the Paris Agreement," *Nature Climate Change* 6, 2016, 223.）。

23 データはIntergovernmental Panel on Climate Change, Working Group II Fact Sheet: Climate Change 2014: Impacts, Adaptation, and Vulnerability. にもとづく。AR5第2作業部会の文書については、ホームページwww.ipcc-wg2.awi.deを参照。

24 Intergovernmental Panel on Climate Change, Working Group II Fact Sheet を参照。

25 IPCC, Top-Level Findings from the AR5 Working Group II Summary for Policymakers. www.ipcc.ch.で閲覧可能。〔訳注：環境省のホームに掲載の日本語訳についてはhttps://www.env.go.jp/content/900442301.pdfを参照。〕

26 Michel Foucault, *Archaeology of Knowledge*, New York: Routledge, 2002 [1969].

27 IPCC, AR5 Working Group II, Box TS-5 Fig. 1.を参照。RCPとは代表的濃度経路(Representative Concentration Pathways)の略称である。それは、将来の炭素排出量(大気中の相対的な炭素濃度)のシナリオであり、事実上の未来予測となっている。

28 繰り返しになるが、私たちの政治経済的分析はRCP 8.5と同じ気温上昇を主張するものだ。しかし、ここではより保守的な評価について議論する方が有益である。

29 IPCC, Fifth Assessment Report, Working Group II, Technical Summary, 25.

30 Ibid., 7.

31 Ibid., 32.

32 Summary for Policymakers, 28

33 この節は、以下の適応に関する優れた批判的研究に負っている。Roman Felli, *La grande adaptation: Climat, capitalisme, catastrophe*, Paris: Seuil, 2015; Marcus Taylor, The Political Ecology of Climate Change Adaptation, London: Routledge, 2014; Michael Watts, "Now and Then: The Origins of Political Ecology and the Rebirth of Adaptation as a Form of Thought," in Tom Perreault, Gavin Bridge, and James McCarthy (eds), *The Routledge Handbook of Political Ecology, Abingdon*, Oxon, UK: Routledge, 2015, 19–50; and Jeremy Walker and Melinda Cooper, "Geneaologies of Resilience," *Security Dialogue* 42, no. 2, 2011, 413–60.

34 George Lakoff and Mark Johnson, *Metaphors We Live By*, Chicago, IL: University of Chicago Press, 1980.を参照。

35 生物学でこうしたプロセスを研究する際の分析単位は種の個体群だが、最終的にはその個体群の遺伝的構成のレベルで変化が生じる。こうした理由から、進化論者の中には遺伝子を分析単位とする者もいる。この論争については、以下の著作を比較せよ。Richard Levins and Richard Lewontin, *The Dialectical Biologist*, Cambridge, MA: Harvard University Press, 1985, Richard Dawkins, *The Selfish Gene*, New York: Oxford University Press, 2016.

36 作物の地域的適応については、Kristin Mercer and Hugo Perales, "Evolutionary Response of Landraces to Climate Change in Centers of Crop Diversity." *Evolutionary Applications* 3, no. 5 - 6, 2010, 480–93.を参照。この段落の執筆に協力してくれたマーサーに感謝する。

37 Yves Vigouroux, et al., "Selection for Earlier Flowering Crop Associated with Climatic Variations in the Sahel," *PLoS One* 6, no. 5, 2011, e19563.

38 こうした適応概念は、農業システムの農学的・経済的な存続可能性を議論する

際に導入されることはほとんどない。国際フォーラムでは、遺伝子導入が農業的適応にとって重要なテクノロジーとしてしばしば(問題視されながらも)支持されている。Kristin Mercer, Hugo Perales and Joel Wainwright, "Climate Change and the Transgenic Adaptation Strategy: Smallholder Livelihoods, Climate Justice, and Maize Landraces in Mexico," *Global Environmental Change* 22, 2012, 495–504.を参照。

39 構造的機能主義は、人文学の分野では幅広く批判されながらもほとんど目にすることのない厄介な問題である。人文地理学における適応概念の意味について、ワッツは次のように重要な指摘をおこなっている。「人文科学において、「適応」という言葉は[…]つねに一方では構造的機能主義、他方では生物学的還元主義という問題を抱えてきた」(Michael Watts, "Adaptation," in Derek Gregory, Ron Johnston, Geraldine Pratt, Michael Watts, and Sarah Whatmore (eds), *The Dictionary of Human Geography*, 5th Edition, Hoboken, NJ: Wiley-Blackwell, 2009, 8; Watts, "Now and Then."を参照)。私たちのここでの批判対象は、惑星レベルの緊急事態を軽視する根拠として、人間の適応能力を賞賛するといった陳腐な諸見解である。

40 「適応の問題で最も気になる点は、逆説的だが人間が極めて適応しやすい存在であるという事実だろう。私たちはまさにこの適応性によって、人間生活に最も特徴的な価値観をゆくゆくは破壊することになる条件や習慣に順応できるのだ」(René Dubos, *Man Adapting*, New Haven, CT: Yale University Press, 1965, 278.)。

41 「「自然」「自然的秩序」「自然法」「自然権」といった用語に続いて[…]公的生活を改革する方法が主張されないことなど——少なくとも西洋の伝統においては——決してなかった。[…]自然という概念に訴えられると、**それによって正当化される集合体は、その起源を保証することになる「自然性」という存在論的特性よりも、無限に大きな意味をもつようになる**」(Bruno Latour, *Politics of Nature*, Cambridge, MA: Harvard University Press, 2004, 28–29、原文強調)。

42 ダーウィンのテクストはこうした流用を生み出してきた。Valentino Gerratana, "Marx and Darwin," *New Left Review* I:82, 1973, 60–82.を参照。

43 Philip Shabecoff , "Global Warming Has Begun, Expert Tells Senate," *New York Times*, June 24, 1988.ハンセンの1988年証言の性質と有効性については、Richard Besel, "Accommodating Climate Change Science: James Hansen and the Rhetorical/Political Emergence of Global Warming," *Science in Context* 26, no.1, 2013, 137–52.を参照。

44 Shoibal Chakravarty, Ananth Chikkatur, Heleen de Coninck, Stephen Pacala, Robert Socolow, and Massimo Tavoni, "Sharing Global CO2 Emission Reductions among One Billion High Emitters," *Proceedings of the National Academy of Sciences* 106, 2009, 11884–88; cited in Jamieson, *Reason in a Dark Time*, 131.

45 Vikrom Mathur and Aniruddh Mohan, "From Response to Resilience:

Adaptation in a Global Climate Agreement," ORF Occasional Paper 76, 2015, 2.を参照。

46 例えば以下を参照。「既存のそして新たな経済的手段は、今後の影響を予測し軽減するためのインセンティブを提供することで適応を促進できる(証拠が中程度)。その手段には、官民の資金調達パートナーシップ、融資、環境サービスへの支払、資源価格の改善、助成金と補助金、規範と規制、リスク配分と移転メカニズムが含まれる」(IPCC, "Climate Change 2014: Synthesis Report. Contribution of Working Groups I, II and III to the Fifth Assessment Report of the Intergovernmental Panel on Climate Change," Geneva, Switzerland, 2014, 107.)。

47 地球の炭素排出量の不平等については、J. Timmons Roberts and Bradley C. Parks, *A Climate of Injustice: Global Inequality, North-South Politics, and Climate Policy*, Cambridge, MA: MIT Press, 2007.を参照。

48 Robert Coase, "The Problem of Social Cost," *Journal of Law and Economics* 3, 1960, 1–44; Tamra Gilbertson and Oscar Reyes, "Carbon Trading: How it Works and Why it Fails," Dag Hammerskjöld Foundation, Occasional Paper no. 7, 2009はtni.orgで閲覧できる。

49 気候移住の権利概念を擁護する二つの議論については、François Gemenne, "One Good Reason to Speak of 'Climate Refugees'," *Forced Migration Review* 49, 2015, 70–71; Matthew Lister, "Climate Change Refugees," *Critical Review of International Social and Political Philosophy* 17, 2014, 618–34.を参照。気候移住はIPCC, AR5 Working Group II, 2014, Chapter 12, section 4, "Migration and Mobility Dimensions of Human Security."においても言及されている。それは、次のように関連文献の主要な成果を要約している。「気候変動は、移住の形態に大きな影響を及ぼし、人間の安全保障を損なうだろう。[…]大規模な異常気象は、過去にも大きな人口移動につながったし、異常気象の発生率の変化はそうした移住の課題とリスクを増大させるだろう。多くの脆弱な立場の人々は、洪水、暴風雨、干ばつの影響を避けるための移動を可能とする資源をもっていない。[…]移住と移動は、気候変動を経験する世界のすべての地域で適応戦略となっている。さらに、特に中低所得国の農村部や都市部では、移動能力に欠ける特定の集団が、天候に由来する異常気象にさらされる可能性が高い。移動の機会を拡大することで、気候変動にたいする脆弱性を軽減し、人間の安全保障を強化することができるだろう」。気候難民によって世界が占領されるという物語を批判的に考察したものとしては、以下を参照。Sanjay Chaturvedi and Timothy Doyle, *Climate Terror: A Critical Geopolitics of Climate Change*, London: Palgrave Macmillan, 2015, Chapter 5; Giovanni Bettini, "Climate Migration as an Adaption Strategy: De-securitizing Climate-induced Migration or Making the Unruly Governable?" *Critical Studies on Security* 2, 2014, 180–95; Carol Farbotko and Heather Lazrus, "The First Climate Refugees? Contesting Global Narratives of Climate

Change in Tuvalu," *Global Environmental Change* 22, 2012, 382–90; Roman Felli, "Managing Climate Insecurity by Ensuring Continuous Capital Accumulation: 'Climate Refugees' and 'Climate Migrants'," *New Political Economy* 18, no. 3, 2013, 337–63; Etienne Piguet, "From 'Primitive Migration' to 'Climate Refugees': The Curious Fate of the Natural Environment in Migration Studies," *Annals of the Association of American Geographers* 103, 2013, 148–62.

50 McKenzie Funk, *Windfall: The Booming Business of Global Warming*, New York: Penguin, 2014.「安全保障」と北極の融解から利益を得る試みについては、以下を参照。Leigh Johnson, "The Fearful Symmetry of Arctic Climate Change: Accumulation by Degradation," *Environment and Planning D: Society and Space* 28, no. 5, 2010, 828–47; Eric Bonds, "Losing the Arctic: The US Corporate Community, the National-Security State, and Climate Change," *Environmental Sociology* 2, no. 1, 2016, 5–17.

51 Eric Swyngedouw, "Apocalypse Forever: Post-Political Populism and the Specter of Climate Change," *Theory, Culture & Society* 27 nos. 2–3, 2010, 213–32. を見よ。ジェームズ・マッカーシーによるスウィンゲドーの批判は正しい。「気候変動の政治とその政治化をめぐるまさに実質的に重要で現在進行中の闘争は、スウィンゲドーが考えるような「ポスト政治的」ダイナミクスとは正反対のものである」(James McCarthy, "We Have Never Been Post- Political," *Capitalism, Nature, Socialism* 24, no. 1, 2013, 23.)。

52 Timothy Mitchell, "Carbon Democracy," *Economy and Society* 38, no. 3, 2009, 401. 私たちは民主主義の自然史に関するミッチェルの分析から多くを学んだが、残念ながらマゼン・ラバンが次のように言うのは正しい。「ミッチェルは、カーボン・デモクラシーの自然史から資本主義を完全に排除し、マルクスの言葉を借りるならば、「特定の社会的関係が物に本来備わっている社会的属性として現象するように」人間どうしの社会的関係を物と人間との関係に置き換えた」(Labban, "On Timothy Mitchell's *Carbon Democracy: Political Power in the Age of Oil*," Antipode, 2013, antipodefoundation.orgで閲覧可能)。

---

4 政治的なものの適応

1 Antonio Gramsci, [Q13 § 20] *Selections from the Prison Notebook*, translated and edited by Quintin Hoare and Geoffrey Nowell Smith, New York: International Publishers, 1971, 133. 石堂清倫編訳『グラムシ獄中ノート』(三一書房、1978)、27頁

2 例えば、シャンタル・ムフ、ジャック・ランシエール、アラン・バディウ、スラヴォイ・ジジェクなどを見よ。

3 Slavoj Žižek, *Living in the End Times*, New York, Verso, 2011, ix.

4 それゆえ「根拠」という言葉が適切である。なぜなら、どんな形態であれ、「政治的なもの」には、その展開や形成を可能とする時空間的文脈が含まれているからである。

5 John Gray, *Liberalism*, Second Edition, Minneapolis, MN: University of Minnesota Press, 1986: x. 藤原保信・輪島達郎訳『自由主義』(昭和堂、1991)

6 Domenico Losurdo, *Liberalism: A Counter-History*, New York: Verso, 2011, 322.

7 Harold Laski, *The Rise of European Liberalism*, London: Routledge, 1996, 168. 石上良平訳『ヨーロッパ自由主義の發達』(みすず書房、1951)

8 これがロズールドの主要な主張である。

9 John Rawls, *A Theory of Justice*, Cambridge, MA: Harvard University Press, 1971; Jürgen Habermas, Between Facts and Norms, Cambridge, MA: MIT Press, 2004. 川本隆史ほか訳『正義論』(紀伊國屋書店、2010)、河上倫逸・耳野健二訳『事実性と妥当性』(未來社、2002-2003)

10 John Rawls, *Political Liberalism*, New York: Columbia University Press, 1993. 神島裕子・福間聡訳『政治的リベラリズム』(筑摩書房、2022)

11 Tracy Strong, "Foreword: The Sovereign and the Exception: Carl Schmitt, Politics and Theology," in Carl Schmitt, *Political Theology*, Chicago: University of Chicago Press, 2005, xvi. シュミットにおいては「政治的なものに対する闘争ほど現代的なものはない」(*Political Theology*, 65)とされる。田中浩・原田武雄訳『政治神学』(未來社、1971)、85頁

12 Nicos Poulantzas, "Preliminaries to the Study of Hegemony in the State," in James Martin (ed.) *The Poulantzas Reader: Marxism, Law, and the State*, London: Verso, 2008 [1965], 80, 83(強調原文) 田中正人訳『資本の国家——現代資本主義国家の諸問題』(ユニテ、1983)、41頁

13 Ibid., 83. 邦訳46-48頁。私たちの読解では、プーランザスは「「社会的」関係」の「社会的」という言葉に引用符をつけて、それが自然的関係でもあるという点を強調している。この一節は、資本主義社会における政治的なものの形成に関する自然史を強調するものであり、「彼が今なお生きていれば、政治的エコロジストになっていただろう」というボブ・ジェソップの主張を裏付けている(2013年5月の私信より)。

14 Michel Foucault, *Birth of Biopolitics: Lectures at the Collège de France, 1978–1979*, New York: Picador, 2008, 317, n.21. 慎改康之訳『生政治の誕生——コレージュ・ド・フランス講義1978-1979年度』(筑摩書房、2008)、27、394頁

15 Ibid.; 64–65. 邦訳78、80頁

16 *Ibid.*, 318 邦訳392頁; Schmitt, *Political Theology*, 65.〔『政治神学』85頁〕

17 Carl Schmitt, *The Concept of the Political*, Chicago, IL: University of Chicago Press, 2007, 70. 権左武志訳『政治的なものの概念』(岩波文庫、2022)、80、81頁

18 フーコーが「政府」と国家を同一視していないからといって、リベラル政治に

関する彼の分析の限界が克服されるわけではない。じじつ、国家を多くの統治形態の一つにすぎないものとみなす限り、その問題の固有性はあいまいになる。フーコーの議論は、いかにして非国家的領域もまた統治を行うかを明らかにしうるという利点を持っているが、国家の固有性とは何か(リベラルな政治理論が示唆するほど独特ではないにせよ)、あるいは少なくとも国家の独自性とは何かについての理解を妨げてもいる。

19 Schmitt, *Concept of the Political*, 71.『政治的なものの概念』82-84頁

20 Geoff Mann, *In the Long Run We Are All Dead: Keynesianism, Political Economy and Revolution*, London: Verso, 2017, 182–214, 366–96.

21 両者の違いは以下の論文で詳しく論じられ(そしてシュミットが批判され)ている。Peter Thomas, "Gramsci and the Political: From the State as 'Metaphysical Event' to Hegemony as 'Philosophical Fact'." *Radical Philosophy* 153, 2009, 27–36.

22 Antonio Gramsci, [Q. 4, § 45] *Selections from the Prison Notebooks*, Vol. II, edited and translated by Joseph A. Buttigieg, New York: Columbia University Press, 2011, 194–5.

23 Ibid.

24 Lucio Colletti, "Introduction," in Karl Marx, *Early Writings*, London: Penguin, London, 1975, 8–15.

25 レーニンは後に、こうした厳密なタイプの唯物論から時々自ら距離をとっていると思われる。例えばV. I. Lenin, *Collected Works*, Vol. 38, Moscow: Progress Publishers, 1972, 114.を参照。レーニン『哲学ノート』55頁

26 Gramsci, [Q4 § 25] *Prison Notebooks*, Vol. II, 164. 代久二編『グラムシ選集2』(合同出版、1962)、212-213頁

27 「カント派」とはルカーチが『歴史と階級意識』を執筆した後に彼に投げかけられた中傷でもある。この時期にカント派であることは明らかに都合の悪いことだったが、この点は、マルクスがヘーゲル主義者よりもカント主義者だったというルチオ・コレッティと柄谷行人の説得力ある議論をふまえると検討に値する。Lucio Colletti, Marxism and Hegel, London: New Left Books, 1973; Kojin Karatani, Transcritique: On Kant and Marx, Cambridge, MA: MIT Press, 2003 柄谷行人『トランスクリティーク』(岩波書店、2010)を参照。

28 特にアントニオ・ラブリオーラとベネデット・クローチェの観念論がそうであった。ラブリオーラはグラムシが敬愛するヘーゲル=マルクス主義哲学者である。『獄中ノート』のなかでマルクス主義を意味するお気に入りの隠語と通常みなされている「実践の哲学」という言葉を作り出したのは、ラブリオーラである(Walter Adamson, *Hegemony and Revolution: A Study of Antonio Gramsci's Political and Cultural Theory*, Berkeley, CA: University of California Press, 1980, 114.)。「実践の哲学」がたんにマルクス主義の同義語ではないという議論については、Peter Thomas, The Gramscian Moment: Philosophy, Hegemony, and Marxism. Amsterdam: Brill, 2009, 105–108.を参照。

29 Lenin, *Collected Works*, Vol. 14,146, 294.『レーニン全集14』171、355頁

30 Gramsci, *Prison Notebooks*, Vol. II, 153. 1844年にマルクスは次のように書いている。「ここにおいて、貫徹された自然主義あるいは人間主義が、観念論とも唯物論とも異なっていること、また同時に、それがこれら両者を統治する真理であるということをわれわれは見いだす。同時にわれわれは、自然主義だけが世界史の行為を概念的に把握する能力をもつということも見いだすのである」。Karl Marx, "Economic and Philosophic Manuscripts of 1844," *Early Writings*, London: Penguin, 389. 邦訳『経済学・哲学草稿』岩波文庫、205頁

31 Perry Anderson, "The Antinomies of Antonio Gramsci," *New Left Review* I/100, 1976/77, 5–78.

32 この理論はマルクスにとっても重要なものであった。Karl Marx and Friedrich Engels, *The German Ideology*, in: Robert Tucker (ed.), The Marx-Engels Reader, 2nd Edition, New York: Norton, 1978, 172–74を参照。『マルクス＝エンゲルス全集3』42-43頁

33 Gramsci, [Q16 § 9] *Selections from the Prison Notebook*, 388–89.『グラムシ選集2』23頁

34 Althusser and Balibar, *Reading Capital*, London: New Left Books, London, 119–44 今村仁司訳『資本論を読む　中』(筑摩書房、1997) ; Martin Jay, *Marxism and Totality: The Adventures of a Concept from Lukács to Habermas*, Berkeley, CA: University of California Press, 1984, 424, 427 荒川幾男ほか訳『マルクス主義と全体性』(国文社、1993)、612-613、615-616頁; Colletti, *Marxism and Hegel*, 38, n.28 (コレッティが後に放棄した判断については"A Political and Philosophical Interview," *New Left Review* I/86,1974, 24-25を参照); Sebastiano Timpanaro, *On Materialism*, London: New Left Books, 1975, 236; Perry Anderson, *Considerations on Western Marxism*, London: Verso 中野実訳『西欧マルクス主義』(新評論、1979) ; Anderson, "The Antinomies of Antonio Gramsci," 6; Joseph Buttigieg, "Philology and Politics: Returning to the Text of Antonio Gramsci's Prison Notebooks," *Boundary* 2 21, no. 2, 1994, 130–1.

35 Benedetto Fontana, "The Concept of Nature in Gramsci," *The Philosophical Forum*, XXVII, 1996, 223, 221. フォンターナによれば、グラムシは『獄中ノート』で「自然」概念を5つの異なる方法で用いている。(1)未分化な物質としての自然(2)「第2の自然」としての自然(3)非理性的なもの、つまり本能としての自然(4)カオスと無秩序としての自然(5)「自然の支配と征服の(潜在的)克服」としての自然である。

36 Gramsci, [Q10II § 54] *Selections from the Prison Notebooks*, 351.『グラムシ選集1』(合同出版、1961)、272頁

37 Ibid. 邦訳272頁

38 Ibid. 邦訳272-273頁

39 Ibid. 邦訳273頁

40 Ibid., 351–52.〔273-274頁〕

41 Ibid., 352.〔274頁〕

42 Ibid.（強調は英訳者による）〔274-275頁〕

43 マルクスもまた人間と自然の相互浸透という問題に取り組んでいた。マルクスにとって、人間性を定義する特性としての労働は、人間と自然の物質代謝の関係であり、それによって私たちがその一部である自然を変容させるのである（Karl Marx, *Capital*, Vol. I, New York: Penguin, 1976[1867], 283)。しかし、もちろん人間は自然を変容させる唯一の力ではない。他にもたくさんのことが生じている。人間の本性が、自然を変容させるというつねに社会的な人間の労働だけから成り立つのであれば、人間の労働によってもたらされる変化を、「自然的」過程によって絶えず生じる他のすべての変化から区別するような何かが存在しなければならない（ibid., 284)。この社会的・自然的過程において、人間的であると同時に自然的な一因を定義するものがあるとすれば、それは何か。マルクスはグラムシが「知的反省」と呼ぶもの——「最悪の建築士でさえ最良の蜂にまさっていることは、建築士が蜜房を蝋で築く前にすでに頭のなかで築いているということ」——にその特徴を見いだしている。「労働過程の終わりには、その始めにすでに労働者の心像のなかには存在していた、つまり観念的にはすでに存在していた結果が出てくるのである。労働者は、自然的なものの形態変化をひき起こすだけではない。彼は、自然的なもののうちに、同時に彼の目的を実現するのである。その目的は、彼が知っているものであり、法則として彼の行動の仕方を規定するものであって、彼は自分の意志をこれに従わせなければならないのである。そして、これに従わせるということは、ただそれだけの孤立した行為ではない。労働する諸器官の緊張のほかに、注意力として現われる合目的的な意志が労働の継続期間全体にわたって必要である」（ibid., 284 邦訳『全集23巻』234頁）。ここには、マルクスの自然と社会生活の概念を規定する三つの要素がそろっている。つまり、労働の実践、労働者による対象の把握、そして労働をつうじて世界に意志を実現することである。この実践・意識・意志という統一体が社会的・自然的過程としての人間労働を特徴づけるのだ。

44 Gramsci, [Q13 § 20] *Selections from the Prison Notebooks*, 133（強調追加）石堂清倫編訳『グラムシ獄中ノート』（三一書房、1978）、27頁

45 Ibid., [Q12 § 2] 34–35. 松田博編訳『グラムシ獄中ノート』（明石書店、2013）、54-55頁

46 クローチェは、20世紀初頭に多大な影響を与えたイタリアの哲学者である。リベラルな観念論者で貴族であったクローチェは、（ほとんどの場合に）ファシズムに対して勇敢な態度をとったため、グラムシが獄中で過ごした数年間に彼の思想は積極的に弾圧された。しかし、ムッソリーニの台頭以前、そしてその没落後にも、クローチェはイタリアで最も著名な人物の一人であった。グラムシがラディカルな歴史主義を発展させ厳格な唯物論に不信をつのらせたのは、部分的にはクローチェの著作に取り組むことによってであった。

47 Gramsci, [Q10II § 48ii] “Progress and Becoming,” *Selections from the Pris-*

on Notebooks, 357–60.〔『グラムシ選集1』281頁〕なお、Q. 10, II, § 48.iiはノートの第二（より長い）部分である。第一部分（Q. 10, II, § 48.i）は常識を問題にしている（この点についてはThomas, The Gramscian Moment, chapter 8を参照）。

48 Gramsci, [Q. 10, II, § 48.ii] "Progress and Becoming," *Selections from the Prison Notebooks*, 357 邦訳281-282頁

49 Ibid., 邦訳282頁 グラムシは挿入句において次のようにコメントしている。「過去の破壊的力はこれまで「社会的には」忘れられていた。もっとも、社会のすべての要素がそれを忘れていたわけではない。というのも、小農たちは依然として「進歩」を理解していないからである。すなわち、かれらは自然的力と偶然とによってあまりに翻弄されていると今なお思いこんでいるし、また実際に翻弄されており、それゆえ「魔術的」、中世的、宗教的な心性を保持しているからである」(358, 邦訳282-283頁)。

50 Ibid. 邦訳282頁

51 Ibid. 357-358. 邦訳282-283頁

52 Ibid., 358. 邦訳283頁 グラムシは、この説明からポリティカル・エコノミーを大幅に除外しているが、古典派経済学がこうした発展において重要な役割を果たしたことは明らかである。国富や生産性などの増大、言い換えれば成長から私たちがふつう連想するのは、多くの点で、ここ1世紀以上にわたって進歩という言葉が、資本主義社会のみに限らない社会において意味してきた事柄であった。

53 Ibid., 360.〔訳注：『グラムシ選集1』には未収録〕

54 Ibid.

---

5 グリーン資本主義？

1 Isabelle Stengers, *In Catastrophic Times: Resisting the Coming Barbarism*, London: Open Humanities, 2015, 28.

2 蒸気から石炭火力への移行とその資本主義の歴史への影響についてはAndreas Malm, *Fossil Capital*, New York: Verso, 2015を見よ。人新世の始まりに関する論争については、Simon Lewis and Mark Maslin, "Defining the Anthropocene," *Nature* 515, 12 March 2015, 171–80を見よ。

3 概算すると、人類は地球上に225,000年間存在しており、最初の資本主義社会であるイングランドが完全に資本主義化したのは18世紀の後半である。したがって、225年 /225,000年＝0.01％である。

4 もちろん、任意の投資に対してM>M'となり、資本家が貨幣を失う可能性はある。しかし、資本主義がこのような結果をいつまでもまとまった規模で生み出すとしたら、機能不全に陥るだろう。もし損失を被ることが予想されるなら、誰も生産に投資しないというわけだ。全体として、資本主義は剰余価値が生み出される場合、すなわちM＜M'の場合にのみ存続する。

5 さらに経済的・社会的な限界も存在している。資本の衝動は現在のような周期的な危機を生み出さずにはいない。(Marx, *Capital* I, 1867; David Harvey, *The Enigma of Capital and the Crises of Capitalism*, London, Profile Books, 2011 森田成也・大屋定晴・中村好孝・新井田智幸訳『資本の〈謎〉——世界金融恐慌と21世紀資本主義』(作品社、2012)。経済危機は通常、国家に対して消費(C-M')を刺激するための介入を強制するが、この傾向は気候変動に必要な対応とは相反するものである。

6 Stengers, *In Catastrophic Times*; Richard Smith, *Green Capitalism: The God That Failed*, Bristol, UK: World Economics Association, 2016も見よ。

7 社会化された価値の総量(「富」)とグローバルな所得中央値は、過去2世紀あまりで増加した。しかし所得が増加しても、不平等は、犠牲を分かち合う意欲を減退させ、集団行動の能力を損なわせる。

8 Albert Einstein, *Why Socialism?* New York: Monthly Review Press, 1951, 10.

9 Thomas Piketty, *Capital in the Twenty-First Century*, translated by Arthur Goldhammer, Cambridge, MA: Belknapp Press, 2013; それに対する批判については、Geoff Mann, *In the Long Run We Are All Dead*: Keynesianism, *Political Economy and Revolution*, London: Verso, 2017, 335–65. を参照。

10 Nicos Poulantzas, *State, Power, Socialism*, London: Verso, 1979. 田中正人・柳内隆訳『国家・権力・社会主義』(ユニテ、1984)

11 Naomi Oreskes and Erik Conway, *Merchants of Doubt*, New York: Bloomsbury, 2011; Hugh Compston and Ian Bailey (eds), *Turning Down the Heat: The Politics of Climate Policy in Affluent Democracies*, London: Palgrave Macmillan, 2008, 265を見よ。

12 J. Timmons Roberts and Bradley Parks, *A Climate of Injustice: Global Inequality, North- South Politics, and Climate Policy*, Boston, MA: MIT Press, 2007, 135

13 〔訳注:カーボン・オフセットとは、二酸化炭素やその他の温室効果ガスの排出量を、別の場所での排出量削減行為によって相殺すること、またCATボンドとは、一般に、自然災害が発生した場合に、投資家の償還元本が減少する仕組みの債券のことである。リスク・ディスクロージャーとは、有価証券報告書等において気候変動に関連する情報を開示することを意味する。〕

14 Garrett Hardin, "Tragedy of the Commons," *Science* 162, no. 3859, December 13, 1968, 1243–48.

15 さらに経済理論では、公共財はいわゆる「非競合性」によって特徴づけられる。それはつまり、ある行為者が資源を利用しても、他の行為者のために残された資源が決して減少することがないということだ。例えば、私たちがいくら酸素を吸っても利用可能な残りの酸素を制限することはない。しかし、後述するように、大気中の温室効果ガスの貯蔵や海洋による炭素吸収のような多くの「公共財」は、もはやそれほどはっきりと「非競合的」なものではない。このことは、市場志向の「解決策」にとって大きな課題となる。なぜなら、非排除性をもつ財

に対して競合性(希少性)が持ち込まれるからだ。

16 例えば、The Tragedy of the Commons, cont'd," *The Economist*, May 4, 2005, economist.comを見よ。

17 J. T. Mathis, S. R. Cooley, N. Lucey, S. Colt, J. Ekstrom, T. Hurst, C. Hauri, W. Evans, J. N. Cross, and R. A. Feely, "Ocean Acidification Risk Assessment for Alaska's Fishery Sector," *Progress in Oceanography* 136, August 2015, 71–91.

18 Hardin "Tragedy of the Commons," 1244. ハーディンの語りは非常に影響力があるが、誤りである。「悲劇」は決して不可避なものではなく、多くの場合、協同的な取り決めのもとではその可能性がはるかに低く**なる**ことを示す信頼できる文献が数多く存在している。古典的な反論は、エリノア・オストロムによる共有資源の管理に関するゲーム理論的分析であり、さまざまなコモンズの実践的管理(成功例も失敗例も)に関する何千もの実証研究によって補強されている。Elinor Ostrom, Roy Gardner and Jimmy Walker, *Rules, Games, and Common-Pool Resources*, Ann Arbor: University of Michigan Press, 1994.を見よ。

19 例えば、カナダのブリティッシュ・コロンビア州では、民間の「流れ込み式」水力発電所の建設を禁止する法律が廃止されたが、このことは「グリーン」エネルギーを供給する市場の力を「解放」したとして広く称賛された。このプログラムは、環境問題に関して同じ立場にたつことがめったにない様々な人々によって支持されている。例えば、www. energybc.ca/runofriver.html; Amy Smart, "Ahousaht Run-of-River Project Could Power Tofino, Ucluelet," *Victoria Times-Colonist*, August 11, 2016(timescolonist.comで閲覧可能)を見よ。

20 Joseph Stiglitz, "How to Restore Equitable and Sustainable Economic Growth in the United States," *American Economic Review* 106, no. 5, 45.

21 以下のサイトにある地図から、世界の炭素税および炭素取引スキームの広がりを見ることができる。sightline.org/2014/11/17/all-the-worlds-carbon-pricing-systems-in-one-animated-map.

22 Andrea Conte, Ariane Labat, Janos Varga and Žiga Žarni, "What is the Growth Potential of Green Innovation? An Assessment of EU Climate Policy Options," Directorate-General for Economic and Financial Affairs, European Commission, Economic Paper no. 413, June 2010: 1, 11.

23 Nicholas Stern, "Stern Review: The Economics of Climate Change," HM Treasury, 2006, 25. より最近になると、スターンは次のように書いている。「非常に多くの人々に潜在的に莫大な被害をもたらし、外部性の発生にほとんどすべての人々が関与していることから、気候変動は、世界が経験したなかで最大の市場の失敗を表している」。Nicholas Stern, *Why Are We Waiting? The Logic, Urgency and Promise of Tackling Climate Change*, Cambridge, MA: MIT Press, 2015, 195.

24 Deutsche Asset Management, "Economic Stimulus: The Case for 'Green' Infrastructure, Energy Security and 'Green' Jobs," November 2008, 4.

25 弁解の目を逸らせる狙いがあったとの疑いがあまり向けられにくい機関、例え

ば国連環境計画、英国のニュー・エコノミックス財団、米国の経済政策研究所も、同様に熱狂的であった。

26 Michael Skapinker, "The Market No Longer Has All the Answers," *Financial Times*, March 24, 2008に引用された。

27 Peter Hall (ed.), *The Political Power of Economic Ideas: Keynesianism Across Nations*, Princeton, NJ: Princeton University Press, 1989. これは、後にいわゆる「資本主義の多様性」論を確立する政治学者によって編集された初期の著作である。Peter Hall and David Soskice, *Varieties of Capitalism: The Institutional Foundations of Comparative Advantage*, Oxford: Oxford University Press, 2001. 遠山弘徳・安孫子誠男・山田鋭夫・宇仁宏幸・藤田菜々子訳『資本主義の多様性――比較優位の制度的基礎』(ナカニシヤ出版、2007)

28 ピエール・ロザンヴァロンが主張するように、ケインズ主義は経済を、官僚制を通じて国家活動を最適化するための領域と理解している。すなわちケインズ主義の目的は、資本主義を強固にし、同時に近代化することである。Pierre Rosanvallon, "The Development of Keynesianism in France," in Peter Hall (ed.), *The Political Power of Economic Ideas: Keynesianism Across Nations*, Princeton: Princeton University Press, 1989, 171–93.

29 なぜこれが「グリーン・ケインズ主義」と呼ばれるのか。歴史的な正確さという観点からは、たしかに少し無理がある。ジョン・メイナード・ケインズは、国家が経済を活性化させる手段として**金融**政策の優位性を強調し――金利を引き下げることで投資をより魅力的にし、貯蓄を魅力的でなくなるようにする――、金融的手段が役にたたない場合にのみ一時的な財政措置を主張した。しかし、それにもかかわらず第二次世界大戦後の「ケインズ主義」は、ほとんど全面的に財政政策(税金と国家支出)や債務でファイナンスされる国家官僚制的なインフラをともなうようになった。したがってここでの議論ではこうした一般的な定義にしたがう。Geoff Tily, *Keynes Betrayed*, New York: Palgrave, 2010; Geoff Mann, "Poverty in the Midst of Plenty: Unemployment, Liquidity, and Keynes' Scarcity Theory of Capital," *Critical Historical Studies* 2, no. 1, 45–83. を見よ。

30 Stiglitz, "How to Restore Equitable and Sustainable Economic Growth in the United States," 45.

31 Ottmar Edenhofer and Nicholas Stern, "Towards a Global Green Recovery: Recommendations for Immediate G20 Action," Report Submitted to the G20 London Summit, April 2, 2009, 6, 12–3, 16.

32 李明博の「グリーン成長」については、Sanghun Lee, "Assessing South Korea's Green Growth Strategy," in Raymond Bryant (ed.), *The International Handbook of Political Ecology*, London: Edward Elgar, 2017, 345–58を見よ。様々なグリーン資本主義プロジェクトに関するそれぞれの強力な理論については、Mario Candeias, *Green Transformation: Competing Strategic Projects*, Berlin: Rosa Luxemburg Stiftung, 2015を見よ。カンデイアスは「権威主義的

ネオリベラリズム」、「グリーン資本主義」、「グリーン・ニューディール」を区別しているが、私たちはそれらを一つの概念に統合している。

33 炭素市場に対する批判的分析については、Gases, Emission Rights and the Politics of Carbon Markets," *Accounting, Organizations and Society* 34, no. 3-4, 440–55; Ian Bailey, Andy Gouldson and Peter Newell, "Ecological Modernisation and the Governance of Carbon: A Critical Analysis," *Antipode* 43, no. 3, 2011, 682–703を、環境保全に関する市場の限界については、Jessica Dempsey, *Enterprising Nature: Economics, Markets, and Finance in Global Biodiversity Politics,* West Sussex, UK: Wiley Blackwell, 2016を見よ。

34 REDD＋とは、「森林減少・森林劣化に由来する排出の削減」のことである。2005年に設置されたUNFCCCのプログラムであり、途上国の立木林の存続可能性を維持するためのインセンティブを提供し、排出量と炭素隔離量の削減を目的としている。

35 Pablo Salón, "From Paris with Love for Lake Poopó," December 21, 2015.

36 ケインズ主義に対する私たちの批判は、何十年にもわたってケインズ主義を非難してきた主流派経済学者たちのそれとは根本的に異なっている。戦後の「ケインズ的」福祉国家が実際にいくつかの限界にぶつかったことは認識されているが、ケインズ主義の批判者の多くが2つの理由からこの限界を誤解している。第一に、批判者たちの多くが、戦後のケインズ主義をケインズの経済学のかわりに用いており、したがってかれらは、どの程度しばしば自分たちがケインズ主義的であるかを自覚していない——すなわち、もしケインズ主義的という語をジョン・メイナード・ケインズの『雇用・利子および貨幣の一般理論』(塩野谷祐一訳、東洋経済新報社、1995、原書1936) の考え方と結びつけるならば。ケインズの経済学はもともと財政計画などではなく、金融政策プログラムであり——それは2008年以来政府が実施してきた(そして、第二次大恐慌を防いだと広く評価されている) ものとよく似ているが、批判者の大部分はこうしたケインズの経済学についてほとんど知らない。第二に、批判者たちの典型的な想定によれば、ケインズ主義は、1970年代初頭にそれが学問的・政策的優位性を失った理由があたかもそのDNAに組み込まれていたかのように、永遠に命運が尽きたとされている。しかし、ケインズ主義あるいは「ケインズ的」福祉国家が凋落した背景には必然的な要因はなかった。それを終焉に導いたのは、政治的力の特定の布置であった。例えば、ケインズ主義は本質的にインフレを誘発するもので、インフレがケインズ主義を破壊したと広く主張されており、事実、ケインズ主義の政治的危機においては、諸条件が重なって許容できないレベルのインフレが生み出された。しかし、インフレを生み出したのはケインズ主義ではなく、それを誘発したのは政治的諸条件であった。1970年代のインフレは社会的紛争の産物だったのだ。1960年代後半の所得分配をめぐる闘争のなかで、資本は国富の莫大な部分に対する「権利」を主張し、その権利を自然かつ正当なものと考えた。戦後に勢いを得て力をつけた資本主義の中心国の労働者たちは、国富のより大きな分け前を要求した。それによってかれらは、資本の要求という「自然な」地位(言い換

えれば、「許容できる」利潤率と考えられていたもの）を脅かした。国家は両者を満足させることでこの闘争を抑えようと試みた——それはインフレによってのみ可能になる選択肢だったのだ。しかし、このような結果になる必然性はなかった。もし労働者がパイのより大きな分け前を主張できていたなら（すなわち、労働者が国民所得のより大きな分け前を受けとるに値するという考え方が幅広く定着し、政治的正統性を享受していたなら）、インフレ誘発的なダイナミズムではなく、再分配的なダイナミズムが存在したことだろう。賃金は上昇し利潤は低下するだろうが、それでも利潤の下落は「許容できる」水準に留まったであろう。要するに、ケインズ主義は、他の資本主義的な経済理論や経済政策以上にインフレを誘発するということはないのだ。グリーン・ケインズ主義はたしかに私たちの状況では限界に直面しているが、主流派経済学からの「ネオリベラルな」批判はそれに言及していない。左派からのグリーン・ケインズ主義の批判は他のところから始めなければならない。この問題の詳細な議論については、Mann, *In the Long Run We Are All Dead.* を見よ。

37 Ibid.

38 Karl Marx. and Friedrich Engels, *The German Ideology* Amherst, MA: Prometheus Books, 1967 [1846], 89.〔訳注：ドイツ語原文では「偶然性の享受」となっている。マルクス、エンゲルス「ドイツ・イデオロギー」『マルクス＝エンゲルス全集3』（大月書店、1963）、71頁〕

39 これはケインズ経済学とグリーン・ケインズ主義との重要な違いの一つである。グリーン・ケインズ主義的政策の中核にある財政プログラムおよび政策は、『一般理論』ではもっと控えめな役割しか果たしていない——『一般理論』では、それらは主として、期待をシフトさせる手段として、すなわち、金融的解決策が不適切だと明らかになった場合の第二の安全策として議論されている。Mann, *In the Long Run We Are All Dead.* を見よ。

40 Greta Krippner, "The Financialization of the American Economy," *Socio-economic Review* 3, 2005: 174.

41 Fred Block, "Crisis and Renewal: The Outlines of a Twenty-First Century New Deal," *Socio- economic Review* 9, 2011: 44.

42 Romain Felli, "An Alternative Socio-Ecological Strategy? International Trade Unions' Engagement with Climate Change," *Review of International Political Economy*, 12, no. 2, 2014, 380; Martin Sandbu, "There Is Profit in Saving the Planet," *Financial Times*, June 16, 2015.

43 Ibid.

44 Vitor Gaspar, Michael Keen and Ian Parry, "Climate Change: How to Price Paris," iMFdirect, International Monetary Fund, January 11, 2016, blog-imfdirect.imf.org.

45 John Maynard Keynes, "My Early Beliefs," in *Collected Writings*, Vol. X, Cambridge: Cambridge University Press, 1971–1989 [1938], 446–47. 宮崎義一訳「若き日の信条」『世界の名著（57）』（中央公論社、1971）、126頁

46 中国は今日、間違いなく資本主義的であるが、国家が最大の銀行を統制し、産業資産の50%以上を所有しており、これは歴史的にみて標準とはいいがたい。中国の政治経済に関する多様で説得的な見解については、G. Arrighi, *Adam Smith in Beijing: Lineages of the Twenty-first Century*, London: Verso, 2007 中山智香子監訳『北京のアダム・スミス――21世紀の諸系譜』(作品社、2011);Joel Andreas, "Changing Colors in China," *New Left Review* II/54. 2008, 123–42; M. Blecher, *China Against the Tides: Restructuring through Revolution, Radicalism and Reform*, London: Continuum, 2010; Minqi Li, *The Rise of China and the Demise of the Capitalist World Economy*, New York: Monthly Review, 2008; Wang Hui, *China's Twentieth Century*, New York: Verso, 2016を参照。中国の政治経済学と気候変動については、Minqi Li, "Capitalism, Climate Change, and the Transition to Sustainability: Alternative Scenarios for the US, China and the World," *Development and Change* 40, 2009, 1039–62; Dale Wen, "Climate Change, Energy, and China," in Kolya Abramsky (ed.), *Sparking a Worldwide Energy Revolution*, Baltimore and Oakland: AK Press, 2010, 130–54. 国有企業の規模については、World Bank, "State Owned Enterprises in China," 2010, blogs.worldbank.orgを見よ。

47 Zhu Liu, China's Carbon Emissions Report 2016, Cambridge, MA: Harvard Belfer Center for Science and International Affairs, October 2016, belfercenter.hks.harvard.edu.

48 Wang Hui, *China's Twentieth Century*, 292.

49 リベラルでブルジョワ的な政治秩序の規範がたんに存在するというだけでは安定性は保証されないが、それは非革命的な体制移行を促進する。プーランザスは以下のように述べている。「議会制民主主義国家(普通選挙、政党や組織の多元性……)の機能の一つは、国家装置に深刻な大混乱をもたらすことなく、権力ブロック内部における力のバランスの変化を許容することである。これはとくに憲法と法律の役割である。議会制民主主義国家は、政治的代表者を介した権力ブロックのさまざまな分派の間におけるヘゲモニーの有機的循環や、あるいは支配的な諸階級および諸分派の間における一定の規制された権力分立によって、この目的をどうにか部分的に達成するにすぎない。しかし、例外的な国家形態〔独裁や権威主義体制〕ではこのことはまったく不可能であることがわかる」(Nicos Poulantzas, *Crisis of the Dictatorships*, London: NLB, 1976 [1975], 91.)。今日の中国が例外的な資本主義国家を構成している理由は、それがたんに古典的なヨーロッパ的規範やリベラルな規範を満たしていないからだけでなく、その「権威主義的資本主義」の性質ゆえであり、それに国家権力と大衆との間を媒介する市民制度が相対的に欠如しているからである。

50 例えば、中国のエリートたち(中国共産党)は「調和のとれた社会」を構築するための「科学的発展」というイデオロギーを提唱している。大衆によってこのイデオロギーが受け入れられていることは明らかだが、それを積極的な同意として、

それとも受動的な合意または抑圧下での沈黙(あるいはこれらのさまざまな組み合わせ)として読みとるべきだろうか。

51 とくにWang Hui, *China's Twentieth Century*を見よ。

52 2014年に米国と中国の首脳は、気候変動に関する協定に署名したが、これはポスト京都の行き詰まりを脱してパリ協定の署名に至る道を拓いた外交的出来事であった。そのときかれらが、中国の「万里の長城」の前でこれを発表したことを思い出してほしい。それが象徴しているのは、中国の土地を舞台として、まぎれもなくG2が惑星レベルでの責任を受け入れたということである。The White House, Office of the Press Secretary, "US-China Joint Announcement on Climate Change," November 11, 2014. The United States and China adopted distinct positions in Paris but made a mutual commitment to it; Coral Davenport, "Obama and President Xi of China Vow to Sign Paris Climate Accord Promptly," *New York Times*, March 31, 2016. After the election of US President Trump, China's leadership made several strong statements reminding the United States of the importance of international leadership on climate; Chris D'Angelo "China Warns Donald Trump Against Pulling US Out of Paris Climate Pact," *Huffington Post*, January 17, 2017を見よ。

53 ケインズ主義者が断固として国家をポリティカル・エコノミーの中心に再挿入することは、ヘーゲル的なリベラリズムの帰結である。すなわち、自由市場主義者ではなく、近代国家を市民社会の遠心力に対する解決策としても、また実際的な疑似ユートピアへの手段としても理解する人々の遺産である(後者はヘーゲルをホッブスから区別する要素である)。しかし、ミゲル・アバンスールのような人物が、政治と民主主義はリベラル民主主義国家を必要とするわけではない(あるいは、それに準拠することはできない)と主張しているように、国家への回帰が、国家によってはなしえないことが存在するがゆえに、なすべきことを制約する可能性があるということを認識しなければならない。Miguel Abensour, *Democracy Against the State: Marx and the Machiavellian Moment*, Cambridge: Polity, 2011 [1997] 松葉類・山下雄大訳『国家に抗するデモクラシー――マルクスとマキァヴェリアン・モーメント』(法政大学出版局、2019); Mann, *In the Long Run We Are All Dead*. を見よ。

54 例えば、Jamieson, *Reason in a Dark Time*. を見よ。

55 Dani Rodrik, *The Globalization Paradox: Democracy and the World Economy*, New York: W. W. Norton, 2011, 247–49. 柴山桂太・大川良文訳『世界経済の未来を決める三つの道』(白水社、2014)、284頁。ロドリックは、地政学が現在その上に構築されている「近隣窮乏化政策」という条件をふまえ、「地球温暖化の場合、自国の利益を追求して各国は気候変動のリスクを無視してきた」と論じている。(p.249).

56 Piketty, *Capital in the Twenty-first Century*, 568. 山形浩生・守岡桜・森本正史訳『21世紀の資本』(みすず書房、2014)、598頁

57 Joseph Stiglitz, "Sharing the Burden of Saving the Planet: Global Social Justice for Sustainable Development Lessons from the Theory of Public Finance," in Mary Kaldor and Joseph Stiglitz (eds), *A New Global Covenant: Protection without Protectionism*, New York: Columbia University Press, 2013, 186.

58 例えばDaniel Perlmutter and Robert Rothstein, *The Challenge of Climate Change: Which Way Now?* Oxford: Wiley, 2011を見よ。

59 例えば、Joseph Aldy and Robert Stavins, "Designing the Post-Kyoto Climate Regime," in Mary Kaldor and Joseph Stiglitz (eds), *A New Global Covenant: Protection without Protectionism*, New York: Columbia University Press, 2013, 205–30. を見よ。

60 Ibid., 212–15.

6　惑星的主権

1 Theodor Adorno, in Adorno and Max Horkheimer, *Towards a New Manifesto*, New York; Verso, 2011 [1956], 38-40.〔訳注：ドイツ語原文の対談は、以下に収録されている。"Diskussion über Theorie und Praxis", in *Max Horkheimer: Gesammelte Schriften*, Bd. 13, Frankfurt/M: S. Fischer, 1989, 47-48. なお、エピグラフ中の「一つの権威」は、英訳ではan authorityと訳されているが、ドイツ語原文では「一審級eine Instanz」となっている。しかし著者たちは、英訳を参照し、この語をauthorityすなわち権威として解釈したうえで自説を展開している。そのため本訳書でも、この語はauthorityの意味にとることにした。〕

2 Naomi Oreskes and Erik Conway, *The Collapse of Western Civilization*, New York: Columbia University Press, 2014の宣伝文。同書は二人の二作目の共著である。一作目の*Merchants of Doubt: How a Handful of Scientists Obscured the Truth on Issues from Tobacco Smoke to Global Warming*, New York: Bloomsbury Press, 2010 福岡洋一訳『世界を騙しつづける科学者たち』(楽工社、2011) は、米国における気候変動否定論の台頭を論じている。同書でフォーカスされるのは冷戦期の科学者や、核兵器・ロケット研究の専門家といわれる人々の著作である。こうした人々は、のちに右派シンクタンクの協力者となって気候変動否定論の素地を整えた。『世界を騙しつづける科学者たち』は価値ある独自研究である。しかし残念ながら、同書も『こうして、世界は終わる』も、気候変動否定論をつまるところ新自由主義のイデオロギーだと非難した——つまり科学者たちが化石燃料産業にすすんで協力したのだと説明した——のだが、そもそも新自由主義とは何なのかを分析していない。『世界を騙しつづける科学者たち』が暗に含んでいるリベラルな枠組みそのものは、ネオリベラルとされる同書の批判対象とはどういう関係にあるのか。この点が考察されないのである。

3 Oreskes and Conway, *The Collapse of Western Civilization*, ix. 渡会圭子訳『こうして、世界は終わる』(ダイヤモンド社、2015)、2頁

4 Ibid. 42-52 邦訳97-113頁.『こうして、世界は終わる』が非難するのは、新自由主義のイデオロギーが「文明の」崩壊をもたらすことであり、その意味では、Naomi Klein, *This Changes Everything* 幾島幸子・荒井雅子訳『これがすべてを変える　上・下』(岩波書店、2017) に見られるような、問題含みの考え方を共有している (気候正義運動のなかで流通している他の多くの著作もそうだが)。この手の本は、今日の問題を新自由主義のせいにするが、それはつまり、問題の所在を資本主義そのものではなく、あくまで現行版の資本主義に見出しているわけである。これには納得できない。資本主義だけが**唯一**の問題ではないだろうが、しかしそれが一つの大問題であることは確かだ。

5 Ibid.〔オレスケス、コンウェイ『こうして、世界は終わる』112頁〕

6 この物語の語り手である「中国人」が、どういう考えをもつ人物なのかも、その物語上の役割についても、その名前すらも、オレスケスとコンウェイはなるべく肉づけしたくないようだ。しかしそのことは、この著作のオリエンタリズムをかえって悪化させている。かれらが描く匿名的な中国の正体は、西洋の物書きが自分たちの目のまえにそっと差し入れたスクリーンでしかない。これに西洋人は「文明」にかんする自分たちの不安を投影するのである。そのような前提を、つまり、中国が世界システムの覇権国に返り咲くとはどう考えても悪い展開だという前提を取り払えば、この物語は力をまるごと失うだろう。これと対照をなす効果的な論点を提示しているのは、Giovanni Arrighi, *Adam Smith in Beijing: Lineages of the 21st Century*, New York: Verso, 2007 中山智香子監訳『北京のアダム・スミス―― 21世紀の系譜』(作品社、2011) である。

7 「西洋文明への決定的な打撃」は「西南極氷床の崩壊」であった (29〔オレスケス、コンウェイ『こうして、世界は終わる』68頁〕)。本書は空想短編小説ではあるが、環境決定論の教科書としても読める。「文明崩壊」の原因についての仮説が述べられるべき箇所には、この著作にはふさわしいことだが、何の説明も書かれていない。そのかわりに匿名の語り手は、次のような言葉で空白を埋めている。「そこで起こった人類の悲劇を詳しく語る必要はないだろう」(31〔72頁〕)。

8 Oreskes and Conway, *The Collapse of Western Civilization*, 25, 33 邦訳60頁、61頁、75頁

9 Ibid. 3-4 邦訳16頁、強調追加

10 原書*The Collapse of Western Civilization: A View from the Future*は、2016年6月21日時点のアマゾンドットコム米国版で、気候学のベストセラー第4位、環境政策のベストセラー第5位となっている。ピーク時には、同書は双方のカテゴリーでベストセラー第1位を達成した。

11 ただし少なくとも一つ、豊富な資金をもつ大きな研究団体が、気候をめぐる未来予測の諸モデルに取り組んでいる。この研究主題が、組織の成功を左右する根本的な要素だと考えているのだ。この研究団体とは米軍である。2000年代から急速に、気候と米国の安全保障との関係についての出版物が増えている (よ

り批判的なものとしては「気候変動とセキュリティ化」の研究も含めて)。この話を始めるのにふさわしい題材は、2007年に米国で刊行された二点の文書である。一つは外交政策のシンクタンクから出たもので(Joshua W. Busby, *Climate Change and National Security: An Agenda for Action*, Council on Foreign Relations, CSR No. 32)、もう一つは安全保障分野からのものである(Kurt Campbell, Jay Gulledge, J. R. McNeill, John Podesta, et al., *The Age of Consequences: The Foreign Policy and National Security Implications of Global Climate Change*, Washington, DC: Center for a New American Security)。後者はオンラインでダウンロードできる〔訳注:現在では、同じく米国のThe Center for Strategic and International Studiesのウェブページ　https://www.csis.org/analysis/age-consequence で閲覧、ダウンロード可能〕。次の文献も参照。Daniel Moran (ed.), *Climate Change and National Security: A Country-Level Analysis*, Washington, DC: Georgetown University Press, 2011. これは、米国のNIC(国家情報会議)が開催したワークショップの産物である。より批判的な視点による研究としては、次を参照。Michael Redclift and Marco Grasso (eds.), *Handbook on Climate Change and Human Security*, Cheltenham, UK: Edward Elgar, 2013. 米軍がどんなプログラムにそって将来の気候変動秩序(または無秩序)を予測しているのかについては、出版された学術研究の数はとても少ない。

12 たとえば、どうやって変数を特定するかという問題である。ある場所において気候変動を作り出す有意味な要素でも、別の場所では無意味かもしれない。局地的にすらそうなのだから、ましてや惑星レベルの複雑なシステムにかんして、どの対象や過程をモデルに組み込み、どれを除外すべきかを線引きすることなど不可能である。

13 Jeremy S. Pal and Elfatih A. Eltahir, “Future Temperature in Southwest Asia Projected to Exceed a Th reshold for Human Adaptability,” *Nature Climate Change* 6, no. 2, 2016, 197-200.

14 公正を期していえば、この洞察は、気候変動に関する政府間パネル(IPCC)第5次評価報告書の第2作業部会報告『気候変動2014――影響・適応・脆弱性』第12章「人間の安全保障」から得られるものである〔訳注:原文はhttps://www.ipcc.ch/report/ar5/wg2で閲覧可能〕。この報告には、さまざまな解釈の余地がある。気候と暴力の関係を主題とした近年の諸文献を批判的に概観したものとしては、次を参照。Eric Bonds, “Upending Climate Violence Research: Fossil Fuel Corporations and the Structural Violence of Climate Change,” *Human Ecology Review* 22, no. 2, 2016, 3-23.

15 Hans Reiss, “Preface,” in Hans Reiss (ed.), *Kant’s Political Writings*, Second Edition, Cambridge: Cambridge University Press, 1991, 10.

16 Kant, “On Perpetual Peace,” in *Political Writings*, 107-8 遠山義孝訳「永遠平和のために」『カント全集　14』(岩波書店、2000)、276-277頁、強調原文. 次も参照。「悪をまく者は災いを刈り、その怒りの杖は廃れる」(旧約聖書・箴言22:8)、「私の見たところでは、不法を耕す者、邪悪をまく者は、その実を刈りとる」(ヨ

ブ記4: 8、邦訳18頁)。

17 Ibid., 106 邦訳275頁. 対照的な見解として、次の二点を比較せよ。Chad Kautzer, "Kant, Perpetual Peace, and the Colonial Origins of Modern Subjectivity," *Peace Studies Journal* 6, no. 2, 2013, 58-67; Inés Valdez, "It's Not About Race: Good Wars, Bad Wars, and the Origins of Kant's Anti-Colonialism," *American Political Science Review* 111, no. 4, 819-34.

18 国連は「カントにおける諸国民の連盟という観念からほど遠い」(Kojin Karatani, "Beyond Capital-Nation-State," *Rethinking Marxism* 20, no. 4, 2008, 592)。

19 Ibid., 591-2.

20 Kant, "On Perpetual Peace," 95.「永遠平和のために」『カント全集14』288頁

21 Immanuel Kant, *Groundwork of the Metaphysics of Morals*, Second Edition, Cambridge: Cambridge University Press, 2012, 46. 平田俊博訳「人倫の形而上学の基礎づけ」『カント全集 7』(岩波書店、2000)、74頁

22 Kant, *Political Writings*, 54「啓蒙とは何か」『カント全集14』25頁、強調追加。

23 Kant, "An Answer to the Question, What is Enlightenment?" in *Political Writings*, 54-60 邦訳27-28頁.

24 G. W. F. Hegel, *Philosophy of Right*, Cambridge: Cambridge University Press, 1991, §333 上妻精訳「法の哲学 下」『ヘーゲル全集 9b』(岩波書店、2001)、第333節、546-547頁、強調原文。

25 Ibid., §334 邦訳第334節、547頁. 強調原文。

26 カントに対するヘーゲルの哲学的批判をめぐっては多数の文献がある。ためになる概説として、次を参照。John McCumber, *Understanding Hegel's Mature Critique of Kant*, Stanford, CA: Stanford University Press, 2014.

27 Hegel, *Philosophy of Right*, §333.『法の哲学』第333節、546頁

28 Alexander Wendt, "Why a World State is Inevitable," *European Journal of International Relations* 9, no. 4, 2003, 491-542. 国際関係論における構成主義は、二つまたはそれ以上の数の国家のあいだに構成される承認の諸形態に焦点を当てている。

29 Thomas Weiss, "What Happened to the Idea of World Government?" *International Studies Quarterly* 53, 2009, 261. 次も参照。Thomas Weiss, *Thinking about Global Governance*, New York: Routledge, 2012.

30 Adorno and Horkheimer, *Towards a New Manifesto*, 40〔*Horkheimer: Gesammelte Schriften*, Bd. 13, 48〕.

31 次を参照。Catherine Lu, "World Government," in Edward N. Zalta (ed.), *Stanford Encyclopedia of Philosophy* (first published on Mon Dec 4, 2006; substantive revision on Tue Jan 5, 2021), plato.stanford.edu/entries/world-government. 著者たちが参照したのは2016年冬の時点のものである。

32 Albert Einstein, "Towards a World Government," in *Out of My Later Years*, New York: Wings, 1956 [1946], 138, cited in Lu, "World Government."

33 Bertrand Russell, "The Bomb and Civilization," *The Glasgow Forward* 39,

no. 33, 18 August 1945. カナダのマックマスター大学のウェブサイト（russell.mcmaster.ca）で閲読可能。

34 Daniel Deudney, *Bounding Power: Republican Security Theory from the Polis to the Global Village*, Princeton, NJ: Princeton University Press, 2007.

35 Russell, "The Bomb and Civilization."

36 Arendt, *Origins of Totalitarianism*, 142, n. 38. 大久保和郎ほか訳『新版　全体主義の起原　2　帝国主義』（みすず書房、2017）、第5章註31a、335-336頁

37 Ibid., 420. 大久保和郎ほか訳『新版　全体主義の起原　3　全体主義』（みすず書房、2017）、201-202頁

38 Hannah Arendt, "Thoughts on Politics and Revolution," in *Crises of the Republic*, New York: Harcourt, Brace, 1972, 230. 山田正行訳「政治と革命についての考察」『暴力について――共和国の危機』（みすず書房、2000）、230頁

39 Ibid., 229 邦訳229頁.

40 Ibid., 229-30 邦訳230頁.

41 Ibid., 231 邦訳230頁. 強調原文。

42 Ibid., 230 邦訳230頁.

43 Wendt, "Why a World State Is Inevitable," 493.

44 Ibid., 491.

45 Ibid.

46 気候リヴァイアサンにかんして、国家間の関係が他にどういった原理でありうるのかという疑問には、あとで立ち戻る。

47 Ibid., 493. 次を参照。Deudney, *Bounding Power*.

48 「核に直面した一つの世界主義」のロジックは、それ自体、気候政治との興味深い歴史的交差を示している。気候変動にかんする政府間パネル（IPCC）の報告文書のなかではグローバルな気候変動の諸モデルが発展してきたが、それらは世界の冷戦期モデルから出てきたものである。後者は大陸間弾道ミサイルの開発を導くために、そして核戦争がもたらす諸結果（たとえば「核の冬」）を予測するために利用されたものだった。歴史学や科学界の研究において、環境と核との結びつきにかんする文献は増えつつある。たとえば次を参照。John Cloud, "Crossing the Olentangy River: The Figure of the Earth and the Military-Industrial-Academic-Complex, 1947-1972," *Studies in the History and Philosophy of Modern Physics* 31, no. 3, 2000, 371-404; R. Doel, "Constituting the Postwar Earth Sciences: The Military's Influence on the Environmental Sciences in the USA after 1945," *Social Studies of Science* 33, no. 5, 2003, 635-66; Kristine Harper, "Climate Control: United States Weather Modification in the Cold War and beyond," *Endeavour* 32, no. 1, 2008, 20-26; Jacob Hamblin, "A Global Contamination Zone: Early Cold War Planning for Environmental Warfare," in J. R. McNeill and Christine Unger (eds.), *Environmental Histories of the Cold War*, New York: Cambridge University Press, 2010, 85-114; P. Edwards, "Entangled Histories: Climate Science and

Nuclear Weapons Research," *Bulletin of the Atomic Scientists* 68, no. 4, 2012, 28-40. 本章の第1節ではオレスケスとコンウェイのフィクションを批判したが、しかしかれらは、気候変動否定論の起源が冷戦であったことについて優れた研究を発表している。Naomi Oreskes and Erik Conway, "Challenging Knowledge: How Climate Science Became a Victim of the Cold War," in Robert N. Proctor and Londa Schiebinger (eds.), *Agnotology: The Making and Unmaking of Ignorance*, Stanford, CA: Stanford University Press, 2008, 55-89. 次も参照。Oreskes and Conway, *Merchants of Doubt*.

49 欧州連合のプロジェクトは重要な例外だが、本書が執筆された時点〔2017年ごろ〕で、それは非常に弱々しい姿を見せるようになっている。

50 もちろん、集団的アイデンティティ形成のプロジェクトがエリート的性質をもつことは、国家間システムの規模において問題になりにくい。階級やジェンダーなど、人類共同体を苦しめている各種のヒエラルキーが存在するからには、このエリート的プロジェクトもまた、おそらくは白人男性の支配をつうじて実行に移されるだろう。ただし、そのような集団的アイデンティティ形成のプロセスにおいては、ほぼ確実に、中国が中心的役割を占めるはずだ。その点を考慮すると、このプロセスが欧米優位のものになるかどうかはかなり不確かである。

51 Giovanni Arrighi, *The Long Twentieth Century: Money, Power, and the Origins of Our Times*, New York: Verso, 1994 土佐弘之監訳『長い20世紀——資本、権力、そして現代の系譜』(作品社、2009)を参照。アリギの議論は多くのことを説明してくれるが、しかし資本がより大規模になるよう運動する傾向と、特定の「より小規模な資本」を維持するために空間的差異が利用される可能性とは、つねに交差している。プーランザスが思い出させてくれるように「総資本の内部」には「他の資本を繁栄させつづけるためにどの資本が犠牲になるべきか」を指定しうるような「審級」ないし一般原理は存在しない(State, Power, Socialism, 182-83)。田中正人ほか訳『国家・権力・社会主義』(ユニテ、1984)、207頁

52 Raymond Duvall and Jonathan Havercroft, "Taking Sovereignty out of This World: Space Weapons and Empire of the Future," *Review of International Studies* 34, 2008, 755-75.

53 Ibid., 756.

54 Ibid., 761.

55 Ibid., 756.

56 Ibid., 765.

57 Ibid., 765-66, 強調原文。

58 Max Weber, "Politics as Vocation," in Hans Gerth and C. Wright Mills (eds.), *From Max Weber: Essays in Sociology*, London: Routledge, 1991, 78 脇圭平訳『職業としての政治』(岩波書店、1980)、9頁、強調原文。Gewaltというドイツ語には「強制」と「暴力」の双方の意味がある。

59 Duvall and Havercroft, "Taking Sovereignty out of This World," 768.

60 David Keith, "Geoengineering the Climate: History and Prospect," *Annual*

Review of Energy and the Environment 25, 2000, 245-84; Clive Hamilton, *Earthmasters: Playing God with the Climate*, New South Wales, Australia: Allen & Unwin, 2013; Alan Robock, "Albedo Enhancement by Stratospheric Sulfur Injection: More Research Needed," *Earth's Future* 4, 2016, doi:10.1002/2016EF000407.

61 See Keith, "Geoengineering the Climate"; James Fleming, "The Pathological History of Weather and Climate Modification: Three Cycles of Promise and Hype," *Historical Studies in the Natural Sciences* 37, no. 1, 2006, 3-25; James Fleming, "The Climate Engineers," *The Wilson Quarterly* 31 no. 2, 2007, 46-60; Hamilton, *Earthmasters*; Dale Jamieson, *Reason in a Dark Time*, Chapter 7; Mike Hulme, *Can Science Fix Climate Change? A Case Against Climate Engineering*, London: Wiley & Sons, 2014.

62 David Keith and Gernot Wagner, "Toward a More Reflective Planet," *Project Syndicate*, June 16, 2016, project-syndicate.org.

63 一般に提案されている他の戦略には、たとえば、地表の温度を下げるために冷水の湧昇を人工的に発生させたり、海洋化学物質をより炭素吸収性の高いものに取り換えるという戦略がある。次を参照。David Keller, Ellias Feng and Andreas Oschlies, "Potential Climate Engineering Effectiveness and Side Effects during a High Carbon Dioxide-Emission Scenario 2014," *Nature Communications* 5, article 3304; doi:10.1038/ncomms4304. 気候工学のさまざまなアプローチをレビューしたものとしては、次を参照。Zhihua Zhang, John C. Moore, Donald Huisingh, and Yongxin Zhao, "Review of Geoengineering Approaches to Mitigating Climate Change," *Journal of Cleaner Production* 103, 2015, 898-907.

64 Daniel Bodansky, "The Who, What and Wherefore of Geoengineering Governance," *Climatic Change* 121, no. 3, 2013, 539-51; Martin L. Weitzman, "A Voting Architecture for the Governance of Free - Driver Externalities, with Application to Geoengineering," *Scandinavian Journal of Economics* 117, no. 4, 2015, 1049-68.

65 Jamieson, *Reason in a Dark Time*, 220.

66 Ibid., 220-21.

67 Ibid., 221.

68 Edward Parson and David Keith, "End the Deadlock on Governance of Geoengineering Research," *Science* 229, 15 March 2013, 1279.

69 宇宙兵器にかんする技術決定論の一例としてDavid Baker, *The Shape of Wars to Come*, Cambridge, MA: Patrick Stephens, 1981を見よ。宇宙兵器をめぐるオルタナティブな議論としてはDuvall and Havercroft, "Taking Sovereignty out of This World" を参照。

7 パリ協定の後で

1 "Climate Games Response to Recent Attacks," December 1, 2015, creativeresistance.org/ climate-games-response-to-paris-attacks.

2 United States Department of Energy, Office of Electricity Delivery & Energy Reliability, "Hurricane Sandy Situation Report #6," October 31, 2012, netl.doe.gov. から閲覧可能。

3 サンディによる被害の評価は、そのほとんどが定量化可能な被害額が最も大きかった米国での被害に注目している。しかし、ハイチやキューバ、その他のカリブ海諸国でも甚大な被害が生じていた。貨幣タームでの評価はつねに貧困層の損失をないがしろにする。

4 United States Department of Energy, Office of Electricity Delivery and Energy Reliability, "Hurricane Sandy Situation Report #6."

5 ハリケーン・サンディによって暴露され、さらに悪化した不平等については、David Rohde, "The Hideous Inequality Exposed by Hurricane Sandy," *The Atlantic*, October 31, 2012; Maya Wiley, "After Sandy: New York's 'Perfect Storm' of Inequality in Wealth and Housing," *The Guardian*, October 28, 2013. を見よ。

6 ピープルズ・クライメート・マーチについては、2014.peoplesclimate.org. を見よ。『ニューヨーク・タイムズ』紙は主催者の集計を31万1千人としている。Lisa Foderaro, "Taking a Call for Climate Change to the Streets," *New York Times*, September 21, 2014. を見よ。ジョエル・ウェインライトは本章で論じられているニューヨークとパリのデモに参加した。

7 私たちは、「私たちは誰が悪いか分かっている」という名のグループと行進するつもりだったが、群衆の中をくぐって適切な位置まで進むことができず、かわりに(まったくふさわしいことに)科学者や大学生のグループと一緒になった。いずれにせよ、私たちの隊列は実際には行進することがなかった。道はいっぱいで、私たちは前線から遠く離れていたので、行進の開始から2時間経っても同じ場所にいた。

8 「ウォール街を水浸しに」のサイト floodwallstreet.net. を見よ。

9 「ウォール街を占拠せよ」の国家／警察による弾圧については、The Global Justice Clinic (NYU School of Law) and the Walter Leitner International Human Rights Clinic at the Leitner Center for International Law and Justice (Fordham Law School), "Suppressing Protest: Human Rights Violations in the US Response to Occupy Wall Street," 2012, [leitnercenter.org. から閲覧可能。]を参照。「ウォール街を水浸しに」における逮捕については Amanda Holpuch, "Dozens Arrested as Police Face off with Flood Wall Street," *The Guardian*, September 22, 2014, and "Over 100 Arrested at "Flood Wall Street" Protest against Climate Change," Democracy Now! September 23, 2014. On the politics of the two 2015 New York protests,

see Terran Giacomini and Terisa Turner, "The 2014 People's Climate March and Flood Wall Street Civil Disobedience: Making the Transition to a Post-fossil Capitalist, Commoning Civilization," *Capitalism Nature Socialism* 26, no. 2, 2015. を見よ。

10 政治的目的からすれば、2002年の気候正義原則に関するバリ文書と2010年のコチャバンバ人民合意は、これら2つの問いに答えるうえで有力な出発点を与えてくれる。しかし、これらの文書は政治的および理論的に拡張されなければならない。社会科学の最近の文献は、気候正義運動における示差的包摂と参加という問題を取り上げることで、まさにそれをおこないつつある。たとえば、政治学からはJennifer Hadden, *Networks in Contention: The Divisive Politics of Climate Change*, Cambridge, Cambridge University Press, 2015、社会学からはRichard Widick and John Foran, "Whose Utopia? Our Utopia! Competing Visions of the Future at the UN Climate Talks", *Nature and Culture*, 11, no. 3, 2017, 296–321、心理学からはJonas Rees and Sebastian Bamberg, "Climate Protection Needs Societal Change: Determinants of Intention to Participate in Collective Climate Action," *European Journal of Social Psychology* 44, no. 5, 2014, 466–73; Jonas Rees, Sabine Klug, and Sebastian Bamberg, "Guilty Conscience: Motivating Pro-Environmental Behavior by Inducing Negative Moral Emotions," *Climatic Change* 130, no. 3, 2015, 439–52. を見よ。

11 "Climate Games Response to Recent Attacks."

12 **より多様性がある**というのは**十分多様性がある**ということを意味しない。パリではほとんどの活動家がヨーロッパ、とくにフランスやドイツから来ていた。空間上の「距離減衰」は、なによりも抗議者たちにあてはまる。

13 原住民の人たちはCOP21をめぐるイベントにおいて重要な位置を占めていたが、かれらの利害は最終文書には反映されなかった。拘束力のない項での言及をのぞけば、パリ協定は「原住民」という言葉をたった一度しか使っておらず、それは次の箇所である。「締約国は、適応に関する行動について、影響を受けやすい集団、コミュニティおよび生態系を考慮に入れた上で、各国主導であり、ジェンダーに配慮した、参加型であり、充分に透明性のあるアプローチによるものとすべきであること、ならびに適宜適応を、関連する社会経済的で環境に関する政策および行動に組み入れるため、利用可能な最良の科学ならびに適当な場合には伝統的な知識、原住民の知識および現地の知識の体系に基づき、ならびにこれらを指針とするものとすべきであることを確認する」(第7条第5項)。パリ協定文書で法的な重みのある条項のなかで「原住民の」という語が一度だけ使用されているのは、原住民の知識についてであって、原住民の権利についてではない。譲渡不可能な原住民の土地から、化石燃料の採掘を制限するような文言などない。こうして原住民の闘いは、資本の適応のための資源にされてしまう。

14 同じころ、政治的抗議活動の禁止に対して創造的な反応が展開された。抗議者たちはパリで地理上参照される各地点に移動し、特定の瞬間にライトを点灯さ

せた携帯電話をかざして「今すぐ気候正義を」と綴った。

15 午後12時30分に送信されたメッセージは以下のようなものであった。「#明日12日の11:45にエトワール広場とポルト・マイヨ駅の間のグランド・アルメ通りに集合。赤いものを持ってきて」。詳細は気候行動ゾーンで行われたパブリックミーティングで詳しく説明された。

16 Friends of the Earth France, Attac France, Alternatiba, Action Non-Violente COP21, Bizi, Confédération Paysanne, Coordination de l'Action Non-Violente de l'Arche, Mouvement pour une Alternative Non-Violente, End Ecocide, Collectif National Pas Sans Nous, Emmaüs Lescar Pau, and l'Union Nationale des Étudiants de France.

17 Global Justice Ecology Project, "Call for a Mass Citizen Gathering to Declare the State of Climate Emergency," December 10, 2015, at globaljusticeecology.org.

18 その場で最も有名なスピーカーであったナオミ・クラインは、資本主義批判から後退し、むしろ集団心理を強調した。12月12日の集会におけるシャン・ド・マルスでの彼女のスピーチは以下の言葉で締めくくられている。「私たちはまた悲しみを認めなければなりません。私たちが否定もせず抑圧もしない悲しみ、私たちがすでに失ったものに対する悲しみ、私たちがすでに失った人々に対する悲しみ、これらを認めなければなりません。そして私たちは、ずっと前に行動することができたにもかかわらず、そうしないことを選んだ人たちや、今なお同じような破滅的な決断を下している人たちに対する怒りがあることも認めます。しかし、たいてい、たいていの場合には、喜びがあります。私たちの目の前で次の世界が形づくられていくのを目の当たりするとき、たいていそこには喜びと決意があります」。

19 私たちは1日間(1999年11月30日)だけこれに成功した。Joel Wainwright, "Spaces of Resistance in Seattle and Cancún," in Jamie Peck, Helga Leitner, and Eric Sheppard (eds), *Contesting Neoliberalism: The Urban Frontier*, New York: Guilford, 2006, 179–203.

20 12月12日朝刊『ガーディアン』紙のトップ記事は、唯一デモについて言及したものだった。「気候活動家たちによる平和的な抗議活動がパリの各地で計画されている。市民社会団体は何千本もの赤いチューリップを配り、越えてはならないレッドラインを表そうとし、合意が成立した場合には、エッフェル塔の下で集会を開く」とあり、明らかに合意を**祝う**集会であると示唆している。(Suzanne Goldenberg, Lenore Taylor, Adam Vaughan and John Vidal, Saturday 12 December 2015, "Paris Climate Talks: Delegates Reach Agreement on Final Draft Text," theguardian.com). かわりにどんなことが言えたというのだろうか。「気候正義活動家の大規模グループが、反資本主義を理由にCOP21の結果に反対した。かれらによれば、パリ協定は惑星を救うものではないし、それとは程遠いものである。炭素排出量削減の約束は拘束力のあるものではなく、仮にそうであったとしても、世界の平均気温はよくて3－4℃の上昇にみまわれるだろう。

「化石燃料」という言葉はパリ協定の本文にはない。私たちは急速な脱炭素化と、これまでとは違った世界、より民主的でもはや利潤のために組織されない世界に移行する必要がある」。控えめに言っても、こう言えた可能性は低い。少なくとも部分的には、これらの見解を共有している多くの人々が、それでもまったく合意がないよりは悪い合意のほうがはるかに良い、と考えているからだ。

21 「気候正義」という政治的概念の発展については、以下のものを比較せよ。"Bali Principles of Climate Justice," 29 August 2002, accessed at ejnet.org; "Peoples' Agreement of the World People's Conference on Climate Change and the Rights of Mother Earth," April 22, 2010, Cochabamba, Bolivia, ienearth.orgで閲覧可能; Building Bridges Collective, *Space for Movement?*, 2010, spaceformovement.files.wordpress.com; and the Climate Justice Project website maintained by John Foran, climatejusticeproject.com.

22 パリでは、おびただしい数の貼りビラやポスター、パンフレット、エッセイ、本が、私たちはどこに立ち、どこに向かうべきかについて競い合うように解釈していた。「気候正義」は、この運動を枠づける言葉としてもっとも広く用いられたものであった。

23 Naomi Klein, *This Changes Everything: Capitalism vs. the Climate*, New York: Simon & Schuster, 2014. 幾島幸子・荒井雅子訳『これが世界を変える——資本主義VS.気候変動』(岩波書店、2017)。第2章の議論もみよ。

24 Jason Box and Naomi Klein, "Why a Climate Deal Is the Best Hope for Peace," *New Yorker*, November 18, 2015; パリからのクラインのニュース・レポートについては、以下を見よ。Radio Nation, thenation.com/article/making-the-paris-climate-talks-count.

25 これは、本のなかで使われているフレーズであり、2015年12月11日にパリの気候行動ゾーンで行われた彼女のスピーチのタイトルでもある。

26 Klein, *This Changes Everything*, 18. (邦訳p.24)

27 Ibid.,18–19. (邦訳pp.24-25)

28 たとえば、クラインの『ショック・ドクトリン』は、新自由主義の出現を1970年代初頭としており、これははるかに信頼できる時代区分である。『これがすべてを変える』においてクラインは、資本が気候変動に対処するのを阻むイデオロギーを以下の言葉で要約している。「このプロジェクト全体を支えるイデオロギーは無傷のまま残った。[…]これらの包括的[貿易]協定やその他のさまざまな手段[金融自由化など]を用いて、多国籍企業ができるだけ安く商品を生産し、できるだけ規制を受けずに売る(と同時に支払う税金をできるだけ少なくする)ための自由を最大限提供するような、グローバル政策の枠組みをしっかり確立することにあった。これらの企業の願望をすべてかなえることで経済成長は加速し、いずれ私たちもおこぼれにあずかれる——というわけだった」(19, 邦訳25頁)。大まかに言って、私たちはクラインの新自由主義に関する**叙述**を支持するが、それについての**説明**は支持しない。Arrighi, *The Long Twentieth Century*; and Harvey, *The Enigma of Capital*. 土佐弘之監訳、柄谷利恵子・境井孝行・永

田尚見訳『長い20世紀——資本、権力、そして現代の系譜』(作品社、2009) およびデヴィッド・ハーヴェイ『資本の〈謎〉——世界金融恐慌と21世紀資本主義』(森田成也・大屋定晴・中村好孝・新井田智幸訳, 作品社, 2012) 参照。

29 より強力なオルタナティブを得るためには、クラインのアプローチを、マルクス主義エコロジーの文献に見られるような、資本のエコロジー的危機に関する批判的・歴史主義的説明と比較する必要がある。とくにAndreas Malm, *Fossil Capital: The Rise of Steam Power and the Roots of Global Warming*, New York: Verso, 2016 をみよ。公正を期していうならば、マルムの本は限られた読者を想定しており、クラインは彼の歴史的アプローチの強みを認識しているようだ。『化石資本』の表紙に寄せた推薦文で、クラインは「私たちの経済システムがいかに気候危機を生み出してきたかについてのディープ・ヒストリー決定版」と書いている。

---

8 気候X

1 〔訳注:Theodor Adorno, "The Idea of Natural History", in *Things Beyond Resemblance Collected Essays on Theodor W. Adorno*, Columbia University Press, 2006[1973], 265. 細見和之訳「自然史の理念」『哲学のアクチュアリティ』(みすず書房、2011)、71頁〕

2 Theodor Adorno and Max Horkheimer, 15 March 1956, in *Towards a New Manifesto*, New York; Verso, 2011[1956]), 59–62. 本書〔英語版〕の序論を書いた匿名著者によれば、この「ユニークな文書は、アドルノ曰く現代版『共産党宣言』を作成する目的で、1956年春に三週間にわたって行われた議論を記録したものであり、グレーテル・アドルノによって書き留められた。この会話は、世界を震撼させたフルシチョフ演説からせいぜい三週間後に行われたが、アドルノとホルクハイマーがすでにそれを聞いていたことを示す証拠はない」。

3 リベラリズムにおける「自由人の共同体」に対する徹底した批判(私たちはそこからこの言葉を借用している)に関しては、Domenico Losurdo, *Liberalism: A Counter-History*, New York: Verso, 2011. を参照。

4 Karl Marx, *Capital*, Vol. III, New York: Penguin, 1981 [1894], 911. 『マルクス=エンゲルス全集』第25巻、995頁

5 マルクスの「本源的蓄積」にかんする分析は、プロレタリアートの創出を強調するだけで、略奪を相対的に無視していると非難されてきた。例えば以下のものを参照。Glen Sean Coulthard, *Red Skin, White Masks: Rejecting the Colonial Politics of Recognition*, Minneapolis: University of Minnesota Press, 2014. 前資本主義社会に関するマルクスの著作については Kevin Anderson, *Marx at the Margins: On Nationalism, Ethnicity, and Non-Western Societies*, Chicago, IL: University of Chicago Press, 2016. 平子友長監訳、明石英人・佐々木隆治・斎藤幸平・隅田聡一郎訳『周縁のマルクス』(社会評論社、2015) を参

照。

6 ディペシュ・シャクラバルティも同様の議論をおこなっている。「気候変動は最終的におそらく、資本主義的世界秩序のあらゆる不平等性を浮き彫りにすることになるだろう。[…]資本主義的グローバリゼーションが存在するならば、その批判も存在すべきである。しかし、気候変動危機が現在私たちとともにあり、この惑星の一部として資本主義より相当長く存在し、あるいは資本主義がよりいっそう多くの歴史的な変異を経験した後でも存続するかもしれない、ということを受け入れるとすれば、資本主義批判は人類史についての適切な理解を与えてくれはしない。[…]気候変動が資本の歴史と深く関係してきたということは否定できないが、ひとたび気候変動危機が正しく認識され、人新世が現在の地平線におぼろげに見え始めると、たんなる資本批判でしかない批判は、人類史に関する問題を扱う上で十分なものではなくなる」。Dipesh Chakrabarty, "The Climate of History: Four Theses," *Critical Inquiry* 35, 2009, 212.

7 Theodor Adorno, "Education after Auschwitz", in Rolf Tiedemann (ed.), *Can One Live After Auschwitz: A Philosophical Reader*, Stanford, CA: Stanford University, 2003 [1967], 23. 原千史・小田智敏・柿木伸之訳「アウシュヴィッツ以後の教育」『自律への教育』(中央公論新社、2011)、130頁

8 サパティスタのスローガンを借用したものである。

9 Schmitt, *The Concept of the Political*, 26, 53–54. 権左武志訳『政治的なものの概念』(岩波文庫、2022) 21、57-58頁。

10 Patrick Bond, "Climate Capitalism Won at Cancun," *Links: International Journal of Socialist Renewal*, December 12, 2010.

11 Minqi Li, "Capitalism, Climate Change, and the Transition to Sustainability: Alternative Scenarios for the US, China and the World," *Development and Change* 40, 2009, 1058.

12 「私たちはドルとの取引を拒否し、できるだけ早くそれを取り除くべきだ。私はこの行動が莫大な影響と反響をもつことを知っている。しかし、それは米国とその企業への隷属と従属から人類を解放する重要な手段なのである」。ビン・ラディンは西側の聴衆に罪を着せるために次のことを付け加えている。「真面目であれ。そして率先してボイコットをせよ。命乞いをするために、会議の階段に[立つのではなく]、あなた自身を、あなたの富を、あなたの子供たちを気候変動から救済し、自由で立派に生きるために」。Osama bin Laden, "The Way to Save the Earth," February 10, 2010, archive.org/stream/Ossama_ihtibas_03/sabil-e_djvu.txt. で閲覧可能。

13 この段落は次の議論を転載したものである。Geoff Mann, "Who's Afraid of Democracy?" *Capital Nature Socialism* 24, no. 1, 42–48.

14 これは、アントニオ・ネグリにときおり見られる傾向である。例えば、彼の優れたケインズ主義批判を考えてみよう。ネグリは「計画国家」の台頭を、資本が「労働者階級の自律性を容認した」ことを無条件に証明するものとして、すなわち「強力な労働組合と労働者階級の政治運動を抑圧するという問題」が「革命的

経験を資本主義世界全体へと拡張した」ことを認めるものとして解釈している。(Antonio Negri, "Keynes and the Capitalist Theory of the State post-1929," in *Revolution Retrieved: Writings on Marx, Keynes, Capitalist Crisis and New Social Subjects*, London: Red Notes, 1988 [1967], 12, 15(崎山政毅・酒井隆史・長原豊訳『ディオニュソスの労働――国家形態批判』人文書院、2008、46、51頁). 大衆と民主主義についてのこのような考え方は、リベラルな資本主義的民主主義の中心国から、いわば公然と非民主的な国家、とりわけグローバル・サウスに目を移すと、根本的に異なる様相を呈する。

15 ビヒモスへの恐れは、リベラル左派が資本主義に反対する場合にも顔を覗かせるように思われる。2008年のグローバルな経済危機に対するロビン・ブラックバーンやロバート・ウェイドのような急進主義者の反応を考えてみよう。かれらは、マルクスが1857年恐慌に対してそうしたように危機を歓迎するよりも(「取引所は、今の僕の無気力が弾力と反発に変わる唯一の場所なのだ」と彼がエンゲルスに書いたように〔訳注:マルクスがエンゲルスに宛てた手紙とされているが、正しくはエンゲルスからマルクスに宛てられたものである〕)、社会不安が何もかも破壊することがないようシステムを安定化させることに主な関心を持っているように思われる(マルクスの引用はロマン・ロスドルスキーからのものである。*The Making of Marx's 'Capital', Vol. I*, London: Pluto Press, 1977 [1968], 7 時永淑・平林千牧・安田展敏訳『資本論成立史 1』(法政大学出版局、1973)、13-14頁、『マルクス・エンゲルス全集』第29巻、168頁; Robin Blackburn, "The Subprime Crisis," *New Left Review* II/50, 2008, 63–105; Robin Blackburn, "Crisis 2.0," New Left Review II/72, 2011, 33–62; Robert Wade, "Financial Regime Change," *New Left Review* II/53, 2008, 5–21; Robert Wade, "From Global Imbalances to Global Reorganizations," *Cambridge Journal of Economics* 33, 2009, 539–62.

16 Karl Marx and Friedrich Engels, *The German Ideology*, in *Karl Marx and Friedrich Engels, Collected Works*, Vol. 5, New York: International Publishers, 1976, 49.『マルクス・エンゲルス全集』第3巻、31-32頁

17 Pope Francis I, "Encyclical Letter Laudato Si ́ of the Holy Father Francis on Care for Our Common Home," 2015, w2.vatican.va.

18 Ibid. フランシスコの「市民社会」とは、ヨーロッパの政治理論が数世紀にわたって取り憑かれてきたブルジョワ的社会構成体のことではない。彼はこの用語を、市民らしさにもとづいた社会を描き出すために使っている――かつてそれはためらいもなく「文明」という語で呼ばれていたものだ。文明という言葉を避けている点をふまえると、文明がもたらした負の遺産の少なくとも一部にかんして、教皇は自覚的であるようだ。

19 Pope Francis, "Laudato Si ́," §26.

20 Ibid., §49.

21 Ibid., §§53–54.

22 例えば教皇は、パリ会合の準備期間に、開催禁止となった気候マーチに連帯し

て共和国広場に自らの靴を置いた。

23 David Harvey, "Monument and Myth," *Annals of the Association of American Geographers* 69 no. 3, 1979, 362–81. 千田稔編訳「モニュメントと神話」『地図のかなたに——論集景観の思想』(地人書房、1981)、225-267頁を参照。

24 〔訳注：異なる宗派で共同利用できるものとして空港には礼拝室が設置されている。〕

25 Walter Benjamin, "Theses on the Philosophy of History," in *Illuminations*, New York: Schocken Books, 1969, 258. 野村修訳「歴史哲学テーゼ」『ヴァルター・ベンヤミン著作集　第1巻　暴力批判論』(晶文社、1969)、118頁

26 Antonio Negri, *The Labor of Job: The Biblical Text as a Parable of Human Labor*, Durham, NC: Duke University Press, 2009, 15.

27 Christine Lagarde "Ten Myths about Climate Change," n.d., imf.org/external/np/fad/environ/pdf/011215.pdf.

28 全知全能のグローバルな金融主権を求めるエリートの声は、2007-2008年金融危機の直後に、(とりわけ)国際通貨基金、国際決済銀行そしてバーゼル銀行の合意による「ラディカルな」再規制の形態として、至る所に存在していた。

29 Michael Hardt and Antonio Negri, *Empire*, Cambridge, MA: Harvard University Press, 2000, 393. 水嶋一憲、酒井隆史、浜邦彦、吉田俊実訳『〈帝国〉——グローバル化の世界秩序とマルチチュードの可能性』(以文社、2003)、489頁

30 人新世という偽りの普遍主義に対して、資本新世、プランテーション新世、「大いなる錯乱」といったオルタナティブがいくつか提案されてきたし、他の区分もきっと後から出てくるだろう。Donna Haraway, "Anthropocene, Capitalocene, Plantationocene, Chthulucene: Making Kin," *Environmental Humanities 6*, 159–65; Jason Moore (ed.), *Anthropocene or Capitalocene? Nature, History, and the Crisis of Capitalism*, Oakland, CA, PM Press, 2016; Amitav Ghosh, *The Great Derangement: Climate Change and the Unthinkable*, Chicago, University of Chicago Press, 2016 三原芳秋・井沼香保里訳『大いなる錯乱——気候変動と〈思考しえぬもの〉』(以文社、2022); Benjamin Kunkel, "The Capitalocene", *London Review of Book*, 39, no. 5, 2017, 22–28. を参照。

31 Carl Schmitt, *The Leviathan in the State Theory of Thomas Hobbes: Meaning and Failure of a Political Symbol*, Chicago, IL: University of Chicago Press, 2008 [1938], 85, 100 長尾龍一訳『リヴァイアサン——近代国家の生成と挫折』(福村出版、1972)、22-23、127-128頁; Carl Schmitt, *Political Theology II: The Myth of the Closure of Any Political Theology*, Chicago, IL: University of Chicago Press, 2008 [1970], 32.「政治神学II」長尾龍一編『カール・シュミット著作集II 1936-1970』慈学社、231-232頁

32 Karl Marx, "Contribution to the Critique of Hegel's Philosophy of Law," in *Marx-Engels Collected Works*, Vol. III, New York: International Publishers,

1973 [1843], 6, 23. 強調原文『マルクス・エンゲルス全集』第1巻、大月書店、255頁

33 Ibid., 24.『マルクス・エンゲルス全集』第1巻、大月書店、257頁

34 G. W. F. Hegel, *The Philosophy of Right*, Cambridge: Cambridge University Press, 1991 [1821], §279. 強調原文、上妻精訳「法の哲学　下」『ヘーゲル全集 9b』(岩波書店、2001)、第279節、484頁

35 Marx, "Contribution to the Critique of Hegel's Philosophy of Law," 26, 28.『マルクス・エンゲルス全集』第1巻、大月書店、259、261頁

36 Stathis Kouvelakis, *Philosophy and Revolution: From Marx to Kant*, London: Verso, 2003, 235.

37 Hegel, *Philosophy of Right*, §§278–79. 上妻精訳「法の哲学　下」『ヘーゲル全集　9b』(岩波書店、2001)、第278-79節、479-487頁

38 Schmitt, *The Concept of the Political*, 43–45『政治的なものの概念』41-45頁; Schmitt, *Political Theology II*, 45.『政治神学II』243頁

39 Mick Smith, *Against Ecological Sovereignty*, Minneapolis: University of Minnesota Press, 2011を参照。スミスが提示した多くの挑発的なテーゼのうちの一つは、主権が端を発しているのは、主権が本質的に「反エコロジー的な原理」(xiii)であるというものだ。というのも、主権とは、世界を人間が使用するための資源空間として把握するものであり、それゆえ統治する主権者が必要であるという概念から生じるからだ。これはほぼ間違いなく正しいことではあるが、エコロジーが対抗主権的なものであると主張することは、私たちが直面している難問を(環境主義を、それが自然に関するものであるという理由で、よりラディカルなものとして扱うことで)政治的なものという特殊な領域へと置き換えることである。マルクス主義の伝統は、未来の共産主義的デモクラシーを主権とは本質的に異なったものと考えることで、また違った(非エコロジー的な)方法を提供する。スミスは次のように述べる。「人々と国家に対するエコロジー的脅威が結局のところ「危機」の定義を保証するほどまでに存在しているかどうかの決断を、主権的権力が引き受けるとしたらどうだろうか。エコロジー危機という理念が、まさにエコロジー危機を引き起こす原因である権力によって立て直され、政治的な非常事態を正当化する最新のもっとも包括的な理念となる現実的な[…]可能性が、今やあるのではないか」(xvi)。そうした場合、「グローバルな対テロ戦争は地球温暖化という危機へと次第に続いていくことが分かる」(xvi)だろうとスミスは書く。スミスがここで「現実的な可能性」とするのは、リヴァイアサンの不安定なヘゲモニーであり、彼が提示する警告(「今やあるのではないか」)は、偏執病的な陰謀論などではない。スミスがこの展開を「現実的なもの」として、すなわち歴史的に識別できるものとして説明できているという点で、リヴァイアサンはすでに存在しているのだ。

40 Marx, "Contribution to the Critique of Hegel's Philosophy of Law," 86. 強調原文、『マルクス・エンゲルス全集』第1巻、大月書店、262頁

41 これはベンヤミンが「神的暴力」――既存の主権者/法律を破壊したり、それを

他のものに置き換えたりするのではなく、主権を完全に機能不全にするような転換の一形態——という言葉で言いたかったことだ。それはアガンベンの脱構成的権力のインスピレーションにもなった。

42 Karl Marx, *Capital*, Vol. I, New York: Penguin, 1976 [1867], xx, 92.『マルクス・エンゲルス全集』第23巻、大月書店、10-11頁

43 Adorno, *Negative Dialectics*, 1966, 356–57, cited in Deborah Cook, *Adorno on Nature*, Durham, Acumen Press, 2011, 15. 木田元・徳永恂・渡辺祐邦・三島憲一・須田 朗・宮武昭訳『否定弁証法』(作品社、1996)、432-433頁。クックのアドルノ研究は、アドルノの政治的・エコロジー的な思想を開拓するという課題に大きく貢献している。"The Idea of Natural History," in Robert Hullot-Kentor, *Things Beyond Resemblance: Collected Essays on Theodor W. Adorno*, New York: Columbia University Press, 2006, 252-70「自然史の理念」、細見和之訳『哲学のアクチュアリティ』(みすず書房、2011)、39-84頁, and Fredric Jameson's commentary on Adorno's conception of natural history in *Late Marxism: Adorno, or, The Persistence of the Dialectic*, New York: Verso, 2007, 94–110. 加藤雅之・大河内昌・箭川修・齋藤靖訳『アドルノ——後期マルクス主義と弁証法』(論創社、2013)、122-141頁を参照。

44 Patricia Monture-Angus, *Journeying Forward: Dreaming First Nations' Independence*, Halifax, Fernwood Publishing, 1999; Taiaiake Alfred, "Sovereignty," in Joanne Barker (ed.), *Sovereignty Matters: Locations of Contestation and Possibility in Indigenous Struggles for Self-determination*, Lincoln, NE: University of Nebraska Press, 2005; Aileen Moreton-Robinson, *Sovereign Subjects: Indigenous Sovereignty Matters*, Sydney: Allen and Unwin, 2007; Coulthard, *Red Skin, White Masks*; and Audra Simpson, *Mohawk Interruptus: Political Life Across the Borders of Settler States*, Durham, NC: Duke University Press, 2014.を参照。注目すべきことに、こうした学者たちは、旧英国植民地やOECD諸国(主にカナダ)が現在領有権を主張している土地の出身である。世界中で原住民の闘争や思想の深い伝統が存在するのであり、もちろんたいていそれは、まさにこうした問題——互恵性、土地そしてリベラルな植民地主権の様式から逃れる方法——を中心に展開している。とりわけ私たちが勇敢で批判的な事例を学ぶことできるのは、南アンデスのマプチェ族の注目すべき取り組みや、反資本主義的な階級闘争と原住民の闘争を統合した(原住民および非原住民の)オアハカの人々である。John Severino, "The Mapuche's Struggle for the Land," *Counterpunch*, November 2013, counterpunch.orgで閲覧可能; A. S. Dillingham, "Mexico's Classroom Wars: An Interview with Rene Gonzalez Pizzaro," *Jacobin*, June 2016, jacobinmag.com; and Amy Goodman's interview with Gustavo Esteva, "Struggling for Our Lives," Democracy Now, June 22, 2016, democracynow.orgを参照。

45 Alfred, "Sovereignty," 34–35, 38.

46 Ibid., 41–42.

47 1980年代後半のカナダで広まった原住民の抵抗地帯——この運動は(多くの人からすれば)カネサタケとカナワクで1990年夏に最高潮に達した(モントリオールのはずれで起きた「オカの闘い」)——を議論しながら、クルタードは次のように述べている。「もし植民国家の安定性と権威が、原住民の土地と、資本蓄積の拡大に都合の良い投資環境を作り出すための資源とに対して「確実性」を保証するうえで必要なのであれば、1980年代に原住民による破壊的な**対抗主権**の実践がますます頻発したことは、カナダがいわゆる「インディアン問題」を扱うことに関して、もはやしっかり対応できないということを恥ずかしながら示したものだった」(強調追加)。Coulthard, *Red Skin, White Masks*, 118.

48 例えばibid., 122を参照。また、標準的なリベラル財についてはCharles Taylor, *Sources of the Self: The Making of Modern Identity*, Cambridge: Cambridge University Press, 1989. 下川潔・桜井徹・田中智彦訳『自我の源泉』(名古屋大学出版会、2010)を参照。

49 Coulthard, *Red Skin, White Masks*, 60. 強調原文

50 この段落はGeoff Mann, "From Countersoevereignty to Counterpossession?" *Historical Materialism* 24, no. 3, 2016, 45–61を参考にしている。

51 オードラ・シンプソンが(*Mohawk Interruptus*, 2014において)言う「入れ子主権」の位置づけは、クルタードの「対抗主権」を前にすると、あいまいなままである。

52 ブリティッシュ・コロンビア州の文脈では、主権とはヨーロッパの入植によって「結晶化」されたものである。「デルガムーク対ブリティッシュ・コロンビア州」における画期的な1997年判決において、カナダの最高裁は、あたかも原住民の権限が法律的には主権とは反対の事柄であるかのように、「原住民の権限は主権が主張されたときに結晶化された」と主張した(*Delgamuukw v. British Columbia* [1997] 3 S. C. R. 1010, at 1017)。原住民による植民地以前のブリティッシュ・コロンビア州の「占有」は、それ自体が「前-主権」と見なされている。すなわち主権は(過去の)時代における出来事として定義されているのだ。「**主権が主張されたときに**、原住民の社会が土地に関する法律をもっていれば、こうした法律は原住民の権限が主張される対象である土地の占有を確立することに関わっていただろう」(ibid., 1101–2.)。原住民の要求が言語化される経路が、植民地国家およびその「法律の運用」様式(法廷、裁判所、契約法など)によって構築されたものを除いて閉ざされてしまったため、異なる形態の国民主権を原住民が主張することは「デフォルトの」政治として登場することになった。(Coulthard, *Red Skin, White Masks*, 53).

53 Mark Rifkin, "Indigenizing Agamben: Rethinking Sovereignty in Light of the 'Peculiar' Status of Native Peoples," *Cultural Critique* 73, 2009, 105.

54 〔訳注:米国のノースダコタ州にあるスー族の居留地のこと。石油パイプライン建設を巡り、居留地内の環境に対する悪影響を懸念してスー族は反対運動を行ってきた。〕

55 Alfred, "Sovereignty," 42.

56 Adorno, 359, in Cook, *Adorno on Nature*, 17.『否定弁証法』436頁

ジョエル・ウェインライト | Joel Wainwright

オハイオ州立大学地理学部教授。専門は批判的地理学。マルクス主義やポストコロニアリズムの理論を中心に様々なテーマで研究活動をおこないながら、気候正義運動などに積極的にコミットするアクティヴィストでもある。主著に太田晋訳『脱植民地的開発——植民地権力とマヤ』(インスクリプト、2024年)。

ジェフ・マン | Geoff Mann

サイモンフレイザー大学地理学部教授。専門は政治経済学。ニューヨーク市を拠点とするシンクタンクInstitute for New Economic Thinking でシニアフェローを務めており、政治思想やマクロ経済学の観点から金融・財政政策の歴史を研究している。主著にIn the Long Run We Are All Dead: Keynesianism, Political Economy and Revolution (Verso, 2017)。

隅田聡一郎 | Soichiro Sumida

1986年生まれ。大阪経済大学経済学部専任講師。一橋大学大学院社会学研究科博士課程修了後、カール・フォン・オシエツキー大学オルデンブルク哲学研究科客員研究員、ベルリン・ブランデンブルク科学アカデミー客員研究員などを経て現職。単著に『国家に抗するマルクス——「政治の他律性」について』(堀之内出版、2023年)、共著に『マルクスとエコロジー——資本主義批判としての物質代謝論』(堀之内出版、2016年)。

柏崎正憲 | Masanori Kashiwazaki

一橋大学大学院社会学研究科専任講師。東京外国語大学院大学総合国際学研究科博士後期課程修了。博士(学術)。社会思想史研究者。著書に『ニコス・プーランザス——力の位相論』(吉田書店、2015年)など。

菊地賢 | Satoru Kikuchi

1991年生まれ。立教大学経済学部助教。一橋大学社会学研究科博士課程修了。博士(社会学)。論文に「『経済学・哲学草稿』第1草稿における国民経済学批判の進展について」(『季刊・経済理論』第56号、2018年)、「近代社会における自由競争という権威——マルクスのプルードン(主義)批判」(『マルクス研究会年誌』第6号、2023年)など。

羽島有紀 | Yuki Hajima

駒澤大学経済学部准教授。一橋大学大学院経済学研究科博士課程修了。博士(経済学)。共著に『マルクスとエコロジー——資本主義批判としての物質代謝論』(堀之内出版、2016年)など。単著論文に「マルクスの環境思想——日本の公害・環境問題研究における受容と展開」(『環境と公害』51巻3号、岩波書店、2022年)。

気候リヴァイアサン——惑星的主権の誕生

2024年6月14日　初版第一刷発行

著者　ジョエル・ウェインライト　ジェフ・マン

監訳・解説　隅田聡一郎
翻訳　柏崎正憲　菊地賢　羽島有紀

発行　堀之内出版
〒192-0355　東京都八王子市堀之内3-10-12
フォーリア23　206
Tel：042-682-4350／Fax：03-6856-3497
装丁・本文デザイン　成原亜美（成原デザイン事務所）
シリーズロゴ　黒岩美桜
組版　江尻智行（tomprize）
印刷　創栄図書印刷株式会社
制作協力　大塚優

ISBN978-4-911288-02-3